JN174104

稲本洋哉

日本農業近代化の研究

近代稲作農業の発展論理

藤原書店

まえがき

　本書は、食糧供給面において近代日本を支えた稲作農業の発展に関する研究である。日本の近代農業が、過去から継承した伝来農法を基礎に進展を遂げたことはよく知られている。江戸時代の稲作先進地帯に成立し、近代に入ってからは「老農技術」として普及し、やがて近代的な「明治農法」として定着することになるこの農法こそ、本書が分析の対象とする、所謂日本型集約農業である。近世から近代にかけて耕地が次第に制約される中、生産を確保するため、限られた耕地に肥料や労働を多投するこの集約農法は、結果として、この時期の他のアジア諸国の水準を大きく上回る土地生産力をわが国にもたらしたと言う。明治日本が受け継ぎ、また、近代期を通じてさらに発展を遂げるこの農業・農法とは、具体的に、どのようなものであったか。本書の第1の研究課題は、近代化前夜における集約稲作の実態とその後の前進の様相を、技術的側面を中心に、明らかにすることである。

　分析に当たり、本書は次の2点を重視している。1つは、集約稲作の生成と発展のメカニズムに関し、土地の相対賦存量の減少、とりわけ、人口に伴う土地の制約が集約稲作成立に深い関わりを持ったであろう、という点である。土地に対する言わば「人口圧力」が土地の効率（＝集約）利用を促したとするこの議論は、土地固定下での他要素（人口＝労働、肥料）多投が招く「収穫逓減」を回避するため、絶えず、栽培・肥培法の改善や品種改良、水利の改善を内容とする集約的な技術革新を不可欠とした、というものである。

　分析に当たり重視した2つ目は、農法のタイプが人口と土地の賦存条件に依存して決まるとしたことから明らかなように、本書が、農法を含め、農業の在り方は地域や時代によって多様であり得るとしている点である。地域間の農業形態の相違を単線的な進化（＝先進か後進か）の図式としてではなく、類型論的に多様性において捉える観点に立つとき、どのような近代日本農業論が展開できるのか。新たな日本農業近代化"像"を示すことは、本書の第2の、そして又、本研究が最終的にその究明を目指す中心課題でもある。

　「殖産興業」政策をはじめ、政府は産業育成に多大な貢献を果たした。農業に対しては、政府自らが農法の研究・開発機関である農事試験場制度を創設する一方、農会や水利組合の組織化を強力に後押しするなど、農法および水利面での農事制度の構築を図っている。この時代、農法も水利も、独立した技術としてではなく、年中行事や農業暦の中で慣行として受け継がれることが多く、その意味では、政府の勧農事業は、農事慣行や水利慣行を包摂し、その近代化を実現する伝来農業・農法の国家的再編事業であったと考えられる。農業近代化過程における国の関与の在り方も本書の関心の1つである。

　全9章から成る本書は、筆者による既発表論文を基に構成されている。過去十数年にわたる研究成果を集成したものである。各章が依拠した中心的論文を記せば、以下の通りである。

序章：「江戸時代防長地方の稲作」『特集「防長風土注進案」』（徳山大学総合経済研究所、2001年）『総研レビュウ』No.17

1章：「防長地方の稲作——近代「移行期」における稲の品種とその特性について」『徳川社会からの展望』（同文館、1989年）

　　　「近代移行期山口県地方における稲品種の変遷」東洋大学経済研究所『研究年報』第14号（1989年5月）

　　　「近代移行時代における北地の稲品種の変遷——秋田県地方の場合」東洋大学経済学会『経済論集』第20巻1・2合併号（1995年1

月）

2章：「新潟県蒲原平野における農業水利秩序の考察」東洋大学東洋学研究所『東洋学研究』第 42 号（2005 年 3 月）

3章：「慣行的農業の経済分析――品種と水利の経済学」東洋大学経済学会『経済論集』第 39 巻 1 号（2013 年 12 月）

4章：「試験場時代の稲（1）――戦前期集約型稲作到達時点の稲品種」東洋大学経済会『経済論集』第 37 巻 2 号（2012 年 3 月）
「試験場時代の稲（2）――戦前期集約型稲作到達時点の稲品種」東洋大学経済学会『経済論集』第 38 巻 1 号（2012 年 12 月）

5章：「在来農法と農会制度」東洋大学経済学会『経済論集』第 35 巻 2 号（2010 年 3 月）

6章：「近代朝鮮半島の稲作と日本の農業近代化政策」東洋大学経済学会『経済論集』第 33 巻 2 号（2008 年 3 月）
「朝鮮在来稲の特色――資料『朝鮮稲品種一覧』による実証分析」東洋大学経済学会『経済論集』第 34 巻 1・2 合併号（2009 年 3 月）

7章：「近代日本地主制再考――稲作技術史論の立場から」東洋大学経済学会『経済論集』第 25 巻 2 号 1（2000 年 3 月）

8章：「近代日本の農業成長率再考」東洋大学経済学会『経済論集』第 36 巻 2 号（2011 年 3 月）

　全 9 章のうち、第 3 章（「慣行的農業」の経済分析――品種と水利の経済分析）の理論的分析を除き、他はすべて実証的分析である。ただし、2 章（農業水利秩序の展開――新潟県蒲原平野に見る慣行的水利の近代的再編）及び 5 章（在来農法と農会制度――在来農業再編と農会の役割）については、それぞれ、『西蒲原土地改良史』（西蒲原土地改良区、1981 年）、『東春日井郡農会史』（愛知県東春日井郡農会、昭和 4 年）をはじめ各県農会、郡農会の編纂誌掲載の資（史）料、データに全面的に依拠し、本書では 1 次資（史）料に当たることはしていない。また、序章（近代農業成立前史――藩政時代末期防長地方の稲作）は、藩政時代第一級の経済史料

『防長風土注進案』を分析した前著『前工業化時代の経済――『防長風土注進案』による数量的接近』（ミネルヴァ書房、1987年）の稲作に関する考察結果をまとめたものである。

目次

日本農業近代化の研究

――近代稲作農業の発展論理――

序章　近代農業成立前史
── 藩政時代末期防長地方の稲作 ──

1　はじめに

　明治以来一貫してわが国工業化過程を食糧供給面で支えてきたのは、小規模家族経営による所謂日本型集約農業であった。狭小な国土の下で、灌漑・排水施設を備えた田地に肥料や労働力を多投し、精緻な栽培・肥培技術と丹念な水管理をもって高い土地生産力を実現する農業こそ、ここに言う「集約農業」の中身である。明治から戦後の高度経済成長期に至るわが国の農業生産の成長率は、年率にして、0.99 〜 2.52 であった。これは、戦前の一時期（戦間期）を除いて、その間の人口成長率（0.96 〜 1.31％）を大きく上回るものであった[1]。このことは、わが国農業が食糧危機を克服するとともに、なお残る生産余力を背景に、農業の工業化への他の貢献、すなわち、都市への労働力の供給、工業原料および工業化への資金移転、さらには国内市場における製品購買力の形成を可能にしたことを意味する。

　ところで、この集約型の農業は、畿内などの一部農業先進地域ではすでに江戸時代前期には、また、一般的にも、同時代後期までにはほぼその原型を確立させていた。中世期の人口増加は開墾による耕地の外延的拡大を押し進めたが、新田開発の余地が次第に縮小する江戸時代半ばになると、増加する人口扶養のためには既存の耕地の効率利用が不可欠となった。こうした人口／土地比率の上昇が土地の集約利用の方向での技術革新を促したものと考えられ[2]、日本農業はすでに近代以前に独自の発展方向を辿り

始めていたことになる。明治初年の日本の稲作の土地生産力がすでに他の
アジア諸国に比べ抜きん出て高かったが、それは、「集約農業」を実現す
るための気象的もしくは地理・地勢的条件が整っていたことの外、集約化
を促す経済的要因、とりわけ、土地に対する人口の上昇圧力が他国に較べ
てわが国においてとくに強かった結果であったと言うことができよう。明
治工業化を支えたとされる「明治農法」とは、後続の諸章で詳述するよう
に、こうした前代から受け継いだ農業を基軸に、当初は老農を通じて、後
には農事試験場や農会組織を通してその改良と普及を徹底させた近代農
業・農法に他ならなかった。近代日本の農業成長は、その意味では、江戸
時代が残した"農業遺産"の上にはじめて展開し得たと言っても決して過
言ではあるまい。

　では、近代農業が拠って立つ伝来の「集約農業」とは、実際には、どの
ようなものであったか。筆者はすでに前著（『前工業化時代の経済──
『防長風土注進案』による数量的接近』）において、防長地方（現山口県）
を事例に、19世紀中葉の農業生産に関する実証研究を行なっている。本
（＝序）章では、その考察結果のあらましを述べることとする。改めてそ
の概要をここに掲げるのは、用いた史料（『防長風土注進案』）の情報量の
多さ[3]、防長地方が置かれた地理・地勢および経済的中位性、藩政時代末
期＝近代化前夜という時代性から見て、農業近代化の起点としての一般的
な実情を知る上で恰好の事例と判断したからである。以下、若干の新史料
の分析結果も交え、日本型農業を技術面で特色づけた田地基盤整備および
農法（多肥・多労農法、品種改良、2毛作）を中心に防長農業を概観しよ
う。

2　灌漑整備

　上述の通り、日本の稲作の特色は、整備された灌漑施設下における集約
農法の展開にあった。近代の灌漑・排水施設の7割以上が旧藩時代から引
き継がれたものであったとされるが[4]、他のアジア諸国よりも相対的に有

利な利水条件がそれを可能にし、また、多肥、多労型の集約稲作を実現させたと言えよう。この点を『防長風土注進案』（以下、『注進案』と略記）の灌漑施設に関わる記録に基づいて示すと、**表序-1** の如くである。当時、この地方の灌漑施設には膨大な数（箇所、水面積）の「井手」（河川灌漑用の堰）と「堤」（溜池）、および双方から各田区へ引水する「溝」があったことが判明する。**地図序-1** は、防長地方でも先進地域とされる三田尻宰判（現防府市）の天保期灌漑状況を図示したものである。鯖川流域平坦地区には河川灌漑が、また、流域から離れた山沿い地区には溜池灌漑が、さらに、宰判（＝郡）内を縦横に走る引水（排水）溝が無数に整備されていた様子がわかる。同宰判の2毛作率は平均で87.9％にも及んでいたのは[5]、こうした灌漑・排水整備により乾田化が進んだ結果に他ならない。これらの灌漑整備がいつなされたか、史料からは詳細は不明であるが、『注進案』に先立つ宝暦年間の萩藩の調査史料『地下上申』記載の「堤」数を参考にすると、天保期（『注進案』期）に至る凡そ80年間に、防長地方全域で急速な灌漑資本形成が押し進められたことが明らかと成る。

　他のアジア諸国に比べ小河川が多かったことがわが国（とくに西日本）において治水を比較的容易にしたものと思われるが、それでも、治水や灌漑の整備に莫大な資本を要する。日本農業は一般に資本節約的と特色づけられるが、高度に整備された灌漑施設の実態からは、わが国農業は、実は、資本面においても極めて“集約的”であったとの見方も成り立つ。ただし、治水や灌漑資本はその性格上頗る長期的であること、また、投資規模から見て、一般的には、農民の資力をはるかに越えたことから、その整備は水系毎に村落・部落単位に共同体的（「地下普請」）になされるか、より広域の場合には、藩府権力（「公儀普請」）によって遂行されることが多かった。したがって、それらの事業負担が農家の経常経費として直接意識＝計上されることはなく、このことが通常、近世農業の性格に関し、灌漑資本以外の要素（労働、肥料）多投の側面が殊更強調されることにつながったものと考える。農業におけるこうした資本とそれ以外の生産要素の投下主体の分離はそのまま近代にも引継がれ、それは、後の国家主導による耕地整理

表序-1　防長地方の灌漑施設

単位	注進案期								地下上申期
	井出		溝			堤			堤
	箇所	長さ 間	箇所	長さ 間	水面積 歩	水面堰 歩	箇所		箇所
	16,088	67,385 （判明13,522 箇所につい て）	16,531	2,573,328 （判明16,157 箇所につい て）	796,378 （判明10,116 箇所につい て）	6,983	2,552,139 （判明6,967 箇所につい て）		1,551

出典：穐本洋哉「江戸時代防長地方の稲作」徳山大学『総合レビュウ』第17号（2001年1月）表1。

地図序-1　三田尻宰判の井手、堤、谷川および溝川

出典：穐本洋哉『前工業化時代の経済』（ミネルヴァ書房、1987年）地図3-1。

事業と、他方、農家経営における個別・小規模家族経営の一般化、標準化という形でさらに徹底されることになる。後続の諸章で詳述するように、日本農業の近代史とは、伝来農業のかかる双方向での再編と拡充・深化の歴史であったと言える。

3　集約農法

1　多肥・多労型稲作

　個別の農家経営にとって関心のある資本項目があるとすれば、それは経常的に投入される農具や生きた資本である蓄力（"Live Stock"）であったろう。しかし、一般にわが国では、大型農具の利用や耕耘過程での牛馬の使役は、一部地方を除いて、極めて限定的であったとされている。この点は、『注進案』でも確認できる。いま、同史料より防長地方で使用されていた農具の種類を拾い出して見ると、鋤、鋤先、鉾、鍬、金鍬、馬鍬、斧、手斧、土臼、籾摺臼、歯木、鎌、籾挽、へら、熊手、稲こき、板箕、金扱等である。このうち鍬、鎌は殆どの村で記録されている。ともに、人力依存のわが国農業の代表的農具である。また、記載されたその他いずれの農具も手作業用の小型のものばかりであり、労働節約的な大型農具は見当たらない。一方、牛馬耕が行われていた事実もほとんどない。わずかに、春秋両度に「牛馬不飼者」が「耕賃」を払って牛馬を借り受けていたとする記事（三田尻宰判）から畜力耕の存在を知るが、農具として「鋤先牛一疋一枚宛……」と「鋤」が登場するのみである。鋤は一般的には人力耕の農具と考えられており、鋤先を用いて簡易的に耕耘が行われていたのかも知れないが、本格的な犂耕とは程遠いものであったろう。結局のところ、所与の土地面積の下で、要素投入の面から農家が生産増加に期待できたのは、労働か肥料の増投、ということになる。多肥・多労型集約農業が日本農業の最大の特色、とされる所以である。

　表序-2は、『注進案』に記載された宰判別農作経費一覧である。これに従えば、当時、経費の過半が肥料購入（＝金肥）に充てられていたことが

表序-2　防長地方の農作経費

	肥料（同比率） 貫 匁　（%）	農具（同比率） 貫 匁　（%）	牛馬（同比率） 貫 匁　（%）	合計 貫 匁　（%）
大島	48,401（43.4）	30,861（30.2）	22,937（22.4）	102,199（100）
上関	12,615（9.7）	81,443（62.7）	35,763（27.6）	129,821（100）
前山代	2,250（3.8）	34,231（57.6）	22,950（38.6）	59,431（100）
山口	633,773（80.8）	49,352（6.3）	101,390（12.9）	784,515（100）
三田尻	377,049（61.5）	70,380（11.5）	165,962（27.0）	613,391（100）
舟木	327,847（56.0）	132,409（22.6）	125,356（21.4）	585,612（100）
吉田	25,650（16.1）	43,875（27.6）	89,340（56.3）	158,865（100）
美祢	55,300（19.6）	79,120（28.0）	148,360（52.4）	282,980（100）
合計	1,483,085（54.6）	521,671（19.2）	712,058（26.2）	2,716,814（100）

出典：穐本洋哉『前工業化時代の経済』（ミネルヴァ書房、1987 年）第 2 - 3 表。

　わかる。とくにその割合は瀬戸内海沿いの宰判（山口、三田尻、船木）で高く、自給肥料の不足を金肥の大量購入によって補っていた様子が窺える。対照的に、山間部、日本海側の諸宰判では農作経費そのものが少なく、また、経費に占める金肥の割合も小さかった。草木、堆肥、厩肥等の自給肥料に恵まれていたこともあっただろうが、瀬戸内沿岸部ほど集約栽培が進んでおらず、肥料投入それ自体が少なかったものと思われる。なお、大島宰判の史料『屋代村農業年中行事』、『農業功者江御問下ヶ幷ニ御答書』に登場する肥料は以下の通りであった。すなわち、自給肥として下草、水糞（＝下肥）、厩肥、金肥として干鰯、油粕、糠、種粕、鯡、油玉、胡麻かす、生鰯、醤油粕等である。

　他方、労働の多投化については、次の3点が指摘できる。第1に、灌漑・水管理、用水路補修、苗代管理、本田耕耘、代掻き、田植等膨大な労働力を必要としていたことに加え、多肥化がいっそうの多労化を必然化していたことである。表序-3は、上出の屋代村史料『年中行事』（嘉永期）に基づいて作成した1毛作田（「水田」）の反当節気別労働量（人日）を示したものである。反当必要労働量は合計で 45 人日であったが、このうち、多肥化との関連で発生する労働量は、肥料採種、運搬・投下、肥料増投に

表序-3　大島宰判屋代村水田（1 毛作田）作期および反当たり労力数

作　業　手　順	節　　気		労力 （人力）	労力 （畜力）
			人	疋
①苗代への下肥・草肥運搬・播き床つくり・播種	三月節	清明より 15 日	1.5	0.5
②本田耕起・同作業牛使い・あぜ塗り	三月中	八十八夜ころ	2.0	1.0
③砕土	〔三月中〕			0.5
④草肥刈取り・運搬・犂きこみ・犂きこみ牛使い・草肥ならし	四月節	小満に入る 4、5 日前	9.0	0.5
⑤あぜ削り	四月中	田植え 4、5 日前	1.0	
⑥苗取り・苗運び・苗代跡の下肥散布・中代かき・代かき・同作業牛使い・田植え（女）・田植え前の鍬代・苗配り	五月節	芒種に入ると	4.5	0.5
⑦一番草取り	五月節	田植えの 15 日後	2.0	
⑧二番草取り	五月中	一番より 7 日後	2.5	
⑨三番草取り	六月節	二番より 10 日後	2.0	
⑩あぜ草刈り	六月節	田の除草すみ次第	1.5	
⑪田植え後の水管理	五月中		2.0	
⑫用水路補修の出役	〜八月節		0.5	
⑬稲刈り	〔八月中〕	早田は秋分に入る 3、4 日前 中田は霜降に入る 4、5 日前	2.5	
⑭脱穀・稲わら結束	〔八月中〕		〔3.0〕	
⑮籾乾燥など調整作業（女）	〔八月中〕		2.0	
⑯籾摺り（男女）	〔九月節〕		3.0	
⑰俵編み・縦縄かけ・俵装	〔九月節〕		4.0	
⑱年貢米運搬・船積み	〔九月節〕		2.0	

出典：嶶本洋哉『前工業化時代の経済』（ミネルヴァ書房、1987 年）第 3-1 表。
（注）旧暦表示

よる除草回数の増加を含めれば、全体の 3 分の 1 に近い労力を要している点が注目される。第 2 に、投ずる労働の種類に関し、上記作業は、いずれも、長時間にわたる勤勉さと緻密な労働が要求されるために、家族労働力の「優越性」が強く発揮されたであろうこと、また、第 3 に、肥料投入や

その経営の資本節約的特徴から見て、経営規模拡大の利益は発生しなかっ
たと考えられる点も指摘できよう。この時代、すでに譜代下人や傍系家族
を利用した経営形態は一般的には姿を消し、また、農民世帯は、藩政時代
後半には小規模単婚家族に平準化される傾向にあったが[6]、そうした背景
に、多肥化や多労化に伴う作業内容の変質、農家経営の最適規模への収斂
の動きがあったことが示唆される。

2 品種の改良・普及

　品種の改良や他地域からの優良品種の移入とその普及は稲の品質向上や
増収効果だけに止まらず、田地の2毛作化、多肥化の促進、稲の高冷地へ
の進出など稲作全般にわたる改善をもたらす、この時代の技術進歩の要で
あった。藩政時代に幕府の命令で全国各地で実施された稲品種の調査にそ
うした関心の高さを窺い知るが、防長地方についても、幕府調査の一環で
ある『両国本草』が18世紀中葉（元文期）に同地方で栽培された稲の品
種名を伝えている。同調査から[7]、記載された品種数は延べ410種にのぼ
り、また、当時の全国的普及品種（「弥六ワセ」、「弥六」）のほかに、「カ
バシコ」、「雀シラズ」といった香稲、「大唐」（早）、「赤法師」（晩）等の
印度米や「赤稲」（中）などの劣位地向けの稲など多様な稲種の存在が確
認できる。

　防長地方には、この『両国本草』以外にも、全域に亘る調査史料として
明治初年の主要品種名を村毎に記録した『初年以来米麦作沿革』（山口県
農務掛、明治38年）がある。近代化直前の品種事情を知るための貴重な
情報源である。同史料には、明治初年に周防・長門11郡、225ヶ村で栽
培されていた稲として延べ642例、297の稲名が登場している。これら稲
名、稲種の観察結果から[8]、ここでは、当時の品種普及状況に関し以下の
5点を指摘しておこう。

　第1に、297種という稲名の多さである。また、**表序-4**に示したように、
その大半（199種）は史料に1回（＝1村に）しか登場せず、2回のもの
（49種）を含めると、大部分（83%）の稲は1ヶ村で、多くても2ヶ村で

しか栽培されていない、弱小の稲であったことになる[9]。

　これとは対照的に、第2に、一部の稲についてではあるが、出現頻度が高いものがいくつか見受けられている。史料に出現する頻度が高い（10回＝10村以上）稲を拾えば、「都」（38ヶ村）、「八把」（29ヶ村）、「千成」（20ヶ村）、「白玉」（15ヶ村）、「大坊主」（14ヶ村）、「高砂」（12ヶ村）、「百合馬」（12ヶ村）、「霜上」（11ヶ村）、「穂女郎」（10ヶ村）、「高津」（10ヶ村）の10種が挙がる。これらは防長地方の主力品種であったと言え、弱小品種が多い中にも、人々の間で稲の選好が進んでいた様子が判明する。

　また、第3に、上記10種のうち「高砂」は、**表序-5**の郡別内訳に見るように豊浦郡で、「百合馬」の多くは阿武郡で、また「穂女郎」は吉敷郡を中心に分布した、言わば地域固有の品種であった。一方、この地方最大の品種である「都」は、郡域を越えて、周防地方沿岸部を中心に分布の広がりを見せていた。晩植えで中生の特性を持つ「都」は2毛作田の晩い挿秧期と相対的に早い熟期に適合し、このことが、鯖川や椹野川流域の2毛作地帯を擁する周防地方での同種の普及に結びついたと言えよう。第2の点と併せ考えると、雑多な弱小品種が多く栽培される中、一方では、それぞれの地域の栽培環境に適応する稲の選抜が進みつつあった当時の品種事情が判明する。

　第4に、この時代の稲には地名、人名を付したものが数多くあったことが指摘できる。すなわち、県下の郡名、市町名、村名を付けたものが25種34例、また、人名を冠するものが24種を数えている。いずれも新種の発見、育成に関わった地名、人名と思われ、領内で行われた民間育種の範囲や程度を伝えるものとして興味深い[10]。一方、史料から稲名に領（県ないし藩）外の地名を付した稲を拾い出すと、51種98例を数える。これにその来歴が、それぞれ、京都、九州小倉からの移入品種とされている「都」、「白玉」の2種53例を加えると、史料登場297種642例中53種104例が域外から導入された稲であったことを知る。域外品種の中には「都」、「白玉」のように地名を被せないものがほかにも多くあったはずであり、これを加味すれば、藩（県）外との品種交流は当時相当進んでいたものと

表序-4 『初年以来米麦作沿革』（村別）に

出現回数	早中晩別							
1回 (199種)	早稲種	(小)生賀ハセ	大河早稲	上ハセ	喜代早稲	玖珂早稲★	伊豫早稲	四十早稲
		廿日早稲	(小)早白稲	戸津早稲★	○早稲(不祥)			
	中稲種	(小)二本草	江戸撰	クロンボ	小倉餅	(小)清水餅	大福	大千成
	晩稲種	出雲幸穂	鬼子	銀ボーヅ	国玉	黒穂	霜下り	霜カズキ
		弥市	築前	築前法師	毛太○(不祥)			
	識別不明	愛着	秋穂★	荒田	赤四国	赤弥六	秋優り	家房
		市ノ尾	エゴノ	オキアガリ	大国	大島弘法★	ヲーボシズ	カイフリ
		黒出雲	黒坊主	九州	御祈念	蔵床	クロボーシ	(大)串山
		佐伯	咲分	サヌキヨリ	讃岐戻り	(小)桜白稲	シロリンス	白熊田
		白四国	白四石	白餅	新吉田	四国コーボー	杉山	清六
		大法師	大周防★	大僧	太郎田	(大)但馬	長者帽子	永安
		萩コウボウ★	萩稲★	萩流★	八円	万徳	半坊主	八郎左ェ門
		太効	二穂	豊前坊	フカン	深川戻り	福松	(小)福止
		宮ノ迫	三谷八束	実山	(大)三保ヶ関	(小)官市★	目附	元良
		吉賀戻り	吉原	ヨシキ★	寄穂	六部	他稲名不明8種	
2回 (49種)	早稲種	(小)ヲツル	新四国	(小)清五	石州早稲	土佐	備前早稲	広島
		極前						
	中稲種	大井	弘法	新作	丸上	秋吉★	スネハケ	
	晩稲種	悪田不知	植田	神寄	(小)小出雲	一本	流れ	晩宝来
	識別不明	赤イガ	(小)赤モチ	秋良	(小)畦越餅	井手	越後戻り	(大)雄唯
		宝来	万石	(小)宮ノ前	(小)目黒	山代★		
3回 (9種)	早稲種	俵山★						
	中稲種	熊田	田布施★	(大)小倉坊主				
	晩稲種	(大)雄町*	(小)惣五郎					
	識別不明	(小)秋田	赤穂	(大)大和				
4回 (18種)	早稲種	(小)茶早稲	早熊田					
	中稲種	白イガ	(大)四国	藤本	(小)矢筈	連宝		
	晩稲種	五代	(大)三国	ヤコボレ	作州	(小)平九郎		
	識別不明	(小)御嶽	切穂	(小)白川	(小)新四郎	三谷	大周	
5回以上 (22種)	早稲種	(小)小坊主 (14)	(小)百合間 (2)	穂女郎 (10)	(小)高津 (8)	(小)穂紫 (5)		
	中稲種	(大)都 (38)	(大)八把 (29)	(大)白玉 (15)	(小)高砂 (12)	(小)出雲 (9)	(小)白稲 (7)	伊豫尻 (6)
	晩稲種	(小)千成 (20)	霜上り (11)	清谷 (8)	(小)小庭 (7)	(小)神力 (6)*	(小)筑摩 (6)	小倉 (5)
	識別不明	(大)千本 (8)	(小)山城 (5)					

資料：『初年以来米麦作沿革』（山口県農務掛、明治38年）「明治初年以来米麦ニ関スル変遷取調書」。
（注）★は県下地名を稲名とする稲を示す。*は、当初まだ登場していないはずの稲。おそらく、資料報告時（明治38年）普及品種と同系の稲として分類されたものと思われる。(大)、(小)は「粒大」（粒の大、小）を示す。
（　）内数字は資料出現回数5回以上の稲の資料出現回数（＝村数）を示す。

記載された稲名 297 種出現回数別一覧

白水早稲	太郎兵衛	タイトウ	高角早稲	富田早稲★	土佐川	中尾早稲	八月餅
(大)馬喰	山城弘法	肥後モチ	(小)イナリ	大房○(不祥)	天社		
シモフリ	豊瀬	晩黒坊	晩熊田	(小)晩白稲	藤下	母神	ヤマトモチ
伊豫	岩国御前★	土佐コーボー	出雲ヨリ	岩国★	トウボー	イヤス	石田
勘平	カミヨシ	燗燗	トクヤマ★	金作	喜六	切穂撰	とーごう
ゲシウ	毛毬	源蔵	源蔵撰	東風	コケ坊主	幸神	(小)好五郎
白熊	真吉	白一	勘六	シマ	シングロ	仁五郎坊主	順四郎
千槌	全方	千穂	石料	惣十郎	土佐河原	タカモリコウボウ★	筑後
長者	築前餅	ツカリコウボウ	天神モチ	天神	鉄寄	禿万石	萩陣子★
八徳	日前★	ヒャッコク	肥後坊主	七里ヒクバリ	百俵	二節	富士山
(大)福田	穂揃	方白	(小)宝暦	松山	(大)丸玉	間取	三尾
籾蔵	ヤマシロ	山中	山中坊主	ヤロク	勇助	(小)勇蔵	百合熊
広島早稲	(小)萩早稲★	彼岸	福島	平助	弥助	寄出	萩戻り★
大坂坊主	(大)コケ六	サイフ	三穀	富田★	錦	(小)日ノ出	米三

大坂（5）

表序-5 『初年以来米麦作沿革』

郡名	記録事例数 回	記録稲名数 種	うち 出 現 回 数			
大島	38	29	大周 (4)	千本 (3)	錦 (2)	山代 (2)
玖珂	71	44	都 (16)	千本 (4)	霜上り (3)	雄町 (2)
熊毛	72	43	都 (12)	シモノボリ (5)	伊豫尻 (4)	三国 (4)
都濃	62	50	都 (4)	下上り (3)	早熊田 (3)	千成 (3)
佐波	37	28	千成 (5)	穂女郎 (3)	出雲 (3)	井手 (2)
吉敷	90	52	穂女郎 (7)	大坊主 (5)	大坂 (5)	五代 (4)
			弥助 (2)	新四国 (2)	流れ (2)	平助 (2)
厚狭	29	24	白玉 (2)	清谷 (2)	日ノ出 (2)	ヲツル (2)
豊浦	95	59	高砂 (10)	清谷 (6)	白玉 (5)	切穂 (4)
			赤穂 (2)	白川 (2)	米三 (2)	連宝 (2)
美祢	42	25	八把 (8)	大坊主 (7)	千成 (3)	福島 (2)
大津	24	17	八把 (7)	ヤハズ (2)		
阿武	82	44	百合間 (10)	ハチワ (7)	白稲 (7)	穂紫 (5)
合計	642					

資料：『初年以来米麦作沿革』（山口県農務掛、明治38年）。
(注)（ ）内の数字は、それぞれの郡での出現回数を示す。

見てよい[11]。これら領外の地を来歴とする稲には優良なものが多かったに違いなく、その導入が領内の稲作の改善に力あったことは、すでに「都」の事例で述べたところである。なお、この「都」および長門地方で栽培の多かった「白玉」は、後年の明治中期にかけてその全盛期＝「都・白玉段階」を迎えることとなる。

　第5に、史料に稲の早晩の記入のある118種407例から各稲の内訳を見ると、早生：43種111例、中生：35種175例、晩生：40種121例であった[12]。稲種数、事例数とも早・晩ほぼ均衡した状態にあった。一方、同史料（『初年以来米麦作沿革』）は、村別記録とは別に、稲の早・晩作付け状況に関する郡別の記録を載せている。これを見ると、早晩の内訳は、表序-6（初年欄）にあるように、それを相半ばとした上記稲数による観察とはやや異なる結果を示している。すなわち、「早生多ク」とするところ

に記載された稲名の郡別内訳

2 回 以 上 の 稲 名					
山城（2）					
神力（2）	スネハケ（2）	チクマ（2）	三穀（2）	極前（2）	コク六（2）
出雲（4）	チクマ（3）	ヤコボレ（3）	富田（2）	白イガ（2）	
山城（2）	白玉（2）	悪田不知（2）			
八把（3）	俵山（3）	小庭（3）	藤本（3）	都（3）	作州（3）
千成（2）	大千成（2）	土佐（2）	小倉（2）	白玉（2）	
小庭（2）					
三谷（4）	平九郎（3）	千成（3）	広島早稲（2）	大坊主（2）	白イガ（2）
連宝（2）					
茶早稲（4）	新四郎（4）	御嶽（4）	高津（3）	大和（3）	雄唯（2）

　が11郡中4郡と最も多く、「次ニ早生」、「早稲子之ニ亜ケリ」とする3郡も含め、当時の稲作が早生、もしくは早・中生に傾いていた様子がわかる。2毛作化の進展に伴い作期が幾分遅れ、「都」のような熟期の比較的晩い稲の作付けが増え始めたものの、品種が全体として晩化に向かうのはなお後年のことであったようである。その点は、郡別記録（**表序-4、初年〜現今欄**）の各郡記載：「早生種ヲ減栽、一方ニ中生ヲ多ク栽培スル」（熊毛郡）、「中生次ニ至リ晩稲ヲ多ク栽培」（都濃郡）、「漸次早稲ヲ減シ中晩ヲ多クノ傾ヲ生シ」（佐波郡）、からも明らかである。
　藩政時代に早生種の割合が後の時代に比べて高かったのは、2毛作化の進展がなお限定的であったこと、中稲や晩稲との組み合わせにより田植え期、刈取り期の労働力の需要ピークの平準化を図るために作期の早い稲が利用されたこと、単一の稲の作付けによる不（凶）作の危険の分散化を図

表序-6 『沿革』郡別記録に記された明治初年～38年の
各郡早、中、晩稲種の作付割合の推移

	初年	初年～現今	現今（目下）		
			早生	中生	晩生
大島	早生多ク	10年頃ヨリ稍々中晩生ヲ多ク	2分	4分	4分
玖珂	早中晩等一	17、8年ヨリ稍々中稲ヲ多ク栽培スル傾向	1.5分	6分以上	2.5分
熊毛	早晩生ヲ主	17、8年頃ヨリ早生種ヲ減栽、一方ニ中生ヲ多ク栽培スル傾ヲ生シ	1.5分	6分	2.5分
都濃	中稲ヲ主次ニ早稲、之ニ亜キ晩稲	中年次ニ至リ晩稲ヲ多ク栽培スルノ傾向	3分	4分	3分
佐波	早中晩各等	漸次早稲ヲ減シ中晩ヲ多クノ傾ヲ生シ	1.5分	4分	4.5分
吉敷	早稲ヲ主晩稲之ニ亜キ中稲之ニ亜ケリ	15、6年頃ヨリ中稲ヲ栽培スルノ傾ヲ生シ	1.5分	6.5分	2分
厚狭	早稲ヲ多ク	10年頃ヨリ漸次中稲	1分	7分	2分
豊浦	中稲ヲ主早稲之ニ亜ケリ	17、8年頃ヨリ晩稲ヲ多ク栽培スルノ傾向	1.5分	6.5分	2分
美祢	中稲ヲ主晩稲之ニ亜キ早稲極メテ少	漸次早稲ヲ栽培スル傾ヲ生シ	1.5分	7分	1.5分
大津	中生多ク次ニ早生晩生之ニ次	24、5年頃ヨリ稍早晩種ヲ増栽スルノ傾向	3分	5分	2分
阿武	早稲ヲ多ク亜テ中稲、晩稲	17、8年頃ニ至リ漸次中稲、晩稲ヲ増栽スルノ傾向	3分	3分	4分

資料：『初年以来米麦作沿革』（山口県農務掛、明治38年）。

ったことなどのためと考えられる。また、一般的に、この時代の早生種の
大方は、早生とはいえその熟期を9月下旬とする、後年の分類では中生に
近い「早生ノ晩」であったこともその一因として挙げることができよう[13]。
　暖地稲作の晩化への本格的展開は後年の、晩生で多肥・多収性のミラク
ル品種＝「神力」（明治中期）を待たねばならなかったが、その傾向は、
防長地方においては、明治初年以降、「都」の急速な普及によって定着に
向かったものと考えられよう。晩化を促す要因としては、2毛作化以外に、
晩生の稲ほど一般的に多肥・多収であったこと、施肥事情が改善される中、
生育期間の長さが実入りを多くし、さらに、耐肥性の強い稲が中、晩生の
稲に多かったことが挙げられる。平野部では勿論のこと、山間や盆地平坦

部でも中・晩生の稲が次第に多く作付けられるようになり[14]、早生の稲が相対的に多かった藩政時代の品種構造は、徐々にではあるが、中、晩に傾き始めたのである。なお、近代における「神力」段階に向けての暖地品種の構造変化は、熟期については早・中生から（中）晩生へ、草型としては長稈穂重型から短稈穂数型へ、また、粒大は大粒種から小粒種への推移をその内容としたが、「都」、「白玉」は、その点、中（晩）生で、草型は「神力」に比べ長稈、粒大はともに大粒で、「神力」（晩生、短稈穂数、小粒）の前段階と言え、まさしく、移行時代に相応しい稲であった。

3　2毛作化と栽培・肥培技術

　利用できる耕地が次第に制限的になる藩政時代後半、2毛作の導入は、年間を通じた土地の効率利用を高め、土地の生産力を向上させる有効な手段であった。先に触れた防長地方三田尻宰判の場合、天保期の田数は2,890町歩、その米出来高は46,509石、反当り収量は凡そ1.6石であった。しかし、この外に、裏作（＝「田麦」）が16,996石あったから、反当収量は麦を米換算した分だけ押し上げられて、実際には、1.6石を大きく上回っていたことになる。

　2毛作化の進展には田地の乾田化（＝灌漑・排水施設の整備）はもとより、裏作（＝「田麦」）との関連で中・晩生種の導入が、また、通年・連年の土地利用による地味枯渇回避のため多肥化とそれを可能とする肥料事情の改善が、さらには、栽培・肥培管理の徹底等その達成の道程は、言わば、この時代の先端的農業・農法の集大成の過程そのものであった。この2毛作につき、大島宰判屋代村『農業年中行事』の記載に基づき麦田（＝2毛作田）の節気別作業を**表序−7**に示し、集約化された土地利用の作付体系の実際とその背景（適応品種の登場、肥料情および肥培法の改善）と影響（多労化、労力体系の変化）について具体的に触れておこう。先ず耕種（＝作業体系）について、三月中の苗代「播き床つくり」、四月中の「本田耕起・砕土」、「草肥犁こみ」、五月中の「田植え」は、いずれも、1毛作田に比べ1節ほど遅れている。これは、四月中に「麦刈り」があるためで

表序-7　大島宰判屋代村「麦田」（2毛作田）節気別作業工程

作　業　手　順	節　気		労力（人力）人	労力（畜力）疋
①苗代への下肥・草肥運搬・播き床つくり・播種	三月中	田植え（＝夏至）より54、5日前	1.5	0.5
②麦刈り跡の耕起・砕土・同作業の牛使い・あぜ塗り	四月中	麦刈り（＝小満）後	2.0	1.0
③草肥刈取り・運搬・犂きこみ・犂きこみの牛使い・草肥ならし	〔四月中〕	小満に入るころより	8.0	0.5
④苗取り・苗の運搬・苗代への草肥施用・中代・植代かき・同作業の牛使い・田植え（女）・鍬代・苗配り	五月中	裏作麦栽培のところは夏至のころ	4.5	0.5
⑤一番草取り	五月中	田植えの15日後	2.0	
⑥二番草取り	六月節	一番の7日後	2.5	
⑦三番草取り	六月節	二番の10日後	3.0	
⑧四番草取り	六月中	三番の6、7日後	3.0	
⑨あぜ草刈り	〔六月中〕	田の除草すみ次第	2.0	
⑩田植え後の水管理	六月節		2.0	
⑪用水路補修の出役	～九月節		1.0	
⑫稲刈り	〔九月中〕	中田は霜降りに入る4、5日前　晩田は十月節	2.5	
⑬脱穀・稲わら結束	〔九月中〕		4.0	
⑭籾乾燥など調整作業（女）	〔九月中〕		2.5	
⑮籾摺り（男女）	〔十月節〕		4.0	
⑯俵編み・縦縄かけ・俵装	〔十月節〕		4.5	
⑰年貢米運搬・船積み・上納	〔十月節〕		2.0	

出典：穐本洋哉『前工業化時代の経済』（ミネルヴァ書房、1987年）第3-2表。

ある。この作期実現のため品種適応要件は、やや遅蒔きの稲ということになる。他方、「稲刈り」は九月中前後からであり、八月節の1毛作田と比べ、やはり、1節遅い。したがって、苗代から刈取りまでの期間は1毛作田とさして変わらないものの、2毛作田では作期が1節後ろにずれた形となり、早生の稲が植えられることが多かった1毛作田とは異なり、中生種が好まれたのである。一般に中・晩生種は多収で、生育期間が長かったが、

九月中の裏作のための「耕起・あぜ削り」、十月中の「麦播き」に支障を来たすことのない、中生種の中でも生育期間が比較的短い稲が2毛作田に最も適応性を備えていたことになる。先述した、この地方の有力品種＝「都」は、まさしく、そうした特性を持った稲であった。

　次に、施肥状況を見ると、苗代には「下肥」が施され、本田には、「耕起」の後、「草肥」を中心に肥料の犂込みが行われる。史料には追肥の作業が記録されておらず、そのことから判断すると、当時、分肥はせず、専ら、元肥を基本としていたようである。もっとも、裏作（＝田麦）では、「麦蒔きのうね立つ」時に元肥として「厩肥」が、また、3回に亘る中耕時にそれぞれ、「下肥」が施用されているから、田地全体としては、基肥、分肥からなる施肥体系が採られていたと見ることができる。なお、屋代村には金肥使用の記述は見当たらない。これは、史料（『屋代村年中行事』）が人・畜の必要労力員数の記録を主としたため、「草肥」のように刈取り、運搬、牛馬による犂込み労働を必要としない金肥は記載から外れたものと考える。実際には金肥が用いられていたことは、同じく大島宰判久賀村の史料「農業問答」[15]に「肥し之儀此辺用ひ来候分ハ、干鰯、生鰯、油かすハ不及申ニ……」とあることから容易に想像できる。2毛作化は、自給肥に加え、大量の購入肥料＝金肥の施用を前提に押し進められたことは間違いあるまい。史料『注進案』に基づき大島宰判全体の農作経費の48％が肥料の購入に充てられていた点は、すでに**表序-2**で示したところである。

　2毛作化、多肥化に伴い労力体系は大きく変化した。1毛作田では「草肥刈取り、運搬・犂こみ・犂こみの牛使い・草肥ならし」の年間反当り労力は人力9人、畜力0.5匹であったのに対し、2毛作の場合には、2毛作田（麦田＝表作）それ自体と裏作（＝田麦）での3回に及ぶ「下肥運搬・施肥」を合わせて、実に人力29.5人力、畜力0.5匹が投入されている。肥料の運搬、施肥作業に費やす労力は、少ないとされる1毛作田の場合でさえ、他の作業の労力量を圧倒している。これに加え、肥料の多投は雑草の繁茂を招き、頻繁な除草を必要とする。2毛作田で3回の除草に要した労力は1毛作田よりも2人多い、8.5人であった。一方、多肥化、多労化は高度な

グラフ序-1　大島宰判田方（水田、麦田、田麦）年間節気別労力配分

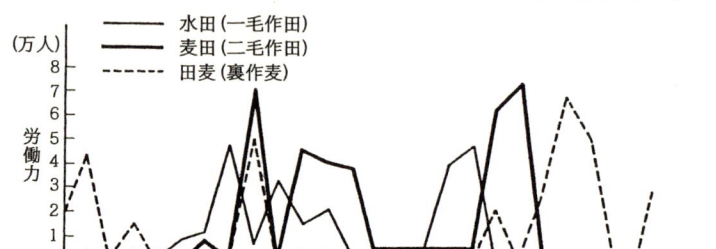

出典：穐本洋哉『前工業化時代の経済』（ミネルヴァ書房、1987年）第3-2図。

灌漑・排水施設の整備を前提としたが、それに伴う水管理（田植え後の水管理、用水路補修の出役）も又、1毛作田で年間2.5人、2毛作田で3.5人の労力を要した。この労力数は稲刈りのそれに匹敵もしくは上回る（2毛作田）量である。管理された水利の下での多肥化、2毛作化を主内容とする日本型「集約農業」は、その精緻な肥培・栽培作業を含めて、多労化を必然化させたと言えよう。

　グラフ序-1は、屋代村『農業年中行事』記載の節気別田方労力人員数と『注進案』大島宰判1毛作（＝「水田」）、2毛作（＝「麦田」）別田地数に基づいて作成した年間労力員数配分を示したものである。1毛作の作期に、1ないし2節気ずれた2毛作田の作期と麦作の作期が加わることによって年間を通じて労力ピークが新たに創出され、労働配分の高位平準化＝農閑期間の短縮、家族労働の完全燃焼化が実現された様子が窺える。季節的に発生していた農閑の過剰労働力は同一田地内に新たに生まれた労働需要に充当され、土地の効率利用を通して労働の年間生産力の向上が図られたことになる。

4　結　語

　以上の防長農業の観察（灌漑整備と集約農法：多肥化、品種改良および

2毛作化）から浮かび上がる前代の農業の姿とは、近代日本農業がその完成を目指した所謂日本型「集約農業」とその基本において何ら変わらないことが改めて確認できた。それは、まさしく、近代に入り政府の勧農政策の下で研究・開発が加えられ、後に「明治農法」として全国各地で結実する農業・農法の土台をなすものであった。

　さて、本章冒頭で述べたように、農業の技術タイプはそれぞれの時代の人口と土地の賦存条件（人口・土地比率）に基本的に規定されるものと考えるが、近代に入っていっそう高まる人口圧力を前に、伝来農業は実際にどのように受け継がれ、また、変質を遂げたのだろうか。以下、本書の諸章では、その展開の具体的様相を、「集約農業」の技術的主柱である稲の品種改良事業と集約農法実現の前提としての水利改善事業の両面から、明らかにする。第1章（品種変遷と稲の近代化——暖地、北地に見る近代稲作の発展方向）では、暖地の事例として再度山口県地方を、また、北地の事例として秋田県の事例を取り上げ、近代における両地域の品種変遷とその発展方向の相違を考察する。第2章（慣行的水利秩序とその再編——新潟県蒲原平野における農業水利秩序の考察）では伝統的水利の実際を新潟県蒲原平野地帯の水利慣行を通して明らかにするとともに、水利関係法（水利組合諸法、耕地整理法）に基づいて慣行的水利の近代的＝国家的再編が推し進められた点に言及する。第3章（慣行的農業の経済分析——品種と水利の経済学）は、品種と水利の改良・改善に象徴される日本型「集約農業」成立の背景を経済理論的見地から整理したものである。この章は、各章を貫く、言わば、本書の分析的枠組の基礎を成すものである。第4章（試験場時代の稲——戦前期集約型稲作到達時点の稲品種）は農事試験場体制による育種事業の展開とその成果を明らかにしたものであり、第5章（在来農法と農会制度——在来農業の再編と農会の役割）は品種および改良農法普及組織として農会が果たした役割を述べている。農事試験場制度および農会の系統組織化を通じ、また水利・土地改良面での耕地整理事業を通じ、前代より継承した伝来農業は国家的（＝行政的）に再編されることとなった。日本政府は、この国家主導型の農業近代化政策を植民地時代

朝鮮においてもそのまま展開した。第6章（朝鮮半島の稲作——日本型集約農業の再版）は朝鮮統監府および総督府の農業政策を論じたものである。第7章（近代日本地主制再考）、第8章（近代日本農業成長率再考）は、序〜6章までの考察を踏まえ、近代日本農業に関する2つの通説的見解（農業成長率変化の要因分析と寄生地主制論）に対する本書の立場を示したものであり、本研究の結論部分となすものである。

注

(1) 植草益編『社会経済システムとその改革——21世紀日本のあり方を問う』（NTT 出版、2003年）p. 354、5-2表参照。

(2) 穐本洋哉「農業」尾高煌之助・斎藤修『日本経済の200年』（日本評論社、1996年）所収、p. 154。

(3) 同史料を用いた分析は、穐本洋哉『前工業化時代の経済——「防長風土注進案」による数量的接近』（ミネルヴァ書房、1987年）のほか、戸谷敏之、芝原拓自、岡光夫、西川俊作など多くの研究者によりなされてきた。これらの研究については西川俊作『長州の経済構造』（東洋経済新報社、2012年）序説にその概要が記されている。なお、『防長風土注進案』の農業に関する記載事項は田畑数、農家数、人口数、牛・馬数、灌漑施設（井手、堤、溝）、生産高（作物別、表作・裏作別）、公租、農具種類、肥料種類（自給肥、金肥）、生産経費（農具代、肥料代、耕賃）、稲作作期に及ぶ。

(4) 沢田収二郎『近代における日本農業の技術進歩』（農林統計協会、1991年）。

(5) 穐本洋哉、前掲書 p. 18、第 2-1 図参照。

(6) 藩政期の農民世帯の小規模平準化の一般的傾向については、宗門人別改帳を用いた一連の歴史人口学の研究成果（代表的著作として速水融『近世諏訪地方の歴史人口学的研究』東洋経済新報社、1973年）、『近世濃尾地方の人口、経済、社会』（創文社、1992年）がある。

(7) 農業発達史調査会編『日本農業発達史　2』改訂版（中央公論社、1978年）pp. 392-393。

(8) 穐本洋哉「近代移行期山口県地方における稲品種の変遷」東洋大学経済研究所『経済研究年報』第14号（1989年5月）。

(9) これらは主要な稲として記載されたものであり、明治20年前後でも 1,300 種にのぼる稲が存在していたと言う（穐本、上掲論文 p. 163）。因みに、本史料が掲げる明治38年の山口県下の稲名数は 136 種であった。

(10) これら地名品種、人名品種はその後著しく減少し、同史料明治38年の稲名記録には、それぞれ、2種、8種を数えるのみとなっていた。この時までに育種の中心が個人から試験場〈国及び県〉事業に移った結果と思われる。

(11) なお、域外地名品種 51 種の地方別内訳は、九州系が「筑前」、「豊前坊主」など 13 種、

四国系は「伊豫尻」、「四国コーボー」など15種、中国系は「高津」、「出雲」など11種、近畿系は「山城」、「大和」など6種であった。これを受入れ宰判（郡）別に見ると、九州来歴の稲は領（県）内西部に、近畿来歴の稲は領（県）内東部に、また、四国来歴の稲は瀬戸内海沿岸地域に分布することが多かったことに気付く。品種交流の範囲は、したがって、移入先との地理関係に制約されていたものと思われる。

(12) 穐本、前掲論文 p. 170。

(13) 穐本、上掲論文 p. 172。

(14) 先に掲げた明治初年の主力品種（史料出現回数多い）10種の稲のうち、早生種は「百合間」、「大坊主」、「穂女郎」、「高津」の4種であった。これに対して中・晩生種は、主に、平坦部に多く分布していた（中生種：「八把」、「都」、「白玉」、晩生種「千成」、「霜上り」）。平坦部2毛作地帯では中生でも比較的作期の晩い稲が望まれ、「二毛作ハ専ラ都種」といわれるように「都」（中生ノ晩）がその適応新種であったことは既述の通りである。

(15) 『嘉永四年　屋代村農業年中行事』『日本農書全集』第29巻（日本農山漁村文化協会、1982年）。

第1章　移行時代の西南暖地と北地の稲作

——品種変遷に見るわが国稲作の2つの発展方向——

1　はじめに

　稲の種類およびその変遷はそれぞれの時代や地域の稲作の在り方とその変容振りを伝えてくれる。稲作発展の歴史は品種の伝来や新種の発見、また、それらの育種と普及の過程であったとも言えよう[1]。とりわけ、限られた耕地の下で、増え続ける人口[2]を扶養するために常に高い収量確保が求められたわが国の稲作の場合、それぞれの稲に備わった多収性の程度と稲の栽培環境に対する適応性の有無の問題は、地域全体の食糧問題に直結するだけに頗る重要であった。明治維新政府が当初より勧農政策の要に品種改良を掲げ、また後には国立農事試験場や府県農事試験場を通じてその改良・普及事業に力を注いだのもそのためであった。前章では、「集約農業」の観点から、近代化前夜のわが国水田農業について全般的な考察を加えたが、本章では、考察の範囲を農法（＝農業技術）面で稲作を支えた稲品種の改良に絞ることとする。以下、観察対象地域を、大きく、西南暖地と北地もしくは東北日本とに分け、さらに、両地域の代表事例として暖地については前章に引き続き山口県地方を、また、北地の事例としては秋田県地方を取り上げ、藩政時代から受け継いだ稲作がそれぞれの地域においてその後どのような展開を遂げたのかを、品種の変遷を通じて明らかにしていくこととする。

　地域を2つに分けて観察するのは、古来よりわが国の稲作には地域間格差＝“西高東低”が存在したためである。周知のように、わが国稲作の先

進地域は暖地＝西もしくは西南日本にあった。当地方が最初の稲の伝来地であったことのほか、元来稲が南方の植物であったためその生育に適していたこと、さらに地勢上、東もしくは北日本に比べ中小の河川が多く、利水が比較的容易な盆地部や平地が多かったことが指摘できる。他方、社会経済史的視点からは、両地域の人口と土地の賦存状況の相違が重視されよう。東日本に比べて人口稠密な西日本において土地の先進的＝集約利用（多肥栽培、2毛作）が早くから進んでいたことについて大きな異論はあるまい。一方、藩政時代末から近代にかけての北地の稲作は、その一部は当時の技術水準下では稲作の北限地にかかり、また、大河川流域には水損地や未墾地、荒地が多く残るなど気象的にも地勢的にも恵まれず、人口も相対的に希薄であった。西日本と比べ、土地の効率的＝集約利用は十分進まず、全体として、生産性の低い、粗放的な稲作が展開していたと言える。

西南暖地稲作の優位は近代に入ってからも続いた。その様子は、**表1-1**に示した明治初頭の政府資料「農事調査表」の府県別、地方別の反当収量（稲）からはっきりと読み取ることができよう。東北、関東に比べて西日本各地方、府県でその水準は明らかに高い[3]。近代に入ってからの人口増加、都市化に伴い西日本で、単位面積当たりの高収量を実現するために稲作の集約化：土地整備、栽培・肥培法の改善、多収米の栽培、2毛作の拡大、が一段と進んだことの結果であろう。暖地の優位に関して、稲品種の動向＝早・晩化といったより技術的な観点から、2毛作（表＝稲作、裏＝麦作）の導入や多収量を期待した生育期間の長い稲の栽培など暖地稲作の優位が、この地域特有の熟期の晩い稲への傾斜、すなわち、品種の晩化に結びついた点を指摘できる[4]。これまでにも言われてきたように、晩化の傾向はこの時期における暖地の品種変遷上の特徴であった。また、晩稲栽培、2毛作はともに、土地の肥沃化＝多肥化を前提とした土地利用法であった。そのため、暖地の稲には早くから肥料応答効果の高い多肥・多収性が強く求められた。2毛作の普及を背景にすでに藩政時代より登場を見た「都」（中生の晩）や明治20年代半ばに選抜され、後の食糧増産時代[5]にその作付面積を飛躍的に伸ばした「神力」（晩生）[6]はともに、西日本屈

表1−1　明治20年代初頭の府県別稲田反当収量（単位：石）

	早稲	中稲	晩稲		早稲	中稲	晩稲
全　国	1.358	1.477	1.471				
東　北				近　畿			
青　森	1.020	1.166	1.459	滋　賀	1.864	1.922	2.031
岩　手	0.872	0.891	0.882	京　都	1.505	1.627	1.731
秋　田	1.032	0.990	0.881	大　阪	1.663	1.940	1.990
山　形	1.278	1.280	1.254	奈　良	1.821	1.790	1.688
宮　城	1.196	1.238	1.243	和歌山	1.461	1.763	1.999
福　島	1.235	1.396	1.437	三　重	1.477	1.558	1.578
北　陸				兵　庫	1.530	1.348	1.749
新　潟	1.473	1.408	1.244	中　国			
富　山	1.791	1.912	1.958	鳥　取	1.480	1.735	1.650
石　川	1.916	1.619	1.661	島　根	1.346	1.423	1.454
福　井	1.293	1.335	1.430	岡　山	1.409	1.666	1.696
関　東				広　島	1.368	1.442	1.409
群　馬	1.160	1.165	1.100	山　口	1.718	1.755	1.656
栃　木	1.182	1.316	1.112	四　国			
茨　城	1.233	1.299	1.184	徳　島	0.887	1.030	1.037
千　葉	1.436	1.404	1.393	香　川	1.379	1.699	1.898
東　京	1.483	1.329	1.589	愛　媛	1.337	1.385	1.391
埼　玉	1.274	1.477	1.306	高　知	0.933	1.380	1.088
神奈川	1.510	1.522	1.540	九　州			
中　部				福　岡	1.542	1.719	1.662
静　岡	1.422	1.449	1.515	大　分	1.503	1.482	1.374
山　梨	1.218	1.340	1.499	佐　賀	1.665	1.673	2.007
長　野	1.453	1.511	1.497	長　崎	0.894	1.020	0.987
岐　阜	1.204	1.267	1.049	熊　本	1.704	1.856	1.717
愛　知	1.290	1.318	1.323	宮　崎	1.287	1.387	1.321
				鹿児島	0.980	1.000	0.980

資料：「明治前期産業発達史資料」（明治文献資料刊行会、1965年）別巻（12）Ⅲ「農事調査表」第1、2。

指の多肥・多収性品種であった。多肥・多収性を基軸とした品種の晩化の展開こそ近代期における暖地稲作の発展方向であった。

　暖地優位でスタートした稲作の地域的構造は、しかしながら、近代を通じて大きく変容した。単位面積当たりの収量水準で見る限り、東西間もしくは暖地北地間の格差は解消に向かい、昭和戦前期までには東西逆転の様相さえ呈するようになったのである[7]。格差の解消は収量向上において北の追い上げが暖地の収量増の伸びに勝ったことを意味する。北の稲作に何が起きたのか。

　北の稲の"躍進"の背景としては人口増加の圧力[8]がこの地域への稲の進出と耕地の効率＝集約利用を促したこと、土地改良事業が急速に進んだことが挙げられる。また、この間、暖地における晩化の傾向とは対照的に、北地で稲作作期および品種の早化の傾向が急速に進んだことが特徴的であった。

　とりわけ北地の稲作の障害（春冷、早秋冷）克服のために民間育種によって選抜された熟期が早く、耐冷性、多収性に優れた「亀ノ尾」[9]や、後年の人工交配品種「陸羽132号」の登場が稲の収量および品質向上に与えた影響は絶大であった。これまでにも北地には耐冷性に富んだ早生の稲はあったものの、いずれも低収量であり、品質劣位[10]もしくは日本型赤米系統の稲ばかりであった[11]。北地の作期と品種の早化の動きを決定づけた上記2種の稲は、品質向上も含めて、北地の稲を一変させたのである。

　北地、暖地間の作期・品種の早・晩化の兆しは、明治20年代初頭における地方別稲作作期を見たグラフ1-1からもある程度明らかである。もっとも、グラフの作期は「亀ノ尾」登場以前のものであったから、東西の地域間開差は、専ら、暖地の晩化によるものと考えてよい。北地がなお劣位な稲作環境に置かれる中で、多肥・多収性を基軸とした暖地の品種変化＝晩化の"先行"がグラフの作期の違いに反映された恰好である。暖地、北地の作期の分化が本格化するのは、「亀ノ尾」が選抜（明治26年）されて以降のことである。以下は、移行時代の暖地、北地の品種の移り変わりを、

グラフ 1-1　明治 20 年代初頭の地方別稲の収穫期日の分布（記載郡数）

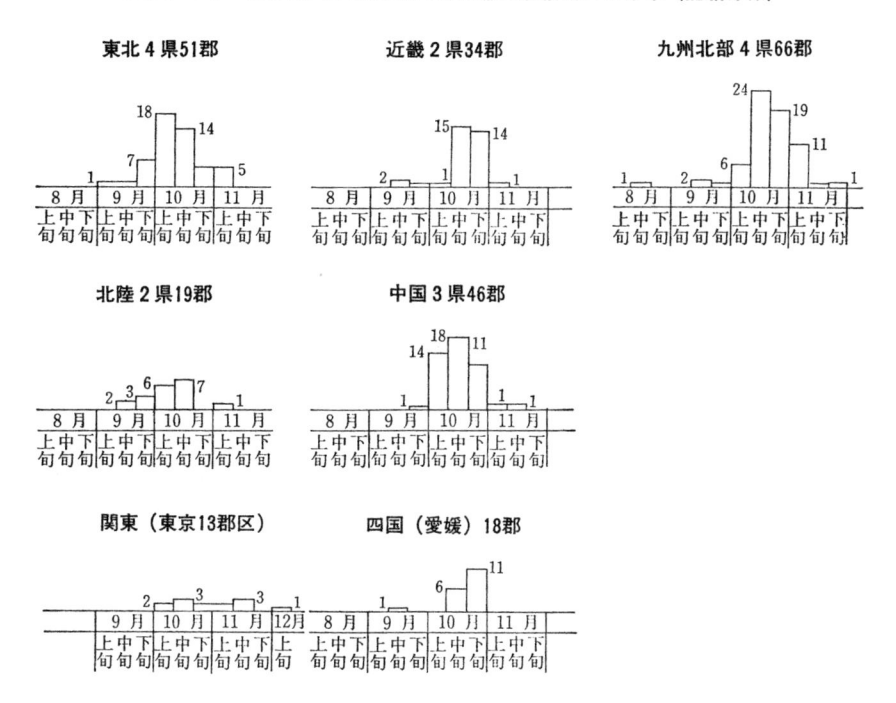

資料：『明治前期産業発達史資料』（明治文献資料刊行会、1965 年）別巻（12）Ⅲ「農事調査表」第 1、2。

稲作作期との関わりを中心に県レベルにまで掘り下げて具体的に分析したものである。分析を通じ、品種の地域分化を伴いつつ展開（拡張と深化）する日本型集約稲作の様相を明らかにしたい。

2　近代における暖地稲品種の変遷

1　史料『沿革』に見る明治 38 年の山口県地方の稲品種

普及品種の台頭

　前（序）章に引き続き、防長＝山口県地方を暖地の事例として挙げよう。前章で利用した史料『初年以来米麦作沿革』（山口県農務掛、明治 38 年。

以下、『沿革』と略記、）は、初年と同一形式の調査結果として、明治38年現在の山口県下で栽培の稲名を掲げている。表1-2は、その内、村別の稲名調査に登場した稲の出現回数（＝村数）別一覧である。これに従えば、登場する稲名は136種、延べ出現回数は786例であった。これを明治初年（同297種、同642例）と比較すると、稲数が大幅に減っていることに先ず気付く。また、延べ出現回数786例中「都」147例、「白玉」128例、「神力」113例、「雄町」111例と主要4種だけで494例を占める。これに都系の「穀良都」（27例）、「光明錦」（12例）の両種を加えれば実に全体の7割以上、554例にもなる。延べ出現回数642例中最高の出現回数が38例（「都」）に過ぎなかった明治初年と著しいコントラストをなす。一方、明治38年時における上記4種以外の重要品種（例えば、出現回数10回以上）となると、わずか3例：「高津」[12]（22例）、「穀良」（21例）、「白藤」（13例）、に止まり、その他の稲は平均して1.5回（ヶ村）しか史料に登場せず、ほとんどの稲は、2ヶ村以上で記録されることはなかった弱小品種であったことになる。明治初年に比べ、稲の種類の減少と、一部有力な普及品種への稲の収斂、したがってまた、その分弱少品種の割合の大幅な（延べ出現回数で38％から14％への）縮減の様子が明白である。

　グラフ1-2は、史料『沿革』記載の各村品種採用年次に基づく、明治初年以来の主要4品種の普及状況を示している。これによれば、大粒で中生の「都」は、すでに明治初年には40ヶ村近くで栽培されており、さらに、明治10年代後半以降、同種を栽培する村数は急増、その数はその後も増え続け、38年現在で最多の142ヶ村を数えた。一方、「白玉」は、出足は遅れたものの、採用する村数は10年代から20年代にかけて「都」以上の勢いで増加し、38年の栽培村数は128と、「都」と肩をならべるまでに至っている。これら2種に対して、遅れて作付けの村数を伸ばしてくるのが小粒で晩生、多収性の「神力」である。30年代以降、その勢いは一段と加速する。「神力」が全盛を迎えるのは明治末年以降のことで、明治38年現在では、それを主要品種とする村は全村数の半分の113ヶ村に止まった。ただし、作付面積で見ると、4年後の明治42年の記録ではあるが、2万町

歩以上あり、単独では、「都」（1.1万町歩）、「白玉」（1.4万町歩）をはるかに超える、大型品種であった。大粒で晩生の「雄町」は、「神力」よりさらに遅れて登場する。38年の「雄町」を主要品種として掲げる村数は111ヶ村に及んだが、この内83ヶ村は38年になって初めて登場した村であった。

　藩政時代由来の地方固有品種＝「都」および「白玉」の普及が急速に進んだこの時代は、一方で、全国的な「統一普及品種」とされた「神力」、「雄町」が山口県地方にも台頭し、前2者を追い上げた時代でもあった。この「神力・雄町段階」＝「統一普及品種」段階は、その後国の農事試験場体制および農会制度が拡充・整備される過程で「旭・光段階」を受け継ぎ、さらに戦後にかけての、国の系統組織的開発品種である「農林番号品種」の時代を迎えることとなる。本章の考察期間＝明治初年～同38年は、したがって、前代からの地方固有品種の全盛と近代統一品種の台頭が交錯、併行した点で、まさしく、品種変遷上の「移行時代」であったと見ることができよう。

品種の晩化

　表1-3は、『沿革』の郡別記録に示された明治38年現在の各郡早、中および晩生種の作付割合を見たものである。これによれば、明治初年には早・中生種の作付に傾斜していたこの地方の作付構成が、明治後年には、早生種：1分（最小）～3.5分（最大）、中生種：4分～7分、晩生種：1.5分～4分と、中生種を中心に、中・晩生主体の作付構成に変化していたことが判明する。それは主要4品種がいずれも中生もしくは晩生種であったことの結果であり、こうした品種晩化の傾向は、「雄町」の段階に至ると一層明瞭となった。晩化の背景としては、山口県地方では、2毛作適応種としての「都」の伸張、良質、粒大であったことによる輸出米としての期待、また「神力・雄町段階」については、食糧需給が次第に逼迫する中での多肥・多収米としての両種が強く待望されたことが指摘できる。耕地の拡延時代終焉後の、土地の効率利用（2毛作化と多肥化）により多収化を図ろうとした先進暖地稲作の発展方向がそこに窺えよう。

表1-2 『沿革』に記載された

出現回数								
1回	赤イガ	畦越	秋田	赤源氏	稲荷	伊豫	出雲	稲成坊主
	河崎	カネジ	北国	クラマ	蔵立	ケンチョ	小庭	コーホー
	三郎	佐市	白星	四国坊	シンチョウ	新山城	塩田	地神モチ
	千培	千本	世界一	清五	千城	仙台	惣十郎	高穂
	徳川	徳平	名取坊主	早黒坊	早御前	早新レキ	ハダ	肥後モチ
	三穂ヶ関	宮市	明治	山城	ヤマトモチ	山崎早稲	山シナ	百合間
2回	赤モチ 大和	一本草	今長者	温泉	御嶽	コケ六	小倉	三本草
3回	大野早稲	音撰	白新玉	茶早稲	八和	広島		
4回	雄多田	丸上	大和錦					

5回以上* 都（142） 白玉（128） 神力（113） 雄町（111） 穀良都（27） 高津（22） 穀良（21） 白藤（13）

資料：『初年以来米麦作沿革』（山口県農務掛、明治38年）。
＊5回以上各種（ ）内の数字は出現回数を示す。

グラフ1-2 「都」「白玉」「神力」「雄町」の普及状況

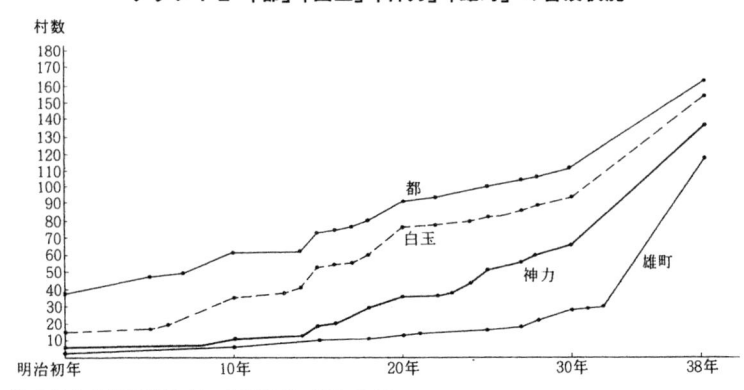

資料：『初年以来米麦作沿革』（山口県農務掛、明治38年）。

稲名 136 種一覧

伊豫戻り	栄五	ヲツル	於福	オモト	大ダキ糯	奥多	カグラ
コケ坊主	小倉坊主	小出雲	殺良四国	サイコ	三石一	三国	宰府戻り
白イガ	鳥糯	新暦	新星	新作	白川	清水餅	鈴成
高砂	丹波	高津早稲	長者坊主	中国	チイゴ	天神餅	東京モチ
彼岸餅	吹野	吹野早稲	坊主	舞鶴	都玉	三谷	三戸原糯
両徳	陸餅	利助	六石	渡舟	他稲名不明 2 種		
下登	神令	惣五郎	大仙	タンボウ	太政官	福岡	米山

光明錦⑿　小町 ⑻　二本草⑺　金時 ⑹　国玉 ⑹　弁慶 ⑹　早神力⑸

**表 1-3 『沿革』の郡別記録に示された明治初年～ 38 年の
各郡早、中、晩稲種の作付割合の推移（再掲）**

	初年	初年～現今	現今（目下）		
			早生	中生	晩生
大島	早生多ク	10 年頃ヨリ稍々中晩生ヲ多ク	2 分	4 分	4 分
玖珂	早中晩等一	17、8 年ヨリ稍々中稲ヲ多ク栽培スル傾向	1.5 分以上	6 分	2.5 分
熊毛	早晩生ヲ主	17、8 年頃ヨリ早生種ヲ減栽、一方ニ中生ヲ多ク栽培スル傾ヲ生シ	1.5 分	6 分	2.5 分
都濃	中稲ヲ主次ニ早稲、之ニ亜キ晩稲	中年次ニ至リ晩稲ヲ多ク栽培スルノ傾向	3 分	4 分	3 分
佐波	早中晩各等	漸次早稲ヲ減シ中晩ヲ多クノ傾ヲ生シ	1.5 分	4 分	4.5 分
吉敷	早稲ヲ主晩稲之ニ亜キ中稲之ニ亜ケリ	15、6 年頃ヨリ中稲ヲ栽培スルノ傾ヲ生シ	1.5 分	6.5 分	2 分
厚狭	早稲ヲ多ク	10 年頃ヨリ漸次中稲	1 分	7 分	2 分
豊浦	中稲ヲ主早稲之ニ亜ケリ	17、8 年頃ヨリ晩稲ヲ多ク栽培スルノ傾向	1.5 分	6.5 分	2 分
美祢	中稲ヲ主晩稲之ニ亜キ早稲極メテ少	漸次早稲ヲ栽培スル傾ヲ生シ	1.5 分	7 分	1.5 分
大津	中生多ク次ニ早生晩生之ニ次	24、5 年頃ヨリ稍早晩種ヲ増栽スルノ傾向	3 分	5 分	2 分
阿武	早稲ヲ多ク亜テ中稲、晩稲	17、8 年頃ニ至リ漸次中稲、晩稲ヲ増栽スルノ傾向	3 分	3 分	4 分

資料:『初年以来米麦作沿革』（山口県農務掛、明治 38 年）に基づいて作成。

2 山口県「稲作試験成績表」が示す移行時代の稲品種

　『山口県勧業月報』には老農林遠里の稲作耕種法に基づいて実施された山口県下の各試作田における改良作と通常作の成績結果（明治 20、21 年）：稲名、反収、挿秧期と収穫期、その他、が「稲作試験成績表」（以下、「成績表」と略記）として報告されている[13]。供用された稲は明治 20 年について 70 種、21 年については 91 種であった。これらは、特定の耕種法に基づく試作を含む試験結果ではあったが、明治 20 年代初頭の品種の普及状況や各品種の特性を見る上では一定の有用性を持ち得るものと考える。

普及品種

　はじめに、「成績表」に記録された供用品種の出現頻度を見ると、大部分が1回である中、明治20年を例にとると、「白玉」45回、「都」33回と両品種が群を抜いている。この点は明治21年も同様であった⁽¹⁴⁾。これ以外では、多くても、「八把」9回、「小倉坊主」6回、「法師」5回、「チクマ」（同）となる。また、「大坊主白玉」、「白玉八把」、「白玉都」、「白都」、「都戻り」、「新都」、「撰都」など「都」系、「白玉」系の稲名が多数見受けられることから、両種を中心に品種の改良、選抜が進められていたことがわかる。既述の通り、「都」、「白玉」はすでに藩政時代末にはこの地方の主力品種であったが、明治に入り、県は各地の篤農家を組織し、試作田で改良試験を実施、県下27農区に設けた米撰組合を通じて米作向上を図ったのである。「都」、「白玉」が急速にその作付を増やした背景には、その勝れた品質の外に、そうした県の組織的な普及事業があったことがわかる。山口県に限らず、こうした組織的な改良と普及活動は各地で展開を見ており、かかる取組みの積重ねが後年の国立・府県立農事試験場体制へ繋がったに違いない。

品種分布の地域性

　次に、「成績表」に登場する県外からの移入品種の県内での分布状況より、依然として、県西部では九州を原種地とする稲が多く（「白玉」、「小倉坊主」、「筑前坊主」、「豊前丸上」、「小倉餅」等）、一方県東部には中国、近畿を原種地とする稲が多く分布するなど（「神力」、「相生」、「伊勢錦」、「都」、「出雲」、「作州」、「兵庫」、「山城」等）、品種の交流が地理的条件に強く影響されていた様子が判明する。この点、藩政期末や明治初年と変わりない。

早晩性

「成績表」から、2毛作作期との関連で先に触れた「都」の品種の早晩性に関する試験結果を「白玉」との比較において示せば、グラフ1-3の通りである。中生で裏作＝麦の刈取り後のやや晩い挿秧と麦作耕起に合せた同種の収穫期をそこから窺い知る。ただし、「都」を含め、移行時代の稲は、

品種上一定程度の分化の方向を辿りながらも、特性においてなお十分固定
しておらず、グラフ1-3に示されているように、挿秧、収穫期日にも大き
なバラツキが見られていた点を付記しておくことも重要である。純系分離
によって選抜された近代品種とは異なり、移行時代の稲にはなお未分化で
雑駁な前代の稲品種の特色が色濃く残されていたのである。

　次に、表1-4は、『農事調査』による山口県下、明治20年代初頭稲作
作期を見たものである。これによれば、挿秧は「普通」で6月10〜20日、
平均的には6月半ば、収穫は10月1〜27日、10月中旬が平均である。中
生種の中植えがこの地方の中心作期であったことがわかる。これをさらに
郡別に眺めると、周防地方の諸郡で挿秧＝田植えが長門地方に比べ幾分晩
くなっており、県の東西で作期を異にしていた。また、挿秧、収穫とも、
それぞれの始期＝「最早」から終期＝「最晩」に至るまでの日数が周防地
方で長くなっている点に気付く。周防地方の全般的な作期の晩さは、これ
までに述べてきた通り、同地方が鯖川、椹野川沿いに高度に発達した2毛
作地帯を有していたことの現われであろう。一方、各作期（挿秧および収
穫）の開始から終了までの幅が大きかったことに関しては、周防地方が臨
海部になお多くの低湿地を残し、さらに東部には南に瀬戸内海島嶼部と北
に中国山系を抱えていたことから、長門地方に比べ、栽培品種および稲作
法に地域間での隔たりが大きかったことが指摘できよう。臨海低湿地帯
（大島、熊毛郡）や山田での早植え、山岳部（玖珂、都濃郡）や島嶼部
（大島郡）の晩い作期など、地域内に異なる作期がいくつも重なっていた
ことがこの地方の特色である。

　島嶼部の作期の晩さには一言が必要である。大島郡の挿秧は「普通」で
6月20日、「最晩」は7月7日と晩かった。一方、収穫は「普通」で10月
27日、「最晩」で12月20日にずれ込んでいた。晩生の稲がこの地区でと
くに多く栽培されていたことが考えられる。この点は、『沿革』：「十年頃
ヨリ中晩生多ク」、明治38年には「晩生」4分「郡別記録」、でも認めら
れるところである。この地区で2毛作化が進展していた形跡はない。また、
山岳部のように田植えを殊更遅らせなければならない気象的な理由も見当

表1-4 『農事調査表』による山口県の播種期、挿秧期および収穫期

郡名*	播種期			挿秧期			収穫期			備 考	
	最早	普通	最晩	最早	普通	最晩	最早	普通	最晩		
大島	4月 9日	5月 1日	5月 21日	5月 15日	6月 20日	7月 7日	9月 25日	10月 27日	12月 20日		
玖珂	4 1	4 25	5 15	5 27	6 15	6 30	9 14	10 1	11 30		
熊毛	4 15	5 2	5 15	5 14	6 15	6 26	9 25	10 15	10 30		
都濃	4 5	4 27	5 20	5 21	6 18	7 1	9 11	10 14	11 10	周防	県東
佐波	4 7	4 26	5 14	5 31	6 15	7 2	9 20	10 10	11 11		
吉敷	4 12	4 17	4 22	5 28	6 15	6 22	9 1	10 10	11 5		
阿武	4 1	4 15	5 10	5 25	6 20	6 30	9 3	10 10	11 20		
美祢	4 5	4 15	4 20	5 30	6 10	6 25	9 23	10 20	11 10		
厚狭	4 5	4 20	5 15	6 5	6 15	6 25	9 10	10 5	10 25	長門	
豊浦	4 10	4 20	5 2	6 5	6 11	6 27	9 10	10 10	10 25		県西
大津	4 15	4 25	5 2	6 3	6 12	6 23	9 15	10 10	10 30		

資料：「明治前期産業発達史資料」（明治文献資料刊行会、1965年）別巻（12）Ⅲ「農事調査表」第1、2。
＊見島および赤間関市は除いてある。

たらない。そうであれば、確たる証拠には欠けるが、島嶼という特異な生活環境（生業としての塩業、漁業との併業、豊富な魚肥、狭隘な耕地と稠密な人口）が、中生種主体の地域にありながらこの地区を晩生種栽培に特化させた可能性が高い。「成績表」は「一本草」、「千本」、「二本ソウゴロウ」、「相生」などの晩生種が島嶼部に多く作付られていたことを伝えているが、注目すべきは、これらの稲が、特性（作期、草型、粒大）上、後年、施肥条件の改善を背景に糧食増収を期待されて西日本に登場した晩生で多収性の「神力」に極めて類似した稲であった点である。「神力」は、前述の通り、明治38年には「都」、「白玉」と並んで山口県地方の主要品種となっていたが、同品種について史料『沿革』（明治38年）は「米質悪クトモ収量多シ」、「糧食用トシテ」としている。こうした多収性の晩生種に近い稲種が、人口・土地比率が極端に高く、また、2毛作化の余地が乏しい島嶼部において古い時代から栽培されていたことは、後の、「都・白玉段階」に続く「神力」時代到来を予知するものとして興味深い。「神力」登場の背景に、良質米を望む海外市場の動向や2毛作段階を越えて、品位に難点があっても「糧食」確保を優先する国内の逼迫した食糧事情があったことは既述したところである。

　ところで、「神力」自体は純系淘汰や人工交雑によって誕生した「近代品種」ではなく、在来稲より選抜された稲である点では「都」や「白玉」と共通する。だが、グラフ1-4が示すように、その全盛＝「神力段階」の時期は明治後年〜昭和初年であり、「都・白玉段階」の全盛期（明治中期）とは時間的な隔たりがかなりある[15]。また、この間、再三触れた通り、人口増加に伴う国内食糧事情の逼迫と米穀輸出市場からの後退、一方、施肥事情の改善による肥料の多投、育種事業および普及組織の拡充など稲作を取り巻く環境は大きく変化し、当然、各稲が持つ特性に対する評価＝品種の選抜基準も大きく変わった。「神力段階」と「都・白玉段階」とははっきり区別して考える必要がある。実際、山口県農事試験場『稲之品種』は、「都」、「白玉」の特性に関し次のように記述している。すなわち、「此両種ハ本縣水稲品種中の双璧（中略）中稲で無芒、粒子は肥大、米質は極

グラフ 1-3　「成績表」に示された「都」「白玉」の挿秧期および収穫期の分布

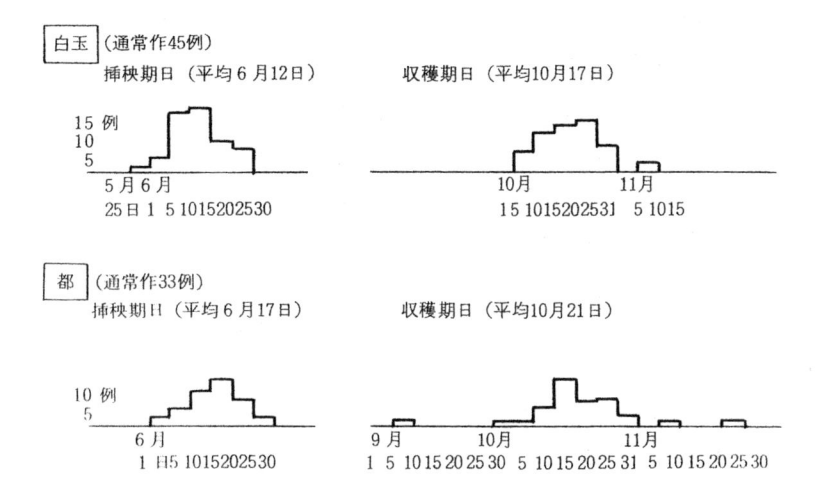

資料：山口県『勧業月報』（明治 20、21 年）「成績表」。

グラフ 1-4　山口県の稲品種の変遷

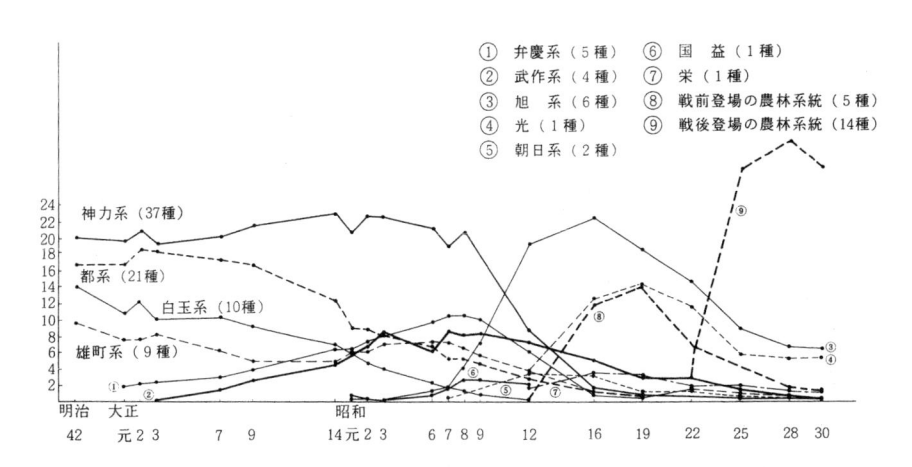

出典：稙本洋哉「近代移行期山口県地方における稲品種の変遷」東洋大学経済研究所『経済研究年報』第 14 号 p.197 掲載グラフ 4。

めて佳良（中略）久しく貯蔵して品質の変せぬこと（中略）古来海外輸出
米として又醸造用として此種の右に出るものはない（中略）兵庫市場で防
長米が今日名殻あるは……」と。一方、「神力」については「小粒（中
略）晩熟無芒……背丈短く……倒伏の虞れはない……収量多きことは凡て
の品種中未だこの種の右に出るものはなし」としている。明らかに、「都」
「白玉」と「神力」とは、登場する栽培環境ないし時代背景を違えた、“異
質”の稲であったと見るべきであろう。

「都」・「白玉」が有した利点にも拘わらず「神力」の持つ特性がいっそう
重視される背景として、ここでは、これまでの観察結果も踏まえて、以下
の3点を指摘しておこう。第1に、わが国全般の米の需給が逼迫し、一方、
2毛作化の余地が減少する中で、施肥事情の改善に伴い晩生種が本来持つ
多収性が重視されたことである。収量はさほど上がらず、また、長稈で、
倒伏しやすい「都」、「白玉」よりは、晩生で耐肥性の強い「神力」が好ま
れたのである。第2に、海外における需要の縮小と販路の変質にも留意が
必要である。すなわち、「都」、「白玉」は「粒形の大なるは勿論形状整斉
光沢美にして風味亦佳良なれば海外輸出向きとして阪神地の輸出米商社よ
り大量需要され」ていたが、大正7年の不作、米価高騰に伴ない米穀の海
外輸出は禁止され、2年後に解禁となったもののこの間に低廉な加州米に
販路を奪われ、以後、海外輸出は不振をきわめたという[16]。加えて、国
内になお品位上等の大粒米の需要はあったが、晩熟で大粒、多収の「雄
町」の台頭に押され、「都」、「白玉」に対する需要は伸び悩んだのである。
第3に、「都」、「白玉」が地方品種であったのに対し、「神力」は全国的な
統一普及品種であったことも重要である。すなわち、国立農事試験場の創
設（明治26年）、同試験場各支場の開設と山口県農事試験場の設立（同
29年）、また、県および郡・市、町村農会の整備が物語るように、「神力」
が台頭してくる明治後年は中央─県─郡・市─町村の農事改良と普及組織
が系統化される時期でもあった。例を挙げよう。明治32年山陽支場の「農
事試験成績水稲ノ部」には、全国より取り寄せた54種の稲についての種
類試験（出穂と成熟期日、籾米と玄米の一升重量、玄米千粒の重量、屑米、

表1-5　山口県農事試験場による肥料用量試験の成績（明治32年）

肥料用量	最小	標準	5割増	2倍増	3倍増
玄米収量(石)	2.15	2.26	2.21	2.44	2.64

資料：明治32年山陽支場の「農事試験成績水稲ノ部」に基づいて作成。
(注) 供用品種：「晩生神力」。肥料：人糞尿、堆肥、大豆粕、過燐酸石灰である。玄米収量のほか、藁、屑米、
秕重量等について行われている。

しいな、籾殻と藁の重量）と各種試験（播種量、播種期、一株苗数、一歩
株数、苗代日数、収穫期、肥料用量、石灰作用等）23種類の試験結果を
報じている。供用された稲の大部分は晩稲「神力」である。表1-5は、
このうちの肥料用量試験の結果である。肥料用量を増やすにつれ藁、屑米、
しいなも増えるが、玄米収量の増加率は最小～3倍増肥間で22.4％と、
「晩生神力」の耐肥性の強さ、肥料増投による高い増収効果が示されてい
る。試験結果は、逐一、「試験成績」として各県・郡・市試験場に下達さ
れたのである。こうした研究・普及体制の確立が「神力」の後押しになっ
たことは想像に難くない。

　かくして、「都」、「白玉」は明治末年までにその地位を「神力」に譲り、
その後、急速に作付けを縮小させて行く。その経緯は、既出のグラフ1-3
が示す通りである[17]。この「神力」系も、しかしながら、昭和10年前後
には、その地位を急速に低下させることになる。「雄町」系も同様であっ
た。もともと「晩生神力」それ自体の後退は早く、大正期以降作付を伸ば
してきたのは「神力」の中でも中・早生の系統種の方であったが、これら
系統種も昭和10年代半ばまでにはほとんど姿を消している。昭和期に入
り、有機質肥料に代わって過燐酸石灰、硫安、硫酸加里などの化学肥料の
施用が盛んになったことが耐病性に弱い「神力」の後退の理由と考えられ
ている[18]。県による指導、農会組織を通じた種子の更新・頒布が徹底し
ていた時代だけに、その後退も急速であったものと想像する。

　なお、本章の考察範囲を越えるが、「神力以後の品種の推移を概観して
おこう。「神力」が後退する昭和10年代に勢いを見せたのは、中稲で多収、
品質優良な小粒の「弁慶」と、「神力」より県下で選抜された晩生で強稈、

耐肥性にも強く品位も上質な「武作」（系）であった。また、これら後退
の後、伸張著しかったのが「旭」系であり、「光」であった。「旭」は晩稲
で倒伏し難く、多収で食味も優良な稲であり、精白歩留まりが良いため、
米の小売が容量制から従量制に代わる大正14年以降に、一方、「光」は、
昭和14年以降24年まで、単独では県下最大の作付面積を記録する中稲の
代表品種であった。また、「旭」、「光」に並んでこの時期に登場するのが
農林系統の品種である。すでに東日本では「愛国」と「亀ノ尾」改良型を
人工交配した「陸羽132号」が普及していたが、山口県下の人工交配品種
としては「農林1号」、「農林6号」が比較的早く（昭和12年）から栽培
され、「農林8号」、「農林10号」が同16年より導入されている。このう
ち「農林8号」は「旭」から純系分離した「朝日」と「愛国」より選抜さ
れた「銀坊主」の組合せから生まれた品種であり、後に戦時から戦後にか
けて関西地方で推奨され、山口県でも主要品種となる「農林22号」の親
でもあった。また、「朝日」と「銀坊主」の組合せからは、ほかに、戦後
最高の作付面積を記録した「農林27号」も生まれている。「旭」からは東
北地方の有力品種「亀ノ尾」との間に山口県でも昭和27年以降採用され
た「農林17号」を、また、「神力」の流れをひく「愛知早稲1号」と組み
合わされて「愛知早生旭2号」を輩出し、さらに、東北地方の冷害対策に
大いに成果をあげた「藤坂5号」にも関わっている。「旭」は、こうして、
在来稲から試験場品種への橋渡しをした、換言すれば、近代交雑育種時代
幕開けに貢献あった、在来稲最後の代表的品種として捉えることができる。
変異とその純系分離に頼ったそれまでの育種法はここに大きく転換し、人
工交配を柱とした品種改良が急速に展開することになる。山口県下の農林
系統品種の作付面積は昭和19年現在で1.4万町歩を超え、この時にピーク
を記録した在来稲「光」と肩を並べるまでに至っている。

3　稲作の北進と北地秋田県地方における稲品種の変遷

　中生の「都」、「白玉」に続く中・晩生の「神力」の登場、さらに「旭」

時代を経て人工交配種＝「農林系統品種」に至る暖地の稲品種の動向に併行して、北地では、次のような品種の変遷が展開した。すなわち、中小・弱小品種が消長を繰り返す前期的品種構造から抜け出し、明治20年代半ばには北のミラクル品種とされた中・早生の「亀ノ尾」の登場（普及のピークは明治末年以降大正後期）、明治後年には東北の稲作を一新させた人工交雑品種「陸羽132号」の出現（普及のピークは昭和10年前後）、そして昭和10年代以降の農林系統時代の幕開けがそれである。一見、暖地、北地の品種とも同一の発展方向を辿ったかのような印象を与えているが、品種改良の目的を稲の増収に置く点は共通するものの、両地域の気象条件や耕地環境（開墾余地の有無）の違いのため、育種すべき稲の種類（早晩、その他特性）は大きく異なるものであった。既述したように、耕地に対して人口が相対的に稠密な西南暖地では土地の効率的利用（2毛作）化と多肥・多収化栽培に適応した、作期が遅く、耐肥性、耐病性に富んだ品種が重宝された。これに対して北地では、開墾地進出の余地と寒冷な気象のために、一般に、熟期が早く、耐冷性に優れた品種の確保が待望されたのである。本節では、以下、北地におけるこうした稲品種の移り変わりを、秋田県を事例にとり、移行時代を中心に具体的に見ていくこととする。秋田県を考察の対象としたのは、稲品種に関する史（資）料が、藩政時代も含め、比較的多く利用可能であること、また、稲作に関する北限地＝青森と東北地方の稲作先進地庄内平野を有する山形の間に位置することから、同県がこの地方（日本海側3県）の平均的な稲作の姿を伝えるものと考えたためである。用いる主たる史（資）料は、明治、大正期については『第2回勧業年報』所収の「稲種一覧表」および「種子交換表」、各年度『農事一班』、『米穀検査成績』、『米産額統計』および石川理之介による『稲種得失弁』（明治32年）、である。これらを利用し、はじめに明治10年代初頭における稲の種類、普及品種の存在とその普及程度、品種の特性について観察し、さらに、明治末年から大正中期に至る品種の移り変わり、品種の特性、反収の推移についても検討し、北地における稲の近代化への道筋を明らかにしたい。また、移行時代に先立つ藩政期の品種動向についても、

補論として概括し、近代以降の品種の移り変わりとの関連についても若干の言及を加えることとする。

1 明治10年代初頭における稲品種

　秋田県勧業課『第2回勧業年報』（明治12年）掲載の「稲種一覧表」および「種子交換表」には合わせて594種（各323種、271種）の稲が登場する。このうち2重カウント分が110種あるのでそれを除くと484種、さらにそれより糯55種（11.4%）、陸稲13種（2.7%）を差し引いた残り416種（85.9%）が粳（水稲）であった。これらは、県下各村で供試、もしくは交換の対象となった稲である。供試の対象とならなかった弱小の稲が外にも多数あったはずであるから、実際に栽培されていた稲の数はさらに大きなものであったことになる。当時、いかに多様な稲が各地で栽培されていたかがわかろう。その点は、暖地（山口県地方）と変わりない。勧業課のこれら2資料を用い、稲作近代化始点における秋田県地方の稲品種の概況を示そう。

稲名の観察

「白早稲」、「赤毛」など稲名の接頭ないし末尾に色名を付するもの66種：白38種、赤14種、黒8種、その他順に紫、青、黄があった。暖地でもそうであったが、一般に、古い時代の稲には着色の籾を持つものが多かった。また、稲名に「……毛」、「……髭」を有するものが14種、反対に「……坊主」とするものが12種あった。前者は、長芒が目立つ稲であったに違いない。また、後者は無芒種の異名であるが、逆に、当時の有芒種の多さを伝えるものであったとも言えよう。着色稲とともに、明治前期になお野生稲の名残りを持つ稲が多く見受けられていたことがわかる。

「阿仁早稲」、「会津」、「和泉」等稲名に地名を付したものは稲の由来、地域間の品種交流、普及の範囲を知る上で参考になる。粳484種中、地名品種は確認されるものだけで120種（全体の24.6%）に上る。このうち、県外の地名を付した稲は70種（同14.5%）に及んでいた[19]。"自前"の品種

以外に、他所から品種が多数あったことを示している。

　表1-6は、県外品種を地方別に示している。これにより、東北諸県のほか、九州（「有明」、「長崎」等）、中国（「長州早稲」）、四国（「阿波権八」、「上野土佐」）、近畿（「和泉」、「京早稲」等）、中部（「伊勢錦」、「一ノ川」）、関東（「江戸」、「浅草早稲」）、北陸（「加賀」）と、北地にありながらも、西南暖地を含む全国広い範囲から稲を調達していた様子を窺い知る。

　県外品種のうち秋田県が東北各県から移入した稲では「庄内早稲」、「最上文吾」、「羽黒」、「高坂」等山形県のものが圧倒的に多く、34種を数える。当時、同県庄内平野が東北稲作の中心地の1つであったことの反映であろう。山形以外では、岩手県7種、青森県3種、福島県2種となっている。岩手が多いのは隣接県であったためでもあるが、この点からすると、青森からの3種はいかにも少ない。当時、同県はわが国稲作の北限地にあったため同地で開発・育成された稲が少なかったためであろうか。全体として、北からの移入は少なく、稲の伝播、普及の方向が西（南）から北へ向かっていたことが特徴的である。稲作の"北進"の様子を伝えるものとして興味深い。

　一方、県下の村名を付けた稲は50種を数える。在地適応型の稲種として注目される。これらは、各地に古くからある稲であるか、かつての移入品種であっても長くそこに定着するなど、多くは土着適応種として選抜された稲であったと思われる。さらに、「喜三郎」、「八助」、「与吉」など稲名に人名を冠した稲も50種に上った。特定の個人により発見、選抜された品種であろう。これら人名品種のうち、「文右衛門細葉」、「黒助文吾」など当時の有力品種に人名が付いたものは、おそらく、個人が改良を加えたものである。農事制度や普及組織が十分確立していない明治前期にあっては、自然変異の恩恵とこうした在地での育種の積重ねが品種改良の常套手法であったに違いない。山形県東田川郡大和村阿部亀治の発見による「冷立稲」の変種で、後の東北地方一大普及品種となった「亀ノ尾」は、まさしく、こうした在地の民間育種の産物であった。

普及品種

　明治12年「種子交換表」には各稲の提供地（栽培郡村名）およびその稲の交換を希望する者の人数が記録されている。提供された品種数は271種と多かった。その多くは、各地の中・弱小の土着の稲であったが、**表1-6**は、これらを各郡の提供稲数と5人以上の希望のあった稲を希望人数順に第10位まで並べたものである。表より、全体として、日本海沿岸および仙北を中心とする内陸盆地部で稲の提供が多かったことがわかる。郡別には、提供が最も多かったのは北秋田郡（48種）、次いで、由利（44種）、仙北（33種）、平鹿（22種）の順であった。

　提供された稲名からは、地方全般に亘るような普及品種は確認できなかった。明治10年代初めという早い段階では系統だった普及機関も確立しておらず、後の時代のように特定の稲が指定され、組織的に普及することは難しかったのであろう。この点は、「都」、「白玉」などすでに藩政時代から有力品種の登場を見ていた山口県地方との際立った相違となっている。もっとも、雑多な弱小の品種が混在したこの時代にも一部有力品種は存在した。例えば、北秋田郡では、後年極寒冷のこの地域で多く栽培された「短穂」の前身と思われる「タンホ」が資料に度々登場している。また、「稲種一覧表」および「種子交換表」記録の各稲についてその稲名に同一呼称を含むものを括り、それを同一系統種と見立てると、「文吾」系、「庄内」系、「細葉」系など20系統ほどの品種群があったことがわかる。このうち出現頻度が高い「文吾」は、後年のこの地方の普及品種である「豊後」（晩稲）との関連が注目される。「庄内」は東北の稲作先進地である山形県庄内地方からの移入米であった。そのほかにも県内在来の稲：「杉沢」系、「川内」系、「亀田」系などの系統種があった。それぞれ資料に中心種となる稲の派生種として記録されたのは、中心となる稲の特性が十分固定されず、未分化のままであったことの反映と思われるが、ともあれ、こうした品種群の出現は核をなす有力種がすでに存在し、後年、普及組織が整備される中での地方的広域品種登場に繋がる動きの一齣と捉えることができよう。この点で、資料（明治12年「種子交換表」）に稲の提供者と

表 1-6　明治 10 年代秋田県地方の稲品種の交流

	提供稲数	希　望　順　位　別　稲　名*									
		1 位	2 位	3 位	4 位	5 位	6 位	7 位	8 位	9 位	10 位
鹿　　角	1	紅毛陸稲									
北秋田	48	青カラ	タンホ	彦右エ門	森田白	京糯	塩俵	ムサス	上糯	新星敷	五盃生
山　　本	13	ナカララ稲	タカチ	千カ歳白早稲							
南秋田	7	野田早稲	白川	七十吾早イチ							
河　　辺	1	山田ハヤ稲									
仙　　北	33	徳助細葉	姫鶴	堅田糯	白糯	清水上石	忠信	若桜	タカタイラ	白伝	稲荷早イチ
平　　鹿	22	杉ノ宮	国白	早稲清水	藤兵エ早稲	小国	白文吾	早西白	君シラス	小葉茂	
雄　　勝	14	福助早稲	種モツベ								
由　　利	44	霊釆利加陸稲	東京陸稲	陸稲	日本一	陸稲白山	陸稲スレカエ	越ヶ谷糯	荒瀧	女夫早稲	ハサハ白
植物園	86	神沼糯	赤穂	若桜	ヒメ鶴	セッチャコ	長者	白坊主	陸赤	杉ノ宮	助右エ門

資料：秋田県勧業課『第 2 回勧業年報』（明治 12 年）「種子交換表」
＊各郡、5 人以上希望者のあった稲につき、希望人数順に上位 10 位までを示している。

表 1-7　明治 10 年代秋田県地方の稲の早晩比率

	早稲 %	中稲 %	晩稲 %	稲　数 種	%
鹿　　　　角	36.8	57.9	5.3	19	(100)
北　秋　田	31.0	65.5	3.5	29	(100)
山　　　　本	18.2	72.7	9.1	22	(100)
南　秋　田	23.5	50	26.5	34	(100)
河　　　　辺				1	
仙　　　　北	8.2	67.3	24.5	49	(100)
平　　　　鹿	7.7	73.1	19.2	26	(100)
雄　　　　勝	12.5	75.0	12.5	8	(100)
由　　　　利	10.7	54.8	36.5	84	(100)
全県（平均）	16.2	61.8	22.0	272	(100)

資料：秋田県勧業課『第 2 回勧業年報』（明治 12 年）「稲種一覧表」。

表 1-8　明治期秋田県地方における不良田向き稲品種

街道早稲	沢田、深田、冷水、渋水、浜田、砂地
白川晩稲	ヒトロ田、深田、谷地田、川埃、水損地、浜辺
稲妻	深田、川添田、冷水、渋水、砂地
三度妖	深田、川埃、冷水、渋水、砂地
庄内早稲	谷地、潟端、冷水、渋水、砂交り
浜平	深田、山間田、村添田、冷水、浜田
白伝	深田、冷水、渋水、砂地、川埃
木ノ下糯	深田、沢田、冷水、渋水
毛車	深田、冷水、渋水、砂地
伝表	深田、谷地田、水害地、砂地
西白	深田、川埃、冷水、洪水

資料：石川理紀之助『稲種得失弁』。

して「植物園」、「勧農局」、「各郡役所」が名を連ねていたことは、後の県による組織的な品種改良・普及事業の端緒をなすものとして注目される。因みに、86もの原種を県下各地に供給していた「植物園」とは勧業試験場（明治9年設立）の一般呼称であった。

品種の特性

　表1-7は、資料「稲種一覧表」に記載された稲272種の早晩を示している。はじめに、県全体では、早晩の割合は早稲16.2％、中稲61.8％、晩稲22.0％であった。早稲が少なく、中稲を柱にやや晩生に傾いた品種構成を採っていた。次に、郡別にこれを見ると、先ず、県最北2郡で早稲の比率が高くなっている（鹿角36.8％、北秋田31.0％）ことがわかる。反対に、晩稲の比率は、両郡とも数％と極端に低い。当時は、収量を上げるために北地でも熟期の長い晩生の稲を作付ける所が多く見られたが、鹿角や北秋田のような北端の地では降霜、冠雪など厳しい秋冷のために晩熟の稲の栽培は気象上難しかったのであろう。

　一方、県北とは対照的に南秋田を境に県南地域では、早稲が少なく、この時代の他の東北地方同様、晩稲が多いことが特徴である。とくに沿海部由利郡では、84種の供出稲数中31種（36.5％）が晩稲であった。仙北郡の24.5％もこの地方としては高い。晩生の稲であっても、県南では、栽培への支障は県北と比べ少なかったためであろう。ただし、県南でも内陸の山間2郡（平鹿、雄勝）の晩稲種の割合は10％台──とくに雄勝では12.5％──と低い。県北2郡同様、晩稲の栽培に無理があったためと考えるが、県北と異なり、早稲の割合も低く、したがってその分、中稲の比率が75％前後にも及んでいる。

　県央沿海部の南秋田は早稲23.5％、中稲50％、晩稲26.5％とバランスのよい品種構成を示している。県南北の丁度中間に位置していることもあろうが、同郡の比較的高い早稲比率に関して一言すべきは、「種子交換表」で同郡が他郡へ提供した品種のうち5ヶ所（人）以上から交換の希望があった2種（「野田早稲」、「七十吾早イチ」）が早生の稲であった点である。これら2種が他群に推奨するほどの優良な早稲であったとすれば、後年、

本格化することになる、耐冷で多収性の優良品種による北地の品種 "早化" の動きの先駆けをなすものとして興味深い。因みに、明治21年『農事調査』の記録によると、南秋田郡の水稲反当収量（1.422石）は県下最多であった。寒さに強い早生の稲がこの地区に出現していたのか、品種 "早化" との関連が注目される。

　秋田県老農石川理紀之介による『稲種得失弁』（明治34年、以下『得失弁』と略記）は、明治8年から33年にかけて蒐集ないし見聞した稲103種について、その来歴、性状＝特性を記録している。『得失弁』がここでの品種分析のための史料としてとくに有用と考えるのは、同史料が各稲の栽培適地、なかんづく、不良田向け稲種を掲げている点にある。劣悪な耕地と寒冷な風土条件に品種面でいかに対応するかが農法上の最重要課題であった当時、同史料は、稲の栽培環境と品種との関連を探る上で格好の情報源と言えよう。

　『得失弁』は、不良田として湿地田（深田、沼田、ヒトロ田、水田）、谷地田（谷田、沢田、谷地、山間田）、新開田（野開、新開、潟端、川添田、村添田）、冷水田、水損田、浜地田を挙げ、それぞれの適応種を示している。いま、その主だったものを示せば、表1-8の如くである。いずれも史料出現度が高く、且つ複数の適地の記載があった稲11種を表示してある。その中でも「街道早稲」、「白川晩稲」、「稲妻」、「三度妖」、「庄内早稲」等はとくに多くの栽培適地を持つ、耐性に富んだ重宝な稲と考えられ、新開地、冷水地、沼沢地など当時の開発の "尖兵" としての重要な役割を担っていたものと思われる。

　不良田向け品種のうち冷水地向けの品種ばかり28種を取り出し、その特性を示したのが表1-9である。冷水への適応性を持つ耐冷性品種の出現は、不良田のみならず北寒地への稲の進出にとり決定的に重要であった。各稲の「性状」（＝特性）は、以下の通りである。すなわち、28種中4分の1に当たる7種が赤米混入稲（稲名＊印）であった。一般に、日本型赤米は耐冷性を備えた稲と考えられているが[20]、表中の「苗起」の項を見ると、苗起を「速く」とする稲7種のうち4種が赤米混入稲であった。赤

58

表 1 - 9　明治期秋田県地方の耐冷品種の特性

	早晩	米質	青米	枇	芒ノ有無	稲ノ長さ	分蘖	穂一寸に	親穂	苗葉	苗起	穂首	藁	(穂)出揃い	水害	早害
早稲	早ノ早	悪し	少し	少し	黒2～3寸	3尺位			50～60粒	細く	速なり	強し	弱し		傷み易し	少し
*与吉	早ノ晩	下等	あり	あり	白2寸	3尺4,5寸	3倍掛り	5粒掛り	120～130	細く	速也	強し			傷み易し	堪ゆ
浜平	中ノ中				赤毛	3尺5,6寸	3倍余	5粒掛り	160～170	普通			剛し	よし	—	—
彦鶴	中ノ中				赤毛1寸	3尺位	3倍余	5粒	80～90	細長く			剛し		少し	少し
*会津	中ノ中		少し	有り	白毛1～2寸	3尺6,7寸	2倍余	5粒半	150～160	広く	早し	強し	太く強く		あり	あり
※大ハタカリ	中ノ中				白毛1寸	4尺位	3倍余		180～190	極く細く直なる方				よし	—	—
元印	中ノ中	よろし			黄毛2～3寸	4尺位	4倍余	4粒半	120～130	剛し直立なる方				よし	堪ゆ	堪ゆ
ゴザリ糯	中ノ中	可			無	3尺5,6寸	4倍余	6粒		極く強く直立			剛し	よし	堪ゆ	堪ゆ
五百成	中ノ中				白2寸	4尺余	3倍余		近生なる方200余	極く細く直なる方					傷み易し	堪ゆ
*木の下糯	中ノ中	よろし		爆米多し少し	黒1寸5,6分	3尺2,3寸	3倍余		120～130		早く	強し			あり	あり
嘉七	中ノ中				赤1～2寸	3尺5,6寸	3倍余	5粒	160～170	広く大					あり	少し
三度妖	中ノ中				赤	4尺位	2倍余	5粒	160～170	普通			剛し	よし	堪ゆ	堪ゆ
豊巻	中ノ晩				赤	3尺8,9寸	3倍余	5粒半	200余	細く長し				よし	少し	少し
白伝	中ノ晩				白2,3寸	3尺6,7寸	3倍余	5粒	160～170	中条、長し			太し	弱く	あり	あり
天鷲絨	中ノ晩		あり	あり	黒7～8分	3尺6寸	少し	4粒半	140～150		速也	強し			いたむ	少し
彦平	中ノ晩				赤1～2寸	4尺位	3倍余	6粒	240～250	扉く方					—	—
赤穂糯	中ノ晩	わるし	少し	あり	赤1寸	3尺6,7寸		5粒半	170～180	太く	速也	剛し	剛し		あり	堪ゆ
*赤卯平	中ノ晩	悪し		あり	赤1～2寸	3尺6寸	2倍余	5粒半	150～160	太し	遅く	強し			いたむ	少し
稲妻	中ノ晩	善し		少し	赤2～3分	3尺7,8寸	3倍余	5粒	180～190	広く大		細く強し	細長し			
*小竹	中ノ晩	善し	あり	少し	白1,2寸	3尺4寸	4倍余	5粒	120～130	細く直なり		細く長し	剛し		あり	あり
街道早稲	中ノ晩	よし			黄2～3寸	3尺4寸	2倍半	5粒半	170～180	細く直なる方		強し		よく	少し	少し
重兵衛	中ノ晩				白1寸	3尺4,5寸	4倍余		100	剛く直立なる方					堪ゆ	少し
白杉沢	中ノ晩				白2寸	3尺余	3倍余	密なる方	200余	極く細く直なる方			剛し	よし		
*庄内早稲	中ノ晩	善し	少し	少し	黄5,6分		少し	5粒	220～230	太し	早く	太く短く弱し			少し	少し
毛車	晩ノ早				赤8,9分	4尺位	3倍余	5粒	160～170	細長く直なり					—	少し
卯平	晩ノ中	下等			白1寸	3尺4,5寸	3倍位			細長く直なる方				よし	少し	少し
西白	晩ノ晩			あり	白2寸	3尺6,7寸	2倍半	6粒	300粒余						少し	少し
平中彦平	不明	宜しからず		少し	赤1寸	3尺7,8寸	少し	5粒		大	速也	強し	長く太く強し		いたむ	いたむ

資料：石川理紀之助『稲種得失弁』。
＊は赤米混入稲を示す。

米が低温発芽力に優れた稲であったことの反映であろう。元来赤米は、インド型にしろ日本型にせよ、それが有する各種抵抗性故に開発のパイオニア米として古くから知られてきた。稲の北進の過程では、低気水温に対して有する日本型赤米の強い抵抗性がその威力を発揮したものと理解できよう。

　古いタイプの稲の粗野な強靭さが不利な栽培環境を克服するという点では、冷水地向け稲に有芒種が多かったことも注視されるべきであろう。28種のうち芒を「無」とするものはわずか1種、残り27種はすべて芒を有する稲であった。これは、『得失弁』記載全103種の平均有芒種率8割強をさらに上回る比率（96.4％）であった。通常、灌漑排水施設が行き届いた良田（乾田地）に栽培される稲には芒は少ない。対照的に、不良田に対しては湿田、旱魃、低気水温に強い抵抗性を備えた野生的な有芒種をもって応ずることが一般的であった。このほか、冷水向けの稲の形状として、苗葉は細く直立、苗起きは早く、穂首、葉とも剛かった点が指摘できる。

　さらに、冷水向け品種の米質は、判明する13種について、「善し」「悪し」は凡そ半々：7対6、全103種のそれ（2対1）に比べ冷水向けの稲で「悪し」とする割合が高かった。米質よりも新開地拓殖の尖兵としての期待が大きかったのであろうか。また、青米「あり」とするもの4種、「少し」とするもの3種と、28種中7種を数えた。また、粃を生ずるものは、「あり」とするもの6種、「少し」とするもの6種、と4割強に上った。

　冷水向け稲の長さは、3尺5寸前後（3尺3、4寸〜3尺6、7寸）が28種中14種と半数を占めていた。これを後年の稲と比べて見ると[21]、5寸ほど長くなっている。一般に古い時代の稲ほど長稈が多いとされる。背丈が長い稲はその分、施肥の増投や風による倒伏のおそれが強く、多肥・多収化時代には馴染まない。その点でも、冷水向け品種は伝来的な稲の特徴を有していたことになる。なお、これら冷水向け品種の大半は、北寒・山間部ではなく、山本、南秋田、由利の沿海部3郡に集中していたことに気付く[22]。この時代の田地開発の中心が、藩政時代には中々手が及ばなかった河川下流平野部に移り始め、劣田、水損にも適応可能な稲が利用され

たものと考える。また、冷水地向けの稲の早晩は28種中22種が中稲で、早稲、晩稲はわずかであった[23]。先に南秋田郡での早稲種の比率の高さと推奨品種に早稲が2つ含まれていた点に注目したが、この地域では、平野部では一部優良な早生種が登場する一方、開発向けの耐性に優れた中稲種が地域稲作の前進を品種面で支えていたことが推測される。

2 明治末年〜大正期における品種動向

時期を前後して登場する北地の2大品種「亀ノ尾」と「陸羽132号」は、ともに、熟期が相対的に早く耐冷性に富み、しかも、良質で多収であった。北寒地で久しく待望されていた、東北稲作史を塗り替えるほどの画期的な稲であった。前者＝「亀ノ尾」は、明治26年、山形県東田川郡で「冷立稲」の変種として発見され、その後明治後年から大正期にかけて急速にその作付を伸ばした在来稲である。また、後者＝「陸羽132号」は、国立農事試験場陸羽支場で大正2年に誕生、やがて東北各県の奨励品種となる、わが国最初の実用化された人工交配品種であった。育種法上、前者は在来稲の純系淘汰により選抜された近代育種黎明期の稲とすれば、後者は、在来稲選抜種同士の交雑[24]により生れた、近代育種確立期の稲であったと言えよう。以下は、なお弱小品種群や日本型赤米などの古いタイプの稲に支えられつつも近代的な品種構造へと向かう、移行時代における稲の"年代記"である。

中小品種の淘汰と優良統一品種の出現

秋田県農事試験場編『秋田県農事一斑』（明治44〜大正2年）および同場編『秋田県米穀検査成績』（大正11年）に基づきこの時期の稲の普及状況を、作付面積階層別品種数で示せば、表1-10の通りである。はじめに、資料に登場する（作付面積100町歩以上）品種数が観察期間中に大きく（91種から26種へ）減少していることがわかる。次に、作付階層別にこれを見ると、減少の大半は500町歩以下の階層にランクする中小品種で起こっていることに気付く。明治44年〜大正11年の間に、当初61種あった500町歩以下の稲は大正11年には16種にまで減少していた。さらにこ

表 1 - 10　明治 44 年～大正 11 年における秋田県の作付面積階層別品種数

	明治 44 年	大正 2 年	大正 11 年
10,000 町歩以上	2	1	2
1,000 町歩以上	12	17	5
500 町歩以上	16	3	3
500 町歩以下	61	33	16
計	91	54	26

資料：農業試験場編『秋田県農事一斑』（明治 44 年、大正 2 年）同場編『秋田県米穀検査成績』（大正 11 年）。
(注) 全県ベースで 100 町歩以上の品種について。

表 1 - 11　明治 44 年、大正 2 年の秋田県における「亀ノ尾」の郡別作付状況

	明治 44 年		大正 2 年	
	％	町　歩	％	町　歩
鹿　　角	0	(7.9)	2.2	816.3
北　秋　田	2.4	(658.8)	6.4	2,334.6
山　　本	6.6	(1,780.3)	8.1	2,976
南　秋　田	12.0	(3,223.2)	23.1	8,488.3
河　　辺	6.5	(1,741.7)	5.3	1,950
仙　　北	19.0	(5,122.5)	12.0	4,397
平　　鹿	29.1	(7,842.9)	13.7	5,043
雄　　勝	9.3	(2,520.3)	8.6	3,139
由　　利	15.1	(4,066)	20.6	7,550
計	100	(26,963.6)	100	36,694.2

資料：農事試験場編『秋田県農事一斑』（明治 44 年、大正 2 年）。

表 1 - 12　明治 44 年、大正 2 年における秋田県の郡別上位 5 位品種一覧

	明　治　44　年					大　正　2　年				
	1 位	2 位	3 位	4 位	5 位	1 位	2 位	3 位	4 位	5 位
鹿　　角	短穂	坊主早稲	津軽田子	桂早稲	五郎兵エ	短穂	亀ノ尾	津軽田子	早坊主	関山
北秋田	短穂	仙台坊主	相馬	北川	亀ノ尾	亀ノ尾	短穂	北川	仙台坊主	相馬
山　　本	亀ノ尾	大細稈	相馬	短穂	日本桜	亀ノ尾	大細稈	短穂	日本桜	相馬
南秋田	亀ノ尾	日本桜	御前糯	新徳	街道早稲	亀ノ尾	御前糯	日本桜	大細稈	細稈
河　　辺	亀ノ尾	五郎兵エ	河辺糯	神穂	福嶋	亀ノ尾	河辺糯	五郎兵エ	細稈	福嶋
仙　　北	亀ノ尾	細稈	福嶋	名古屋白	五郎兵エ	亀ノ尾	福嶋	五郎兵エ	庄内	名古屋白
平　　鹿	亀ノ尾	大野	名古屋白	五郎左エ門	稲妻	亀ノ尾	早鷹	松前	名古屋白	福嶋
雄　　勝	亀ノ尾	名古屋白	五郎左エ門	大野白	三本柳	亀ノ尾	名古屋白	関山	五郎左エ門	松前
由　　利	五郎兵エ	亀ノ尾	名古屋白	穂長	御前糯	亀ノ尾	名古屋白	袖振	穂長	五郎兵エ

資料：農事試験場編『秋田県農事一斑』（明治 44 年、大正 2 年）。

れを品種毎に追跡すると、表示はしていないが、中小品種61種のうち、500町歩以上に作付を伸ばした品種はわずか3種に止まっており、実に、42種がわずか10年ほどの間に消滅もしくは100町歩以下（＝資料未記載）の弱小品種に転落していたことがわかる。中小品種の淘汰が急速に進んでいた様子が窺える。

　中位の品種についてはどうであったか。いま、中位品種を作付面積1,000町歩以上10,000町歩以下の層とすれば、表示の通り、明治44年および大正2年にそれぞれ12種、17種あった中位品種は、その後、大正11年には5種へと、ここでも、その数を大幅に減少させていた。この間の品種の移り変わりを中位以上の稲について品種毎に追跡して見ると、表示はしていないが、明治44年の1,000町歩以上の稲14種はすべて大正2年の資料にも登場し、2種（「白川」、「穂長」）を除いて、引き続き1,000町歩以上の作付を記録している。一方、大正2年に新たに1,000町歩以上層に登場した稲は「松前」、「川辺糯」、「庄内」等6種であった。結果として4種増えて、大正2年の1,000町歩以上の稲は18種となった。もっとも、作付規模はほとんどの稲で大幅に縮小している。中位品種も、実際には、その地位を後退させていたことになる。この傾向は、大正11年にかけて一段と明瞭となり、さらに大正11年には同階層にランクする品種数は7種と大きく減少している。この間（大正2〜11年）に新たに登場した1,000町歩以上の稲はわずか2種、反対に、消滅もしくは1,000町歩以下の中小、弱小階層に転落した品種は13種に及んだ。

　こうした中で、首位品種「亀ノ尾」だけは、観察期間中一貫して、その作付面積を伸ばし続けていた。その規模は、明治44年の2.7万町歩から大正2年には3.6万町歩、同11年には4.3万町歩に拡大し、全作付面積に占める比率も当初の27.1％から、大正11年には46.2％へと上昇している。県単位で1つの品種が全作付面積の過半に達するような稲はそれまでに例がなかった。また、「亀ノ尾」以外では、明治44年に1.6万町歩を記録した「五郎兵衛」、大正11年にはじめて資料に顔を出す「豊国」の3.1万町歩の急成長振りが目立つ。中小品種の淘汰、一地方をはるかに越えた「統

一品種」とも言うべき有力な広域品種の登場とそれへの急速な収斂がこの間の品種動向の大きな特徴であったことがわかる。

品種分布の地域性

　品種の分布にはいくつかの地域性が見受けられる。先ず、首位品種「亀ノ尾」といえども、県内万遍なく分布していたわけではなかった。**表1-11**より、「亀ノ尾」の作付は、県南の盆地部や日本海沿いの平野部に集中していた。これを明治44年について見ると、同品種の作付は、盆地部・沿海平野部を擁する仙北、南秋田、由利、平鹿の4郡で全作付面積の75％に達していた。これに対して県北では作付は極めて少なく、鹿角、北秋田、山本3郡を合わせても全体の1割にも満たない。その後、「亀ノ尾」の普及に伴ない県北でも作付は伸びるもののその増え方は鈍く、"南"出自の稲「亀ノ尾」も、北進には限界があったと言わざるを得ない。

　次に、県北には、「亀ノ尾」のような大型の稲ではなかったが、それに代わるいくつかの重要品種があった。**表1-12**は、各郡の作付面積上位5位までの品種一覧である。これに従えば、明治44年について、県北：鹿角、北秋田、では「短穂」が首位品種であった。やや南の山本郡でも同品種は3位に名を連ねている。「亀ノ尾」は耐冷性に優れた品種として名高いが、「短穂」の方が、その分布する地理的範囲から見て、一層北冷、高冷向きの稲であった可能性が強い。また、「亀ノ尾」が熟田向きの稲であったことを踏まえれば、「短穂」が劣位田への適応力を備えた稲であった点が強調されよう。「短穂」以外では、「坊主早稲」、「仙台坊主」、「津軽早稲」、「相馬」などが県北固有の品種として登場する。

　なお、**表1-12**に示した品種のうち作付面積が1,000町歩を超え、且つ、1つの郡で県全体の作付比率が50％以上を占める品種を取り出してみると、当時、広域の普及品種（＝「亀ノ尾」）以外にも、郡固有の中位の品種がいくつか存在していた様子がわかる。北秋田郡の「短穂」はそうした地域固有種の例であったが、ほかにも、「仙台坊主」、「細稈」、「五郎兵エ」、「庄内」、「会津」、「相馬」、「松前」などがあった。県外品種が多いことに気付くが、それは「亀ノ尾」の進出が及ばない地域や、稲熱病大被害（明

治43年）時における「亀ノ尾」代替もしくは補完品種として栽培されて
続けていた結果と思われる。

主要品種「亀ノ尾」の特性

すでに述べてきたように、北地の稲作の限界は、その早い秋冷や冠雪回
避のため熟期の早い稲が望まれていたものの、春先の低い気水温により播
種、挿秧が遅れ勝ちとなり、登熟までの生育期間を十分確保できないとこ
ろにあった。勢い、登熟期間の長い晩生の稲の作付となるが、晩稲は多収
ではあるが冷害に弱い[25]。その克服のためには、低温発芽力に優れ、耐
冷性に富んだ熟期の早い稲の出現がなによりも期待されたのである。「亀
ノ尾」は、こうした中登場した東北地方のミラクル品種であった。

改めて、「亀ノ尾」の性状について述べよう。「亀ノ尾」は、山形県庄内
地方東田川郡大和村の「冷立稲」（水口稲）の変種であった。耐冷性を備
え、早晩別には、大正11年「稲の種類試験」[26] が「亀ノ尾」の熟期を9
月17〜19日としていることから「中生」もしくは「中の早」、というと
ころであろう。それまでの秋田県平野部の作期——例えば、明治21年『農
事調査』は、収穫期を9月下旬〜10月上旬を「普通」としていること
——からすれば、かなりの作期の前進であったと見てよい。さらに、明治
40年「品種試験」の「肥料応答試験結果」[27] が、同品種が耐肥性に富ん
だ稲であったことを明らかにしてくれる。この時期は、従来の魚肥に中国
大陸からの大豆粕が加わって、有機肥料全盛時代を迎えていたが[28]、グラ
フ1-5に示すように、「亀ノ尾」が、早生種、中生種の中では肥料応答性
において抜きん出ていたことが明瞭である。大半の稲は普通肥料の25％
増量で収量水準がピークに到達する中、「亀ノ尾」は50％増量で最大とな
ることがわかる。因みに、耐肥性について、先に触れた県北＝北秋田郡の
地域固有品種「仙台坊主」も50％増肥で「亀ノ尾」に近い肥料応答効果
を発揮していたことを付言しておこう。東北地方においても、耐冷性とと
もに、多肥化に伴い耐肥性の確保が次第に重要な意味を持ち始めた中で、
「亀ノ尾」、「仙台坊主」がともに両耐性を有したことが県の南北それぞれ
での作付拡大に結びついたものと判断される。

グラフ 1-5　明治 40 年秋田県における稲の肥料応答性

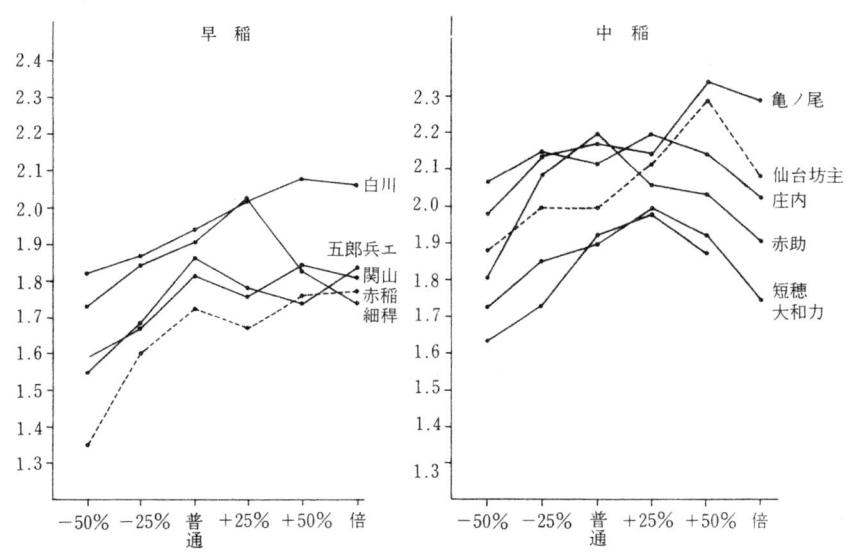

資料：『業務報告 13 号』（秋田県、明治 40 年）「品種試験」。

「短穂」が北秋田郡の固有品種であったのは、高寒冷地域であったことがその理由であったが、同種は又、劣田向きの赤米混入稲でもあった。この「短穂」の収量に関しては、再び、明治 40 年「品種試験」結果によると、反収は 1.677 石、供試品種 26 種中 22 位と低収であった[29]。さらに、品質も、「短穂」は最下位の 8 位にランクしている。山間、劣田向きの粗野な稲の印象が強い。良質で多収の「亀ノ尾」とは大きく異なる[30]。なお、前出の明治 40 年の「品種試験」結果によれば、「短穂」の出穂期は、北秋田郡で 8 月 19 日、熟期は 10 月 4 日で、中稲に分類されている。当時の秋田県の標準からすれば、「亀ノ尾」よりもずっと遅い、「中生ノ晩」といったところであろう。

　地域固有種のうち、すでに触れた「仙台坊主」および「短穂」を除く 5 種について明治 40 年「品種試験」の記録によりその特性を述べると、以下の通りである。仙北の「細稈」および「福嶋」は、ともに、早稲、熟期は、それぞれ、9 月 24 日、23 日、反収は 1.759 石、1.596 石であった。同

じく仙北の「庄内」は中稲で、熟期は10月8日とやや晩くなっている。同品種は明治44年仙北地方に大被害をもたらした稲熱病発生後に作付を急速に伸ばした稲であったが、反収は1.731石と「亀ノ尾」に比べかなり低かった。由利の「五郎兵衛」は早稲、反収は1.701石と同じく低いランクにあった。こうして見ると「仙台坊主」、「短穂」を含め、地域固有品種の多くは「亀ノ尾」と競合するよりは、むしろ、耐冷性や耐病性の面で補完的な立場にあった様子が窺える。地方品種は、その意味では、なお、この時代の稲作を支える重大な役割を担っていたと言えよう。ただし、これらの稲も、その後大正期を通じて、「亀ノ尾」がさらに県北に進出するにつれ、その作付面積を急速に減らしていった[31]

　最後に、大正11年に全県で3.1万町歩を記録した「豊国」について一言しよう。同年の『品種』試験によれば、熟期は9月17日、これは「亀ノ尾」の標準熟期（9月17〜19日）と変わらず、また「豊国」の栽培は、地域的に、「亀ノ尾」と重なることが多い。さらに、収量の点では、「豊国」（2.250〜2.350石）が「亀ノ尾」（1.635〜2.175石）に勝っていた。双方、競合することが多かったと考える。「豊国」の出自は、「亀ノ尾」とまったく同じ、山形県東田川郡大和村である。「亀ノ尾」より10年遅れて明治36年に庄内平野の普及品種「文六」より選出された「豊国」は[32]、大正期に急速にその作付を伸ばし、ピークは昭和への変り目前後であった[33]。その台頭がこの間の「亀ノ尾」の落ち込みの原因となったが、この「豊国」も、昭和期に入って伸張著しい「陸羽132号」の登場で、大きく後退することになる。

補節　近世における羽後地方の稲品種の動向

　近代に入って徐々に、さらに、「亀ノ尾」や「陸羽132号」の登場によってはっきりした北地における稲作作期および品種の早化の動きの起点は、遠く、近世まで遡る。秋田県（羽後国）仙北地方における18世紀後半の稲種を伝える史料：釈浄因『羽陽北水土録』（天明8年）[34]を分析した安

田健に従えば、当時、稲品種の中に晩稲のほか、中、早生の稲が数多く見られており、それ以前と比べ品種の早化が進み始めていたことを明らかにしている(35)。すなわち、18世紀70年代までは記載された稲のほとんどが中、晩生の稲で占められたものが、80年代には晩生の稲が少なくなり、その分、中・早生主体の品種構成に傾斜していく様子が看て取れる。また、主力品種も、当初の「豊後」(晩)、「赤稲」(晩) から、1750〜70年代の「強頸」(晩)、「豊後」、「赤稲」を経て、80年代の「定穀」(中) へと入れ替わり、それまでの晩生種は廃稲に、さらに、当初見られなかった「四十日早稲」、「小吉早稲」が有力品種に加わったと言う。1750年以前にも「田表」、「白稲」、「白川」等の早稲はあったが、1750年以降の基準では、これらはいずれも中稲であったとされる。そもそも、こうした早晩の基準の変更自体がこの時期の稲の作期、熟期の早化が始まったことを物語る。

　早化の動きは、品種の改良や普及に当たる時の為政者の農事指導の面にも現われていた。津軽地方の老農中村喜時が18世紀後半に著した『耕作の噺』には、「晩稲は出穀の増しあれ共、冷気の年出かがみ時節に遅れ実らず」(36) と、冷害回避のために早稲栽培の必要が説かれている。秋田県では、晩稲禁止の発令は明治に入ってからのことであったが、早稲が凶作に強く利益多い良種であることはよく知られており、津軽領から導入の「黒髭」の例のように、「早稲ノ種穀ヲ公威ヲ以テ挙リ寄セ」と、早稲の奨励に積極的であった。また、当初有力品種であった「強頸」が廃稲になった理由は晩熟のため天候不順には「時候ニ応ゼズ赤熟マズシテ糠トナリ、或イハ虫害ヲ受ケテ廃稲トナルガ故ニ、今後一統禁止シテ植ヘザルコノ痛マシキナリ」としている(37)。

　稲の作期、品種の熟期の早化の背景として、この時期が羽後地方の稲作開発史上1つの画期であった点を指摘しておくことも重要であろう。『羽陽秋北水土録』は廃田を再耕する際の田地等級別の稲の適応種を載せている。それによれば、平地で再耕がある程度進んだ段階で「豊後」、「強頸」の晩稲種が導入され、一方、開発の早い段階や山沢、河川地には「四十日」、「小吉」等の早稲が適種であったことを示している。晩稲の「豊後」

は多くの系統種を持つ、当時としては最有力品種であり、良質の稲であった。「強頸」もこの「豊後」系統の稲であったという。ともに、開発には「不適」との"但し書き"が付けられており、良田、熟田向きの稲であったことがわかる[38]。時代とともに、晩稲以外に中・早生の稲が増えたのは、したがって、当時の稲作が既存の優良地から周辺の荒地、低湿地にも拡延したことの現われであったと考えることもできよう。一般に、19世紀の変り目辺りが東北地方における開発の一画期であったとされている[39]。

　このように、藩政期も含め、寒冷地の稲作の前進（未開墾地への進出およびより寒冷地への北進）の問題は、品種面では、耐冷性に優れ、しかも多収の早生ないし中生の稲の存否にかかっていたと言っても過言ではあるまい。しかし、優良な稲の原種を西南や北陸地方からの移入に依っていた当時、稲は晩生の稲と化してしまい[40]、したがって北地では、中、早生の稲は自前で調達せざるを得なかった。もとよりそれは「亀ノ尾」の登場（明治26年）を待たねばならなかったが、羽前（山形）出自の、「小豊後」より選抜された多収で、天候不順にも稔実に損傷が少ない特性を備えた「定穀」（中稲）の出現は、藩政期の北地稲作を切り開く自前のパイオニア種として、また近代に繋がる品種変遷の一齣としても注目されてよい[41]。

4　結語

「都・白玉」段階から「神力」時代を経て「旭」の出現に至る山口県下の稲の移り変わりは、稲種が、種々雑駁な弱小品種が消長を繰り返し、特定の熟期、特性を備えた一部有力品種へと収斂する、品種の構造的変化の過程であった。変化の兆しはすでに藩政時代にあったが、その本格的展開は明治に入ってからのことである。その特色は、増加する人口に対して土地が制約的要因となる中、土地の効率利用（2毛作化と熟期の晩い多収米栽培）に対応した暖地特有の品種動向、すなわち、品種晩化の傾向に沿うものであった。山口県地方の場合、明治期中葉までの2毛作化に対しては熟期が比較的晩い中生、良質米の「都」や「白玉」が、また、明治後年以降

の糧食確保が優先された時代には、より晩生で耐肥性に優れた、極多収性の「統一普及品種」である「神力」が、さらに昭和10年代以降の化学肥料時代に入ると耐病性に優れ、晩生で倒伏も少なく、多収で食味抜群な「旭」の登場が、それぞれ、適応種として登場したのである。

　一方、先進暖地稲作に遅れて農業近代化をスタートさせた北地においても、同地自体の人口増加と国全般の食糧需給逼迫の圧力に押され、既耕地に関しては暖地同様の集約栽培化が、また地域全体としては、稲作の外延的な拡張（稲の"北進"）が一層求められるようになった。元来、稲が南の植物であったためにその実現には時間を要したが、集約栽培化に関しては、秋田県の場合、明治後年から大正期にかけて中・早生で多肥・多収、良質米の「亀ノ尾」や「豊国」が適応した。また、開墾地を含む稲作の北冷地への拡張については、当初は、低収ではあったものの冷水地に強く劣田向きの「短穂」が、さらに昭和に入ってからは、「陸羽132号」がそれぞれ適応した。とりわけわが国初の実用人口交配品種である「陸羽132号」は既耕地、新開地を問わず、県全体に亘って普及を見た、早生で耐冷性に極めて秀で、しかも良質で多肥・多収米であった。「陸羽132号」の詳細は本書後続の第4章に譲るが、同種は、熟期の早化と集約栽培化を一挙に叶えたという点で、移行時代を含む北地品種発展の頂点に立つ稲であったと言えよう。

　暖地・北地間に見られた稲作作期分化の動きは、これを育種面から眺めるならば、多肥・多収化を基軸とした、両地域それぞれの稲作立地への適応種の選抜（熟期の早晩性、生育期間の長短、肥料応答性と耐肥性、耐冷性と低温発芽性、耐旱性等の確保）の過程として捉えることができよう。それは、多肥栽培化と土地賦存状況の変化（暖地における土地制約と北地稲作の拡張＝北進）が進む中、両地域における環境適応性を高めるための農学上の技術対応に他ならなかった。その対応が北地においてとくに強く現れたのは、品種の早化の過程でそれまで日本型白米種にはなかった耐冷性が確保されたことに加え、水利を含む田地の基盤整備が水村地帯の多かった北地に有利に作用したことの結果であった。古くより多肥栽培と晩化

が進み、品種の改良効果に陰りが見られた暖地とは対照的に、北地の稲作はやがて日本の稲作をリードするまでに躍進することになる。

　わが国稲作が2つの稲作の発展方向、すなわち、作期の早化と晩化、品種の早化と晩化の方向を辿り始めた近代とは、日本固有の集約型稲作がその集約度をいっそう高めた時期であったと同時に、わが国稲作の地域構造を揺るがすに至った、稲作史上の重要な変節の時期でもあったと言えよう。

注
(1)　大陸からの稲作の伝来、西南日本での稲作の定着とその後中世期における稲の東進、さらには近世から近代にかけての北地への稲作の進出など稲作の進展、拡充の局面では、常に、その時々の地勢・気象条件、水利環境や施肥事情、さらには耕地利用形態に応じた新たな稲の登場とその普及の動きが併行していた。例えば、中世期の稲の東進に対しては印度型赤米が、また近世期の稲の北進については日本型赤米が、さらに明治に入ると耐冷型の白米種の登場がそれである。また、外延的拡大の余地の少ない西南暖地の先進暖地では、稲作の発展は既存耕地の集約利用：多肥化と2毛作化を基軸に展開したが、これを品種面で見れば、多肥化に伴い耐肥性が強く、倒伏のおそれの少ない草型＝短稈で穂数型の稲が求められた。2毛作に関しては、裏作（麦作）との関連で作期のやや晩い中・晩生種が必要とされた。
(2)　わが国の人口増加率は明治中期（1889-1900年期）で0.96%、同後期〜大正期（1901-1920年期）で1.22%、大正後期〜昭和10年代（1921-1938年期）で1.31%であった。
(3)　「農事調査表」によれば、明治20年代初頭の米の反当収量は「普通」で全国平均は1.477石であったのに対し、近畿地方7県のそれは1.349〜1.940石、一方、東北6県のそれは0.891〜1.396石であった。
(4)　嵐嘉一『近世稲作技術史』（農山漁村文化協会、1975年）3-25図参照。
(5)　日本の米の輸入が増加に転ずるのは19世紀末のことであり、糧食の確保は国家的重要課題であった。
(6)　「神力」の来歴については嵐、前掲書pp. 368-370を参照。
(7)　速水佑次郎・神門善久『農業経済論　新版』（岩波書店　2002年）第4-8図によれば、近代期を通じ、東西日本の水稲単位面積当りの収量格差は東日本の急速な追い上げにより大幅に縮小し、昭和戦前期末までに両者の水準は近似するまでになっていたことがわかる。
(8)　近代以降、わが国の人口の重心は東日本に大きく傾斜して変化（増加）したが、その傾向の端緒は藩政時代に遡る。幕府の全国人口調査（「子午改」）によれば、東北地方の人口は19世紀に入ると、一時期を除いて、増加に転じていること、また、そのテンポは、他のいずれの地方をも上回り、特に日本海側で著しかったことがわかる。鬼頭宏「近世日本の主食体系と人口変化」速水融・斎藤修・杉山伸也『徳川社会からの展望』（同文館、

1986年）p. 53によれば、1721-1873年におけるわが国の人口・土地比率は東海地方を境に、東西で大きく分かれるという。

(9) 菅洋『庄内における水稲民間育種の研究』（農山漁村文化協会、1973年）第4章（阿部亀治と「亀ノ尾」）を参照。また、庄内地方の民間育種事業についつては本書第4章でも一部言及を加えている。

(10) 西南日本に始まり、古来より東進、北進を続けたわが国稲作の発展過程では、品種もそれに沿って暖地より北地へ移動したことが考えられる。後述する秋田県地方の稲「長州早稲」はそうした一例であるが（注（12）参照）、田口勝一郎は、『近代秋田県農業史の研究』（みしま書房、1984年）において、晩稲は多収だが秋冷の害を受けやすいとしている（p. 124）。また、県北鹿角で晩稲に不熟のおそれが多かったこと（p. 129）、暖地の良種はそのまま寒地の良種ではなく、不熟稲の大部分が大和、讃岐、伊予の稲であった点を指摘している（p. 135）。

(11) 加藤治朗『東北稲作史』（宝文堂出版販売、1983年）pp. 118-119によれば、近代に入っても赤米の系譜を引く稲もしくは赤米混入稲が多く見られたという。

(12) 出現回数6位（22回）の「高津」について一言しよう。同種は「在来種中最も早熟種で籾の未梢に短芒を有し品質は比較的良好である分蘗稍々（やや）少なく従って収量多からねと気候稍々寒冷の山地にも適するので古来早稲種としては著名の品種」であり（穐本洋哉「近代移行期山口県地方における稲品種の変遷」（東洋大学経済研究所『経済研究年報』第14号（1985年5月）p. 191）、明治初年より作付を伸ばした数少ない、暖地地方の早生種として注目される。各地に散在するこうした優良な稲が、一地域に止まらず、政府の勧農政策（＝品評会や共進会）を介して広く各地に普及して行くことが初期の明治農業を農法面で支える成長要因であったと考えるが、当時、暖地より品種の供給を仰ぐことが多かった北地にとり、「高津」のような早熟性の稲の登場こそ待望されていたに違いない。次節で北地稲作の事例として検討する秋田県の明治12年資料：『第2回勧業年報』（秋田県勧業課）に県外品種として「長州早稲」が記録されている。これが山口県で明治期を通じて栽培されていた早生種「高津」を指すものか詳らかではないが、高津は長門国界＝奥阿武宰判に隣接する美作国の町である。なお、『第2回勧業年報』（秋田県勧業課）には「益田早稲」の稲名も記録されている。益田もまた高津に隣接する。いずれにせよ、遠く西南暖地の稲が秋田県の勧業調査資料に登場するところに、この時代の勧農方針の一端を垣間見る。

(13) 次節で考察する秋田県においても、同様な稲作改良のための試作調査が毎年報告されている（「米穀検査成績」、「農事一斑」等）。

(14) 出現回数は「白玉」47回、「都」33回であった。

(15) 系統種を含む。「神力」それ自体が山口県に移入されたのは明治15、6年頃とされている。なお、「神力」の前身である「器量良」、「程善」の育生の開始は明治10年、全国的に「神力」が紹介されたのは明治19年であった。

(16) 『防長米同業組合史』（防長米同業組合、昭和5年）p. 405。

(17) ただし、グラフには示されていないが、「都」系のうち「穀良都」の縮小は比較的緩

やかであり、また、「戊申都」のピークは大正期半ばに記録されていた。同一系統でも稲によってその盛衰の程度は区々であった。

(18) 『山口県の稲作50年』（山口県、1956年）p. 196。

(19) 前節で検討した山口県の場合、明治初年の稲297種中、県外地名を稲名に含む品種数は51種、全体（297種）に占める比率は17.1%であった。

(20) 嵐嘉一『日本赤米考』（雄山閣、1974年）第4章「赤米の特性並びに品種の分布」を参照。

(21) 大正4年「品種試験」（秋田県農業試験場『業務報告』第21報）。

(22) 『秋田県土地改良史』（同編纂刊行委員会、1985年）に従えば、秋田県における大堰開削は17、18世紀中は主に内陸部雄物川上流部（仙北、横手盆地）で行われ、沿海地方では、19世紀に入っても開削は由利郡子吉川水系の一部に限られていた。

(23) 早：2種　　中：22種　　晩：3種　　不明：1種であった。

(24) 「愛国」選抜×「亀ノ尾」選抜。

(25) 田口勝一郎『近代秋田県農業史の研究』（みしま書房、1984年）p. 124。

(26) 秋田県農事試験場『業務報告』第29報（大正11年）。

(27) 同『業務報告』第13報（明治40年）。

(28) 農林水産省農蚕園芸局『日本の稲作』（1984年）p. 14。

(29) この時の「亀ノ尾」の反当収量は第2位の1.988石であった。

(30) そもそも、「亀ノ尾」を輩出した庄内平野は乾田化、多肥化がが進んだ良田地帯であった。田口、前掲書p. 138。

(31) 安田健「水稲品種の推移とその特性把握の過程」農業発達史調査会編『日本農業発達史　6』（中央公論社、1978年）第4章pp. 347-349。

(32) 農林水産省農蚕園芸局、前掲書p. 8。

(33) 加藤治郎『東北稲作史』（宝文堂出版、1983年）p. 121。

(34) 「徳川期稲種分布表」農業発達史調査会編『日本農業発達史　2』（中央公論社、1978年）附表pp. 386-387。

(35) 安田健「稲作の慣行とその推移」農業発達史調査会編『日本農業発達史　2』pp. 345-348。

(36) 加藤、前掲書p. 113。

(37) 安田、前掲論文p. 347。

(38) 安田、上掲論文p. 348。

(39) 加藤、上掲論文p. 26。

(40) 当時、晩生の稲は陸奥、陸中のほか、羽前（もしくは山形）、加賀、磐城など羽後より南の地方出自の稲が多く見られたのはそのためと思われる。

(41) 安田、前掲論文p. 347。

第2章　農業水利秩序の展開
──新潟県蒲原平野に見る慣行的水利の近代的再編──

1　はじめに

　前代からの"遺産"の上に立つ農業の発展は、わが国農業近代化の特徴の1つであった。

　それは、農法面では、国が勧農政策の要を伝来の、集約的稲作農業の強化に置いたことに端的に示されていた。この点は、序章および1章で述べた通りである。農法面とともに、日本農業の在り方に大きな影響を与えたとされるもう1つの側面、農業水利についてはどうであったか。わが国ではすでに藩政時代末までに高度に発達した灌漑農業を展開しており、灌漑・排水施設はもとより、水利秩序も又、水利慣行として広く受け継がれたに違いない。

　慣行的水利を排して「農業水利法」を制定し、農業水利権の帰属主体の明確化を求める動きがかつて（大正期）わが国にもあった。だが、この法律は、陽の目を見ずに終わった。水利形態として小水系毎の地域集団灌漑を採らざるを得ない地勢上の制約や生産形態として「零細分散耕圃制」の広範な成立を生み出した社会・経済構造上の理由など、当時のわが国には、近代的な水利権を確立させる条件が、客体的にも主体的にも十分存立していなかったことがその最大の理由であったと思われる。用水の使用は耕圃の所有者それぞれに委ねられたものの、それは集団的＝慣行的水利に従う限りの水利用であり、水の配分や水系間の調整には個別権利よりも集団の

原則が優先されたのである[1]。

「明治民法」は農業水利権を慣習法として承認した。「河川法」(明治23年)は、これをさらに進めて、慣行的水利権を許可水利権として承認している。農業水利権は私的財産権としてではなく、治水や他種水利を含む公水主義の観点から、公法に基づき地方の行政長官から許可される、言わば公法上の権利として存在するという立場が貫かれたのである[2]。この法律が基軸となってその後の水利行政=慣行的水利の行政的再編が図られることになったと言えよう。折しも、「河川法」制定の年には「水利組合条例」が、また前年には「市町村制」が施行されている。慣行的水利は、「河川法」適用の河川については府県知事によって、また、普通河川については地方公共団体の条例に基づいて行政組織に組み入れられた。近代に入り伝来農法は農事試験場制度、農会制度を通じて国の主導の下に系統的に再編されたが、慣行的水利も又、同様の方向に向かったことが指摘できよう。本章では以下、地方の事例を示し、近代化前夜における慣行的水利の実態と、明治以降それが水利団体、土地改良団体の結成を通じて行政組織的に再編される過程を具体的に辿ることとしたい。取り挙げる事例は、主として、新潟県蒲原平野西蒲原地区の河川灌漑である。新潟県蒲原平野を対象としたのは同地が本書が分析の主要対象の1つである北地稲作地帯に隣接していること、同地区が藩政期はもとより、近代に入っても北日本に多く見られた典型的な河川下流部水損常襲地帯であり、したがってまた、地域固有の水利慣行が存在したこと、明治末年以降の信濃川分水工事により灌漑整備が進み、それに伴い水利形態や水利秩序にも一定の変更が見られたこと、水利関連の史(資)料が『西蒲原土地改良史』(西蒲原土地改良区、1981年)として編纂され、その利用が容易であることなどの理由による。

2　農業水利慣行

　本章が考察の対象とする西蒲原地区は、蒲原平野中央、信濃川下流左岸

に位置する。信濃川下流一帯は今日でこそわが国有数の水田地帯であるが、藩政時代から近代にかけて、この地帯は信濃川氾濫の常習地にあり、その低湿な地形から、堤防決壊など絶えず悪水に悩まされていた。この点は、図2-1に示すように、湛水田、湿田が水田の大方であったことからも明らかである。この湛水田が本格的に減少し始めるのは、ようやく信濃川分水工事が始まる明治末年になってからのことであった。グラフ2-1は北陸3県の水稲反当収量の推移を見たものであるが、他県に比して、新潟県の反収水準が明治期を通じ著しく低かったことは一目瞭然である[3]。信濃川、阿賀野川の二大河川を擁した本県の田地基盤整備の遅れを反映したものと思われる。この反当収量の推移は、しかし、大正期に入ると上昇に転じ、昭和戦前期を通じて他の3県と肩を並べるまでに至っている。明治末年着工の信濃川分水工事およびそれに続く一連の水利・土地改良工事が収量改善に力あったものと考える。

1 白根郷地区

　さて、こうした蒲原平野の水利慣行とはいかなるものであったろうか。はじめに、中之口川を挟んで西蒲原地区に隣接する白根郷の「五箇所堰紛擾」を例にこれを見ておこう。劣悪な水利環境に置かれた白根郷地区では悪水の排除をめぐり集落・村落間の争いが絶えなかった。下に掲げる「五箇所堰紛擾」には、短文ながら、過去からの習わしを踏襲しつつ、新たな水をめぐる紛争の結果双方で交わした条文を加えて後代に伝える水利慣行形成の実際が的確に示されている。

　　字下道潟五箇所堰と唱、戸頭、沖新保、上下道潟、平潟新田五箇村地内に有之、旧幕公裁を経たる規定有之処此度右五箇所堰取払、掘幅形を以て常流に可致極の事。但用水必要の節は、相互ほど能き場所にて、草堰致可申、併上郷悪水除の為め堰致候杯、勝手儀の義は一切不相成、自他の別なく渾て御地所養育方差支無之様取計可申事。

図 2-1　白根郷および西蒲原地区の湿田状況

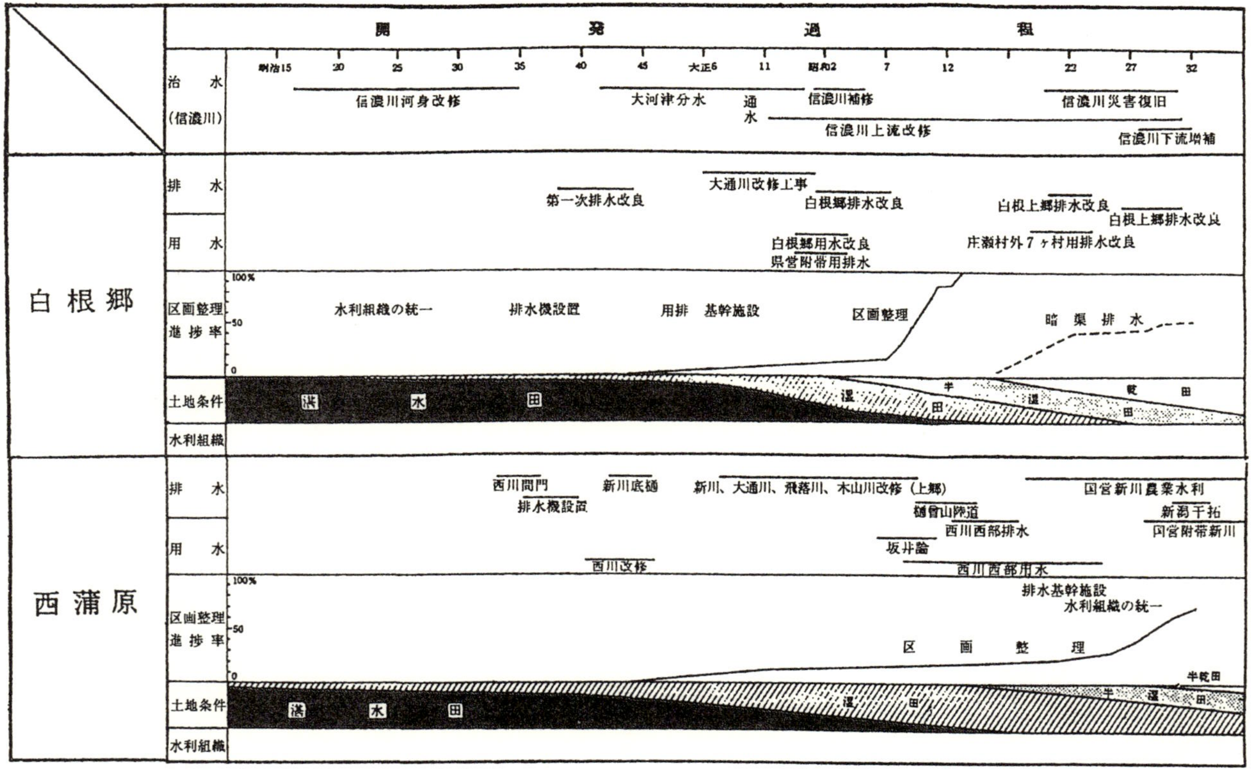

		開　　　　　発　　　　　過　　　　　租	
	治水〈信濃川〉	明治15　20　25　30　35　40　45　大正6　11　昭和2　7　12　22　27　32	

治水〈信濃川〉
信濃川河身改修　　大河津分水　通水　信濃川補修　信濃川災害復旧
信濃川上流改修　　信濃川下流増補

白根郷

排水：第一次排水改良　大通川改修工事　白根郷排水改良　白根上郷排水改良　白根上郷排水改良

用水：白根郷用水改良　県営附帯用排水　庄瀬村外7ヶ村用排水改良

区画整理進捗率（100%・50%・0）：水利組織の統一　排水機設置　用排 基幹施設　区画整理　暗渠排水

土地条件：湿水田　湿田　半湿田　乾田

水利組織

西蒲原

排水：西川閘門 排水機設置　新川底樋　新川、大通川、飛落川、木山川改修（上郷）　樋曽山隧道　国営新川農業水利　新潟干拓　国営附帯新川

用水：西川改修　坂井輪　西川西部排水　西川西部用水

区画整理進捗率（100%・50%・0）：排水基幹施設　水利組織の統一　区画整理

土地条件：湿水田　湿田　半湿　半乾田　乾田

水利組織

出典：『信濃川下流地域における農業水利の展開と農業発展』（農林省金沢農地事務局、1959年）p.767。

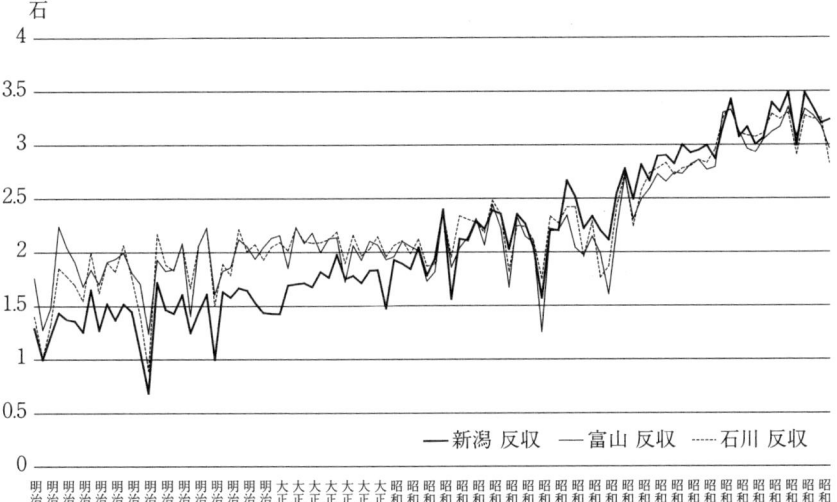

グラフ 2–1　北陸 3 県（新潟、富山、石川）の水稲反当収量の推移

資料：加用信文『日本農業基礎統計表』（農林統計協会、1977 年）。

　これに従えば、白根郷においては、古くより、「水門」、「堰組」や「鷺ノ木新田外 58 ヶ村組」のような数多くの水利組合が集落・村落単位で、また村落連合して結成されていたことがわかる[4]。悪水＝排水をめぐる地域利害対立の厳しさを物語るものと言える。各組合は組内の水利の維持・管理に努める一方、他集落・村落に対しては極めて排他的であり、絶え間ない対立は、しばしば、幕府の裁定に持ち込まれた。「五箇所堰紛擾」[5] は、そうした争論の例を綴ったものである。紛擾は信濃川からの導水をめぐる茨曽根村と江頭村など 17 ヶ村間の争いで、17 ヶ村が享保年間より導水を曽根地内低窪地（字道潟、嵐潟）に引水、それを用水池 5 箇所に設けた堰より取水、慣行を遵守して（設定した水位測点 7 寸に達すれば堰を払退け、3 寸に減ずれば閉塞する）利用してきたところ、両潟がそれぞれ文政、弘化年間に開墾され、曽根の有租地として編入されたために堰が取払われ、17 ヶ村が困窮したという一件である。この件は明治 7 年になって郷全体の見地から新たに「約定」が示され、同 11 年に至ってようやく落着を見

る。潟湖（上流部の悪水池であるとともに下流部の用水池でもある）の一部埋立・開墾が村落間に新たな対立を生み、新たな協定＝慣行をもって決着に漕ぎつけたのである。水損地帯の水利慣行とは、このように、地域内においては水利の維持・管理に関する過去からの取決めであり、一方、域外に対しては、集落・村落あるいは村落連合間の対立回避のためにようやく見い出した双方の一致点＝譲歩・妥協点であったのである。

2 西蒲原地区の水利慣行

次に、西蒲原地区に目を転じよう。信濃川左岸地帯に位置し、南縁を信濃川、東南を中之口川、西を西川と弥彦山系に接する西蒲原地区は地形的には輪中地帯に近かった。山地を除く耕地の内5メートル未満の標高区が7割、1m未満は1割弱を占め、その多くは西蒲原郡中央に位置する鎧潟周辺に集中している。信濃川下流地帯の中では最も低湿な地区の1つであったと言えよう。そのため、排水除去が何よりもこの地区にとって重要であったが、標高差の少ない低湿平地では、排水除去をめぐる上、下流部間の対立が多く、水利の改善は容易に進展しなかった。例えば、西蒲原上流部に位置する上郷の排水は鎧潟に導水され、排水幹線路である新川を通して日本川へ排出されるため、新川沿いの下郷との利害の対立が必然化し、悪水流入阻止のために下郷が妨害工作を行なうなど、深刻な争論にまで発展、全郷的な水利改善計画の実現は容易ではなかった。双方に和解が成立したのは、ようやく、大正期になってからのことであった[6]。

「堰上げ慣行」

こうした排水をめぐる対立は、上、下流部間のみならずそれぞれの内部諸村間においても見られる、この地区のごく一般的な現象であった。西蒲原の水利慣行を強く印象付けるものの1つは、排水の堰止めをめぐる取決め＝「堰上げ慣行」である。大正2年の農商務省『農業水利慣行調査』は、新潟県の「堰上げ」は長年の慣行であるとして、次のように述べている。

「西蒲原郡内大通川ニ於ケル米納津、佐渡山、小島、雀森堰ノ如ク大

排水路ヲ堰止メ灌漑水ヲ取入ルルノ結果各堰共附近一帯数百町歩ノ耕地ハ湛水ノ害ヲ被ムルコト連年ナルモ此等ノ堰ハ何レモ二百年来ノ歴史ヲ有シ……」と[7]。

『西蒲原土地改良史』より、上郷地区「堰上げ慣行」の具体的事例を拾い出して示そう[8]。

- ・道上村は明和6年、自村用水確保のため橋下に杭を打ち、上流村と水位を協定して、村の上流部を堰上げていた。しかし、天保8年に道上村はこの協定を無視して溜水増加を図ったため、上流村より江戸評定所へ訴訟がなされた。
- ・竪畦の高さをめぐり争っていた大曽根・真木村と国見村は証文を交わして寛政9年以来の紛擾に決着をつけたが、後年（明治18年）に至って、大曽根村内新規下ヶ江掘削に伴う排水路をめぐり新たに国見村と、定杭を渠底が越えた場合、両村立会いの上江浚いし、余水を国見村調節堰へ吐出し、一定を湛水後落水することを約定。
- ・馬堀村は、往古より上流4ヶ村の下ヶ江において堰上げ、月の15日間を開け用水を確保していたが、後（正保元年）に上流4ヶ村のうち本町がこれに異議を唱えている。
- ・馬掘村周辺の村々は、馬掘村耕地を守る村界柳土手の高さをめぐる争論が宝暦、天保、安政年間および明治26年にそれぞれ発生している。いずれも、双方の主張を取り入れる形で、堤高を引き均し、有形のまま定杭を打ち込み高さを定め、あるいは土手幅を定め、定杭を追加するなど、旧慣の手直しが度々図られていた。

以上は上郷地域についての紛擾であるが、堰上げ、土手高をめぐる争いは西川西部地域でも頻繁に発生していた。同地区内の3事例を掲げておこう[9]。

・享保18年、御新田郷柳土手は水防土手で上流からの押水を防ぐのは当然とし、排水できるのは樋筒の量のみとする下流部の主張に対し、満水時の溢流は当然とする上流村がこれに対抗している。宝暦11年にも紛争、杭打ちがなされこれを基準に堤塘400間の引均しが行なわれたが、その27年後には再度紛争となり、さらに定杭を増すこと、これまでの樋筒に代え大きさを定めた箱樋とすることが申し合わされた。ところが、享和3年、箱樋が塞がれ定杭も抜かれるという事件が発生、上流8ヶ村は江戸評定所へ訴え出た。評定の結果は、定杭の打直し、箱樋伏込み深の5寸下げと樋の夏土用より八十八夜7日前までの開け放し、その後35日間は9寸以上の過水があれば樋を開いて落水、その後夏土用入りまでは5寸5分以上で落水、上流村に樋筒見回りの監視を許可するという内容であった。

・水越土手（溢流堤）である二間口より排水路がない山崎村においては、上流村からの悪水は耕地を伝わって田越しに矢川に排水されており、下流山崎村による通水妨害と上流諸村の水捌けの要求が対立した。明治16年、下流山崎村の通水妨害（作場道路の嵩上げ、二間口落口・水路妨害）、上流村の道路に設けられていた底樋撤去の要求に対し、上流部が訴訟。判決が下り、また県議が入って一旦は和解（上流8ヶ村下ヶ江の新設、下流＝山崎村のための用水路の新設）に漕ぎ着けたように思われたが、和解の実行には矢川排水関係村全体とも深く関わることから拗れ、矢作組惣代が山崎村周辺村を大審院へ上訴するという一大事件へと発展した。その後も争論は繰り返され、最終的に和解が確定したのは明治32年のことであった。その内容は、山崎村が受け入れる上流8ヶ村の悪水は山崎村土手越しのものに限る、山崎地内新水路は埋立てる、新下ヶ江入り口、二間口の流底は均一にして勾配をつけないよう工事を施す、明治20年開鑿の上流大戸村からの用水路の使用は矢川排水量を増加させないよう制限を加える、というものであった。結局、大戸村からの用水路使用を除けば、新たな取決めは何らなされず、明治16年の現

況＝旧慣に復しただけであった。

・竹野町堰をめぐり上流部は元禄2年に下流部と協約し、過水があれば堰を取り除くことができるとしたが、堰上げの高さをめぐり享保8年に紛争が発生している。旧来の慣行通りで、洪水時には水量見計らいで間手川に放流することで決着した。さらに、文化5年に、上流15ヶ村は水流疎通の悪化（堰上げ高の上昇）を理由に再び争論を起こしている。2年後に熟談が成立し、堰は川幅3間の場所で板堰とし、堰高は用水樋の上端から1尺4寸を標準とすること、堰は春土用に入れ、秋二百十日過ぎに取払うことが協定された。この決定は、堰が撤去される明治中期まで続いていた。

・こうして、信濃川下流地帯西蒲原地区においては、悪水・余水の滞留＝湛水とその通水をめぐり対立と争論・訴訟が繰り返され、その都度、和解、調停、裁許を経て取り決めが協定され、水利慣行として継承されていくこととなった。この地帯における水利慣行の特色を挙げれば、第1は、「慣行」が多くの場合、用水取得（灌漑）よりも排水を主軸に取り決められたこと、すなわち、湛水、強湿田地帯のこの地区では治水、排水を前提にしてはじめて用水取得が問題となり得た点である[10]。第2の特色は、排水をめぐる問題のため、慣行は多くの場合、個別農家・小部落を越えた、地域（村落、ときには村落連合）間の取決めを内容としており、そのため、形成された水利秩序は地域共同・集団的色彩を強く有していた点である。第3の特色は、この地区では、前代からの水利慣行が長きに亘って残り続けたことである。変化の兆しが現われるのは大河津分水工事とそれに続く用排水工事により新たな水利局面が展開する明治末年以降のことで、それまでは、旧慣的取決めに基づく水利秩序が維持されていた点を指摘できる。

「軒前慣行」

「堰上げ慣行」とともに、西蒲原の水利慣行を象徴するものにこの地域に

古くより存在した軒前制度に由来する「軒前慣行」がある。「軒前」とは、藩政時代の「割地軒前持高制」の「軒前」を指すが、ここで敢えてそれを「軒前慣行」としたのは、土地のそうした統治形態＝「割地制度」が河川下流部における固有の水利慣行に関係して成立した土地制度であったと考えられるからである。「割地制度」は、一般に、大河川デルタ地帯の、水害多発地帯でしばしば採られた土地支配制度であり[11]、信濃川下流地帯では、古志、三島、西蒲原の3郡の村々で多く見受けられていた。土地1筆毎に貢租名請人を特定する「検地制度」とは異なり、この制度では、総反別を村の総軒前数で割り、各々の持高（＝軒前数）に応じて配分した土地を、成員間で土地の地目、等級が同一になるように5〜7年に一度割直（「廻し作り」）して公正を期する慣わしであった。割直しに「籤組み」が行なわれた場合もあったと言う。土地の良し悪しによる貧富格差の拡大・固定化を回避する狙いから、こうした固有の仕組みが幕府の禁令を破って（幕府黙認の下で）導入されたものと考えられている[12]。1軒前当りの田畑面積は村によって区々であり、また、軒前は分割されて「半軒」、「四半」（4分の1軒前）、「八半」（8分の1軒前）、「小半」（16分の1軒前）ともなった。したがって、農民は各所に分散した土地（「割地」）を耕作し、しかも特定の土地を所持することはなかった（「廻し作り」）ことになる。各所に分散した1筆（1枚）当りの面積は、例えば、西蒲原鎧潟村大字割前の田（23町6反9畝）の筆数は715筆、1筆（1枚）当り面積は3畝強にすぎなかったことに示されているように、極めて狭小となった[13]。言わば、「分散零細耕圃」が制度として展開していたことにもなる。「割地軒前持高制」の起源に関して開墾（草分け共同開墾）起源、徴税便宜（農民の階層分化・逃散防止）説、水損均分（湛水地。高面地の調整）説がある[14]が、ここでは、水の持つ公益性、水利事業の公共性に加え、第3説、すなわち、劣位な水利環境における集団内部での負担・不利益の公平性と水利用の平等性が「割地軒前持高制」成立の背景にあったものと解釈したい。土地の品等と地目の平等割を原則とするこの「軒前慣行」は、ちょうど、用水不足が常に心配された溜池灌漑において厳格な平等原則が貫かれ

ていたのと同じように、極端な排水不良地帯でのリスク分散のための取決め＝水利慣行であった点に留意を置くべきと考える。なお、数年に一度の割地替え（「廻し作り」）と1反をさらに下回る1筆当りの零細耕圃のために、各個人個人の所持地は畦畔で区切ることはせずに、区画内に柳を植えたり杭で境をつけることがしばしばであった。まさしく集団的な水利秩序が形成されていたと言えよう。

　旧藩時代のこうした割地軒前制が水利慣行としては後年（昭和）まで残存した西蒲原中野小屋村笠木耕地整理地区[15]のケースがある。この地区は西川と新川に挟まれた標高1メートル以下の低湿部のうち西川沿いに位置する戸数17戸（明治22年現在）の小集落であった。総軒前持高数は48、1軒当り田2町5反、畑2反、宅地2反2畝であった。割地軒前制実施のため、平均1枚2畝18歩の耕地を各字、各所を廻って耕作し、耕地整理（明治37〜42年）後の明治末年になっても割地制度は固守され、公租・公課も一括字で受け、軒前高で換算して賦課したという。不在地主たちの小作料切替えもままにならず、その旧慣墨守の姿を揶揄して当時（昭和16年）「笠木モン」と称していたと言う。

3　慣行的水利秩序の再編

「堰上げ慣行」や「軒前慣行」に象徴される蒲原平野の慣行的水利秩序は、明治期以降、政府の勧農政策や地域全般の河川改修事業が進展する中でどのように継承されたのであろうか。本節では、末端で水利の維持・管理に当る水利団体の制度化の側面から、近代期における慣行的水利の組織的再編について言及したい。

　すでに藩政期より「江組」や「筒組」、「水門組」といった夥しい数の小組合が結成され、前節で明らかにしたように、それぞれが慣行に基づき集団内での結束と外部に対する排他的水利権の主張を繰り拡げてきた。近代に入っても水利をめぐる対立の事例は枚挙に暇ないが、法令により各地で結成された最初の水利組合＝水利土功会（明治17年）が目指したのは、

かかる旧慣に基づく水利団体を統合し、政府の農村統治機構（区町村制：明治17年施行）に組み入れて水利団体の組織化を図ることであった。

水利団体の組織化が行政改革の一環として進められた点は、「区町村会規則」（明治17年）が水利土功会の「議長を戸長、郡長とし、土功会議員は区町村会議員の互選とする」としたことから明らかであろう。そこには、水利組織と行政の密接な関わりが読み取れる。この「区町村会規則」はすぐに改正され（同17年）、土功会議員は各地区から選出、土功会は区町村会と組織上は区別され、財政上も行政から分離して水利組合の近代法人化が図られたが、「西川西部普通水利組合」小組合の管理者は村長の下に置かれ、また、上郷・下郷水利組合設立計画が県知事から西蒲原郡長に命ぜられるなど、水利の組織化は事実上行政村を単位に進められたのである。この傾向は、後述する耕地整理事業において一層明瞭となる。

行政上の必要とは別に、水利団体の統合は水利の技術上の観点からも求められていた。この時期、水利はすでに個別の集落単位の段階を越え、とりわけ、排水についてはより広域の事業を必要とする段階に達していた点が指摘できよう。水利範囲の拡大に伴い、広域の調整能力を備えたより強力な権限が求められたのである。とくに信濃川のような大河川下流部のデルタ地帯では、水利の大幅な改善は小規模な事業をもってしてはもはや不可能であった。白根郷においては「大郷村外八十壱箇村水利土功会」が早々に結成（明治18年）されたが[16]、それは、単に水利行政の統括の必要からだけでなく、低湿地の悪水に苦しむ同郷にとり全郷的な大規模な治水・排水工事が早急に必要であったことの反映でもあったのである。

さて、水利団体が組織化、広域化する過程で慣行的水利秩序はどのように継承されたであろうか。はじめに、この点を西蒲原西川西部地域の水利改善事業（排水路の新設、矢川改善工事）を目的に結成された「西川西部普通水利組合」の例に見ておこう。4,000町歩にも及ぶ広域事業のために結成されたこの組合は、内部には7つの小組合を抱えていた。ここでとくに注目されるのは、小組合の中に、新事業によって旧慣に基づく水利が支障を来たすことのないよう旧慣墨守の目的で設立された団体が含まれてい

た点である。水利組合の新規事業が旧慣を包摂しつつ進められていた様子が判明する[17]。

　水利組合は法に基づき近代的装いをもって組織化された水利団体であったが、時として、旧慣組合の反対で事業計画の変更が余儀なくされる事態も起こった。第2の事例として取り上げる明治38年の水害を機に新潟県知事が水利改善を目的に水利組合設立の検討を西蒲原郡長に命じた計画（「郷内悪水排除ノ為大通川、飛落川始メ適当ナル箇所ニ排水路溝渠ヲ修築又ハ新設」）がそれで[18]、計画は、前節でも一部触れた通り、上郷・下郷一団の水利組合設立を目指したものの、旧慣に固執する下郷地区の新川水利組合の反対に遭い、「上郷町村丈ニテ水利組合ヲ新設」し、「河川法」適用事業としてようやく実施されたのである。新川組合が反対したのは、計画では、郷内排水路（3河川）改修・新設事業区域内の悪水排除のための既設水利組合は廃止し、用水樋管維持のための小組合だけを残すとした点にあった。デルタ低湿平地では、一般に、小河川からの樋管、潟湖や下ヶ江からの底樋を管理する小規模な用水組合は慣行水利として変更されることなく末端の水利秩序の管理者として残ることが多く、逆に、排水改善工事は広域、かつ大規模に及ぶため組合の新規事業として行なわれることが多かった。既設の新川水利組合は、組合の新規排水事業のために自身が廃止の対象となることを怖れたのである。

　河川下流域のデルタ地帯では、主要な排水事業完了後、区画整理と用・排水整備を中心に耕地整理事業が行なわれたが、その直接の担い手となったのが上記の、小水系単位に成立していた小規模な用水組合であった。上記西蒲原地区の事例は、排水という全郷共通の利害に立つ新規の大型水利団体の下で、旧慣を墨守する小単位用水組合が末端での水利に当たるという、この時代の水利の重層的構図を伝えている。

　表2-1は、「水利組合条例」施行（明治23年）以降西蒲原郡で設立を見た普通水利組合（水害予防組合も含む）の一覧である[19]。悪水排除を目的として設立された組合、旧慣保守を目的として設立された組合（矢川組合）、また、大通川・飛落川末流部での鎧潟への押水制御、悪水堰保全

表2-1　西蒲原郡下の普通水利組合

組　合　名	創立年月日	創立時組合人数	創立時組合面積
柳山外三ケ大字（小池外七ケ大字）	明治26. 6.10	190名	2,266反
深通江	明治39. 5	614	5,721
四ツ屋樋管	明治29. 7		
中合屋樋管（五ケ江）	明治30. 1. 9	361	3,610
長所外五ケ大字	明治37. 4	305	1,233
姥島外五ケ大字			
西萱場樋管	明治30. 5	154	3,017
曲通村	明治31. 3	107	1,587
味方樋管	明治29. 4	339	田（3,030）3,764
馬堀外二ケ大字		307	3,657
大字潟頭	明治29. 6	42	798
赤鏥	明治29. 5	70	1,313
上郷普通水利	明治39.11		71,313
上郷水害予防組合	大正 7. 3		78,330
西川西部	明治34. 9	2,981	19,159
信濃川分水北部	明治44. 7	1,056	
国上村始メ二ケ町村	明治35. 5	332	1,068
中島村始メ四ケ村	明治25.11. 8	425	3,557
中島村始メ三ケ大字	明治30. 2	145	610
柳土手	明治33. 7		3,506
弥彦村八ケ字（二間口）	明治34. 8	418	3,307
矢川	明治31.10	720	5,425
大字夏井始メ七ケ大字	明治27. 4	166	500
大字田子島外三ケ大字	大正 6. 2	(223)	959
巻町始メ三ケ町村	明治27		976
漆山始メ四ケ大字	明治32.12		
漆山村灌漑	明治36. 5	83	776
山島新田	明治29. 6	16	230
山島悪水堰	明治28. 5	1,547	28,525
山島堰	明治28. 5	346	3,051
横戸村外二ケ村	明治34. 3	653	7,224
共和村外一ケ村用水路	明治29. 2	158	3,350
大字上大原外二ケ大字	大正 3. 3	(165)	
大字今井外三ケ大字	昭和 8. 9	172	
巻	明治37. 3	264	1,831
大字河井	明治29. 6	69	1,065
大字柿島	明治29. 6	24	228
真田	明治30. 4	30	564
天竺堂	明治30. 4	36	824
潟端	明治36.12	56	470
西川北部	昭和 9. 8	3,289	
小見郷屋元樋組	明治34. 8	120	969
広通江	明治39.12	(3,361)	
団五郎江	明治37. 8	318	7,104
新堀江	明治38. 3	378	田宅その他 1,864
郷分江	明治29.12	237	2,952
横江	大正 4.10	(1,378)	
新川疎水	明治26. 1	3,419	72,273
坂井郷	明治25. 6	252	3,740
合子ケ作			

出典：『西蒲原土地改良史』上巻（西蒲原土地改良区、1981年）p. 531。

のための組合、堰より樋管伏込みにて取水する用水組合、鎧潟より取水の用水組合、飛落川堰上げで取水する用水組合、その余水を引く水路保全組合、余水を自村他所へ引く水路保全の組合等旧大河津分水工事跡地や鎧潟周辺を中心に種々の水利団体が結成されていた様子が見てとれる[20]。

　組合の規模は、新疎水組合（7,227.3町歩）や上郷組合（7,131.3町歩）のように7千町歩を超えるものから50町歩に満たないものまで様々であった。もっとも、1,000町歩を越えるものは新川疎水組合、上郷組合の外は山島悪水堰組合（2,852.5町歩）、西川西部組合（1,915町歩）の3組合に止まり、残り35組合の大方は400町歩未満、また、200町歩未満が半数を占めていた。山島新田組合（23町歩）、漆山村灌漑組合（77.6町歩）など、限られた集落・村落単位の狭い領域を管理する小規模な組合が多かった。なお、信濃川、中之口川沿いに古くから多数存在していた用水樋管組合からこうした依法組合（＝普通水利組合）に組織替えしたのはのは5組合（信濃川沿いの小池樋管組合、飛落川沿いの四谷、中合屋、西萱場、味方の各樋管組合）を数えたにすぎなかった。水利条件に大きな変化のない樋管用水団体の場合、多くは旧慣組合としてそのまま残ったことがわかる[21]。

4　耕地整理事業に見る慣行的水利秩序の近代的再編

　既出の図2-1に示したように、耕地整理を中心とする区画整理事業の開始は、蒲原平野の場合、信濃川大河津分水工事後水利改善事業が活発化する明治末年から大正期後半にかけてのことであった。信濃川分水工事を起点に、それと併行ないしその後に展開した排水改善事業が蒲原低湿平地に水利条件全般の改善をもたらし、区画整理を可能にしたと言えよう。湿田状態の解消こそが区画整理＝耕地整理事業の前提であったのである。

　耕地整理は、不整形な田形を方形・一定面積（1〜3反歩）に均一化し、各田圃の1辺に用水および排水路それぞれが接するように区画、整理するという、わが国稲作史上画期的な田地整備事業であった。相対的に狭隘な耕地賦存下、多肥・多収化を通じて生産性の向上を図るには水利条件の改

善（乾田化）は不可欠であった。多肥による収量増と、肥料効率の良い品種の確保および肥培技術の改善が農業生産性向上への農法上の対応であったとするならば、田地基盤整備はその土木工学面での対応に他ならなかった。技術面での明治農法の確立・定着[22]と耕地整理事業の実施が明治後年〜大正期に併行したのは決して偶然ではあるまい。農法の改善と併行した田地基盤整備の進展が新潟県の稲作生産性の向上に大いに寄与あったことは、北陸4県の水稲反収の推移を見た既出の図2から十分窺える。すなわち、当初低水準であった新潟県の水稲反収が明治40年代に入ると急速に他を追い上げ、昭和10年代後半までには、藩政時代より稲作先進地とされた富山、石川を完全にキャッチ・アップしているのである。

　耕地整理事業がわが国稲作史上画期的な土地改良事業と考える理由は、それが多肥＝集約農法を支える、用・排水路を備えた小規模田圃を区画整理した点にある。日本の稲作を近年まで長年特徴付けて来た固有の「零細分散耕圃制」は、基本的には、この耕地整理事業によってかえって固定化されたと捉えることもできよう[23]。『西蒲原土地改良史』より耕地整理事業をいくつか例示しよう。

　・中野小屋村大友耕地整理地区[24]では明治35年に事業が起工され、短辺12間、長辺25間の1区画1反、62町4反の田地区画整理が行なわれた。原野、茅野島の整地もなされ、従前より13町6反の増歩であった（図2-2）。整理の結果、牛馬耕導入の便を得、また用排水路が整備されたため、2毛作（年々3町の大麦、紫雲英の栽培）が可能となり、収穫量は整理前よりも1割の増収であった。図が示すように、いずれの区画も少なくともその1辺を道路および溝渠に接するように整理されている。図では判然としないが、かりに道路両側に側溝が走っていれば全区画がすでに用・排水分離の状態になっていたことになる。いずれにしろ、「割地軒前制」下に置かれるようになった耕地整理前の田圃状態と比較するなら、1枚の大耕圃に多数の所有者が錯綜していた状態＝掛け流し灌漑・排水状態

図2-2　中野小屋村大友耕地整理

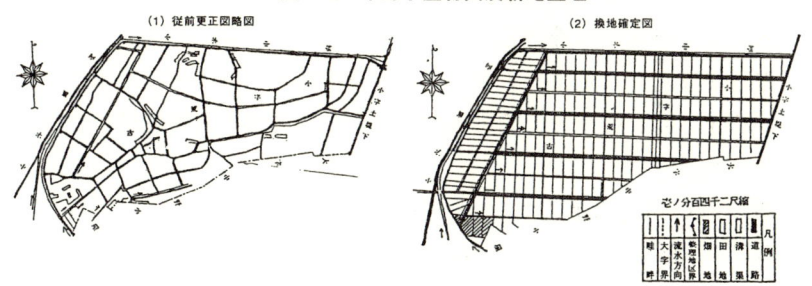

出典：『西蒲原土地改良史』上巻（西蒲原土地改良区、1981年）p.717。

図2-3　松橋耕地整理

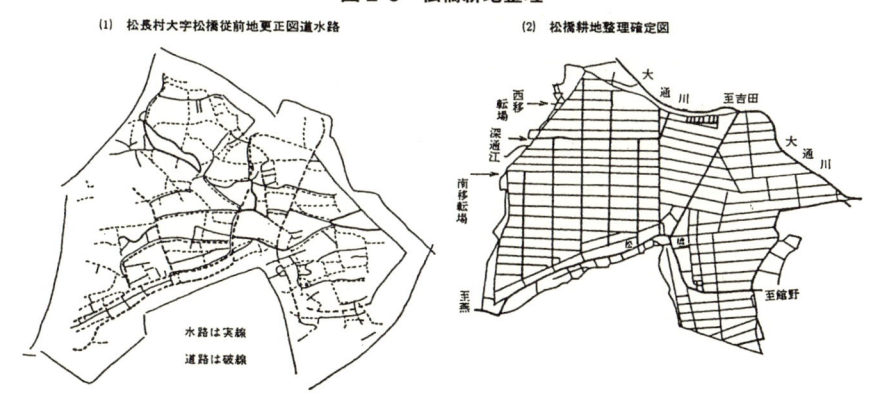

出典：『西蒲原土地改良史』上巻（西蒲原土地改良区、1981年）p.730。

は大きく改善され、各田圃、個別灌漑方式下に置かれていたことを意味する。

・図2-3に示す松長村松橋耕地整理地区では[25]、区画整理、割地軒前制廃止、耕地の団地化（交換分合）等を目的に明治36年に耕地整理が着工された。着工前は耕地は分散し農道は不便、割地軒前制下、大耕地小地片耕作（1筆平均3畝歩）が行なわれていた。この地区の耕地整理は農道の整備、水路・排水路の整備のほか、1区画の広さは統一せずに8畝〜1反8畝の間で7段階を設けて行ない、

宅地整備、集落の新たな創設と宅地続きに区画された耕地を交換・分合して耕地の団地化を図る等この地方としては"先進的"な耕地整理を実施したと言えよう。整理事業の結果、堀上田や用水用溜池は廃止され、乾田化、紫雲英の栽培、馬耕の導入、増収等の成果があった。

・西川沿い鎧郷村16大字：田816町8反、畑117町8反の耕地整理は[26]明治38年より大正にかけて実施されたが、このうち右岸に位置する川崎郷屋外外2ヶ大字地区（田79町9反5畝、畑37町2反）では明治40年に耕地整理が行われている。旧藩時代からの軒前遺制と入組んだ藩領（旧長岡藩領、三根山藩領、幕府直轄領）のため零細田圃が散在する耕作形態となっていたが、耕地整理の結果、1筆当り田面積は従前の3～5畝から1反歩近く（平均は8畝弱）にまで拡大した。1反歩への集中が見られたのは、軒前遺制のためにそれが整理の上限であったことのほか、それ以上の規模拡大への経営上の誘因が殊更なかったことも考えられよう。1町歩以上の所有者はすべて散在的換地を得ていることから、前記松長村のような耕地集団化への意向はなかったものと思われる。

・赤錠地区は早い時期に軒前制から離脱しており、耕地整理[27]による区画も、当時としては珍しく、1枚2反歩であった。もっとも窪地の悪所は、できるだけ均等に配分するために1枚1反とし、また、換地は田の品等が均等にわたるよう籤で行なった点に割地制の名残りを見て取ることができる。

　以上のように耕地整理は、水利改良を前提に、「田区狭小犬牙交錯し、道路溝渠畦畔屈折湾曲、為めに灌排意の如くならず」[28]状態の解消を図り、増収・増歩、米質向上、地価上昇、労働節約の実現を目指して行なわれた田畑の区画整理事業であった。事業（区画整理、開墾・開田、用・排水改良、災害復旧）の実施は、当初、「耕地整理法」（明治32年）が定める「整理地区」毎に設けられた整理委員会がこれを行なった。「整理地区」は、

表 2 - 2　西蒲原地区耕地整理組合設立時期別の組合員数規模分布

	50人以下	50~99人	100人台	200人台	300人台	400人台	500~999人	1000人以上	計
明治	4	5	1	1					11
大正	6	11	7	2	1				27
昭和*	14	14	2	5	1	1	2	1	40
計	24	30	10	8	2	1	2	1	78

出典：『西蒲原土地改良史』（西蒲原土地改良区 1981 年）pp.704 - 709。
＊昭和期の数値は戦前期のみを集計。

　西蒲原の場合、100 人にも満たない小規模なものが多く、集落毎の整理事業がほとんどであった[29]。その後「改正耕地整理法」（明治 42 年）により、実施は法人としての耕地整理組合の手に移った。今、西蒲原における耕地整理組合の設立状況を見た表 2-2 によれば、組合人数 100 人を超える耕地整理組合は依然少なく、人数の判明する 78 組合中 7 割に近い 54 が 100 人以下の小規模組合であった。1 郡内 106 と設立数が多く、したがってまた、小規模な組合、小規模事業[30]が多かったのは、小水系毎に、集落を単位として区画整理が進められたためである[31]。それだけに、場所によっては、各集落毎に成立を見ていた水利慣行（集団的樋管慣行、平等主義に基づく割地慣行）は大きな変更のないまま国家的な耕地整理事業の中に吸収、継承・再編されることになったのである。

　「耕地整理」は、その事業が財政面で国・府県の後押しで進められていたことに加えて、その組織・運営の面においても行政＝国・府県の監査、監督下に置かれていた。「改正耕地整理諸法」に従えば、耕地整理とは、「土地ノ農業上ノ利用ヲ促進スル目的ヲ以テ（中略）土地ノ交換、分合、開墾、地目変換其ノ他区画形質ノ変更若ハ道路、堤塘、畦畔、溝渠、溜池等ノ変更廃置又ハ之ニ伴フ灌漑排水ニ関スル設備若ハ工事」（第 1 條）と定義され、また、耕地整理組合については、「耕地整理ヲ施行スル為必要アルトキハ耕地整理組合ヲ設立スルコトヲ得」（第 2 章　耕地整理組合）とし、「耕地整理組合ハ法人トス」としている（第 41 條）。組合は「地区内土地所有者ニ組合設立ノ協議ヲ為」し、「協議纏マリタルトキハ（中略）願書

ヲ知事ニ提出」、「調査ノ結果適当ト認メラレタルトキハ地区内土地所有者、関係人（中略）ノ同意ヲ求」め、「土地所有者総数ノ二分ノ一以上其所有スル面積地価共ニ三分ノ二以上ノ同意ヲ得タルトキハ組合設立ノ条件ヲ具備スル」民間団体であるが、その組合設立、運営、工事施工に当っては、上記の設立のための「願書ヲ知事ニ提出」をはじめ、以下に掲げるように、多くの面で地方長官（県知事）、郡長・郡参事会、市町村長の認可・認定が必要とされていた。すなわち、「耕地整理施行手続」（明治44年、新潟県）によれば、整理地区内「御料地・国有地・公共団体ノ土地」、「特別用途価値アル土地」編入ノ認定、「整理施行ノ為メ町村界ヲ変更セントスルトキ」、「設立認可申請」、「組合長組合副長選任」、「補助金下附」、「事業報告及ビ収支決算」、「組合費支弁ノ為起債」、「強制編入地補償金供託・払渡」、「地区変更」、「他ノ耕地整理組合ニ合併」、「組合事業ヲ市町村又ハ水利組合ヘ引継キタルトキ」、「組合ヲ普通水利組合ニ変更セントスルトキ」、「工事完了シタルトキ」、「工事完了後（中略）換地説明書、整理確定図」・「換地処分」等である。国・府県・郡・市町村の行政機構下に置かれ、またその監督の下で整理組合が組織化されていた様子が強く窺われる。再度「改正耕地整理法」を引用すれば、同法（第三章　監督）は「耕地整理ハ第一次ニ郡長、第二次ニ地方長官、第三次ニ主務大臣之ヲ監督ス」（第82条）、「主務大臣又ハ地方長官ニテ会議ノ表決又ハ整理施行者ノ行為カ設計書、規約又ハ法令ニ違反シ其ノ他公益ヲ害スルノ虞アリト認ムルトキハ会議ノ表決ヲ取消シ、組合長若シクハ組合副長ヲ解任シ、評議員若シクハ会議員ノ改選、事業ノ停止若シクハ組合ノ解散ヲ命シ又ハ整理施行ノ認可ヲ取消スコトヲ得」（第83條）とし、また、「監督官庁ハ管理施行者ヲシテ耕地整理事業ニ関スル報告ヲ為サシメ、書類、帳簿、出納又ハ工事ヲ検査シ、設計書又ハ規約ノ変更ヲ命シ其ノ他ノ監督上必要ナル命令ヲ発シ又ハ処分ヲ為スコトヲ得」（第84條）と、組合人事および事業全般に対し極めて強い行政の監督権限が及んでいたことがわかる。耕地整理組合の設立手続き、事業運営等はすべて町村（町村長、町村役場）を介して行なわれており[32]、その意味では、先に示した西蒲原地域における、集落もしくは

村落単位に無数設立されていた耕地整理組合とは、国を頂点とする府県─郡─市町村制の下に行政的に再編成された、末端段階における土地および水利の改良機関であったと言えるのである。

5　結　語

　観察を通じ、以下の諸点が明らかとなった。

　はじめに、信濃川河口の低湿部に広がる蒲原平野には、水利慣行として、排水の堰止めをめぐる取り決め＝「堰上げ慣行」が存在した。また、西蒲原地では、水損リスクの分散・平等を図るため、割地制度に由来する「軒前慣行」があった。

　次に、前代までに各地に集落単位に形成されていた多くの水利団体は、明治期を通じ、国の行政機構＝市（郡）・町村制の枠組に沿い、依法組合として土功組合、水利組合、耕地整理組合に順次組織化されるか、もしくは、旧慣組合として下部団体化されることとなった。また、事業面では、排水を中心に工事の大型化、水利の広域化が進んだ。さらに、明治末年になると、「耕地整理法」に基づき、灌漑整備を伴う田地の区画整理が各地で行われるようになった。排水に関する幹線水路の整備とそれに結びつく耕地整理事業は、蒲原平野のような水損常習地帯を多く抱えた地方に安定した水利を提供した。

　組織および事業面でのこうした変化は、当然、慣行的水利の在り方にも影響を及ぼした。大型の排水路新設を目的とした河川改修工事の過程で、それまで集落の小規模用水組合によって維持されてきた慣行的水利が幹線排水路を基軸とした広域の水利体系に包摂されるようになったことはその1つである。4000町歩に及ぶ広域排水路新設事業のために結成された「西蒲原西川普通水利組合」のケースでは、既設の用水団体は、組合組織全体を構成する小組合の1つに組み込まれた。巨大な排水組織に用水組合が旧慣組合として吸収された一例である。また、県の肝煎りで計画された大通川、飛落川等の排水路溝渠工事計画に対し地元新川下郷の「新川水利組

合」が反対したが、これも又、用水樋管維持のための小組合だけを残し、既設組合である自らが排水組合に統・廃合されることを惧れてのことであった。近代水利事業の展開が慣行的水利に及ぼした影響のもう1つのケースは、明治末年以降の耕地整理事業による個別灌漑方式の導入が「掛け流し」灌漑に象徴される集団的水利からの脱却を可能としたことに関してである。小水系単位内に限られたとはいえ、「軒前慣行」のような共同体的水利から自己の耕圃が解放され、水の管理が個別農農家の手に移ったことはこの時期の水利慣行上の大きな変節点であった。

　個別灌漑方式導入後も、小水系単位間、上・下流間には用水面を中心に慣行的取り決めは残った。一般に、デルタ低湿平地では排水工事は広域、かつ大規模に行なわれ、その管理には新設の水利組合が当たった。一方用水は、昔ながらの小河川からの樋管、潟湖や下ヶ江からの底樋に依存し、配水は慣行的取り決めに基づいて行われた。末端に残る用水組合とはこうした慣行的水利の管理者であった。そもそも水利慣行とは、「堰上げ慣行」の事例が示すように、水系間もしくは集団間の長年の諍い、紛争、時には、訴訟、調停を経てようやく合意を見た、水の配分に関する取決めであった。それだけに、戦後のポンプによる配水や機械制御のシステム灌漑以前の時代では、水利慣行の継承、存続には一面の合理的根拠があったと言ってよい。組織面、事業面での水利の近代化が進む中で依然として水利慣行が存続した背景には、そうした慣行の持つ合理性が、したがってまた、慣行が賦与する水利＝社会秩序の安定性があったものと考える。

　耕地整理事業による個別灌漑方式の導入がかえって小農耕圃の固定化、"安定化"に結び付いた。耕地整理組合として耕地整理事業を実施し、また事業完了後は水利組合の事業を継承した用水組合の伝来農法、水利両面の再編に果した役割が絶大であった点を最後に強調しておこう。

注
（1）永田恵十郎『日本農業の水利構造』（岩波書店、1971年）p. 52、および第2章第3節、栗原東洋・安井正巳「農業水利行政の変遷」農業水利問題研究会編『農業水利秩序の研

究』（御茶の水書房、1981年）第2章を参照。

(2) 渡辺洋三・金沢良雄「農業水利制度と水利法制」農業水利問題研究会編『農業水利秩
序の研究』（御茶の水書房、1981年）pp. 4-39。

(3) 嵐嘉一　『赤米考』（雄山閣、1974年）p. 102によれば、越後平野は、劣地に耐性を有
する印度型赤米の栽培地域（19世紀）であった。

(4) 農林省金沢農地事務局『信濃川下流地域における農業水利の展開と農業発展』（1959
年）p. 57によれば、古くよりこの地域の自然排水路である大通川に関しては、鷲ノ木新
田外58ヶ村がその管理に当り、それぞれの受持ちの「丁場」を定め、藻刈り、床浚等の
負担の現石割付け、新発田藩よりの下付金の配当、堰の差配、水門の伏設・支配等を行
なってきたと言う。各村々はまた、さらにそれぞれ村内に組合を設けることも多かった。
例えば、鷲ノ木新田内には悪水吐水門が3ヶ所に設置されており、これを維持・管理す
るために「古水門組」が組織されていた。同村の他の水門は「大水門組」が支配してい
た。さらに、同村字引越板堰、夏保坂堰は、それぞれの「堰組」に属していた、等々で
ある。水門、堰、樋管毎に水利団体が組織され、往古よりそれぞれの取決め＝慣行に基
づき水支配が行なわれており、他組との対立だけでなく、組内における紛擾惹起の惧れ
もあったのである。

(5) 同上書pp. 58-59。

(6) 西蒲原土地改良区『西蒲原土地改良史　上巻』（1981年）pp. 595-632。

(7) 農商務省農務局『農業水利慣行調査』（大正6年）p. 400。

(8) 『西蒲原土地改良史　上巻』pp. 447-452。

(9) 同上書pp. 455-463。

(10) 西蒲原地区国上近傍、西川沿岸、鎧潟南岸村落の用排水問題を分析した喜多村俊夫
『日本灌漑水利慣行の史的研究　各論篇』（岩波書店、1996年）p. 249は、越後低湿地の
特色として「他地域に見られるごとき、用水不足を根底とする単純な用水関係に止まら
ず、常に排水問題との関連において把握しなければならない」と結論づけている。蒲原
平野の水利事業の展開を分析して、馬場昭『水利事業ノ展開と地主制』（御茶ノ水書房、
1965年）p. 218も「ここでは治水→水利改良→個別耕地の改良（耕地整理）という過程
を踏んで今日の耕地条件の整備をみた」としている。

(11) 田辺勝正『日本土地制度史』（家の光協会、1994年）pp. 136-137は、割地制度を、
水害常習地帯等収穫不定田畑の不公平をなくすために各人負担の租税額に相当する田畑
を一定期間毎に農民の間で割換耕作して、収穫不定地が固定化しないようにした近世期
の徴税安定化対策と見ている。

(12) 『西蒲原土地改良史　上巻』pp. 35-37。

(13) 同上書p. 751。なお、同村の他の4つの大字の1筆当りの面積は3.9～5.8畝、また、
西蒲原島上村第1～4区では1筆当り2.3～2.9畝であった（p. 790）。

(14) 同上書p. 38。

(15) 同上書p. 741。

(16) 同上書pp. 522-523。

(17) 同上書 pp. 632-635。

(18) 同上書 p. 607。

(19) 同上書 pp. 530-531。

(20) 同上書 p. 527。

(21) 同上書 p. 528。この点についての古島敏雄「水利団体と水利秩序」農業水利問題研究会編『農業水利秩序の研究』(御茶の水書房、1981年) は「普通水利組合は内務省の明治43年の普通水利組合法によって、町村制組合はおなじく44年の町村会法によって、旧来の井組を国家法体系のなかに組込んだ」と指摘している。

(22) 新潟県における集約的稲作技術の展開については、大正〜昭和10年代にかけての品種の早化傾向 (中生、早生品種の作付割合の増加)、塩水選、短冊苗代、正条植え、育苗方法の改良 (坪当播種量の低下)、田植期早化に伴う密植 (坪当株数の増加)、湛水排除による施肥の開始、耐肥性品種登場 (「銀坊主中生」、「農林1号」) と施肥量の増加、畜力耕の導入 (『西蒲原土地改良史』pp. 433-442) 等々、近代稲作法の普及が指摘されよう。水利の改善とともに、農法面でのこれらの改善が水稲反収水準の上昇に影響を及ぼしていたことは疑いのないところであろう。

(23) 永田恵十郎「農業水利の現代的課題」永田恵十郎・南侃編著『農業水利の現代的課題』(農林統計協会、1982年) 所収 pp. 346-348によれば、昭和50年代の白根町では、各耕圃の規模は拡大したものの、農家の耕圃は分散したままであり、「分散耕圃制」は依然解消されていない。

(24) 『西蒲原土地改良史』pp. 714-718。

(25) 同上書 pp. 719-730。

(26) 同上書 pp. 750-758。

(27) 同上書 p. 764。

(28) 同上書 p. 696。

(29) 9ヶ村で1村内に2つの組合が、そのうち2ヶ村では4つの組合が設立されていた。

(30) 整理対象田面積が判明する88件中58件は50町歩未満の事業であった。

(31) 同上書 p. 711。

(32) 耕地整理組合が町村落 (集落) を単位に設立されていたことは、「改正耕地整理法」「整理施行地ニ二以上ノ市町村、大字又ハ字ニ渉ル場合ニテ一筆ノ土地ノ区域ハ二以上ノ市町村、大字又ハ字ニ渉リテ之ヲ定ムルコトヲ得ス」(第32條)、および「耕地整理施行手続」「整理施行ノ為メ町村界ヲ変更セントキハ町村制第四條ニヨリ関係アル町村会及地主ノ意見ヲ聞キ郡参事会ノ決議ヲ経ルヲ要ス」(九) からも判明する。

第3章 「慣行的農業」の経済分析

—— 品種と水利の経済学 ——

1 はじめに

　品種の改良と灌漑・水利の改善は、稲作を中心に展開した日本型集約農業がその発展のために取り組むべき最重要課題であった。明治初年来の勧農書、政府および府県の農事書は稲の種類と田区の整備、そして又、灌・排水改善に関する記事で埋め尽くされている。こうした傾向は、筆者がこれまでに手にした史料：山口県『初年以来米麦作沿革』（山口県農務掛、明治38年）、『稲之種類』（同農事試験場、同43年）や秋田県「稲種一覧表」『勧業年報』（秋田県勧業課、同12年）、『農事一斑』（同農事試験場、同44年）、同県老農石川理之助の『稲種得失弁』（同8～33年）などの記事に示されたように、時とともにいっそう強まっている。それは品種や水利に対する人々の関心の強さの顕われであったと同時に、裏を返せば、食糧増産への圧力が強まる中で、育種や灌漑・水利事業に改善の余地がなお多く残されていたことを示したものとも言えよう。一例を挙げよう。地方書の1つである明治32年秋田県仙北地方の農事調査書『仙北郡農事調査報告』は、稲作の改良・増収のための乾田化の必要とその適応稲種の推奨の記述に紙幅の大半を割いている。時代は折りしも日清戦争直後、また、都市化が急速に進み、糧食確保が国全体としても強く意識された時であった。地方の一隅にありながら同『調査報告』は「一郡ノ富ヲ増加スル策ヲ講スルハ今日ノ急務」とし、陋習を排し、稲作改良に取り組む「郡民ノ決

心」を督励している[1]。そこに、明治初年来の老農による地方レベルでの
勧農の取組みを超え、食糧増産のためには、国を挙げて、稲作を新たな局
面に引き上げる必要にわが国が直面した、ある種、緊迫した様子さえ窺い
とることができよう。この時期に国立農事試験場（明治26年）および各
府県農事試験場制度（同27年）が整備され、「水利組合条例」（同23年）、
「耕地整理法」（同32年）、「農会法」（同33年）、「水利組合法」（同41年）
の制定、「耕地整理法」の改正（同42年）発令が相次いだのは決して偶然
ではあるまい。この時期以降、農法面では、経験偏重主義を排し、科学的
知見、試験結果を踏まえた新たな農業技術の確立と普及体制を整備、また
水利を含む土地改良面では、水利団体の組織化と「耕地整理」事業を推し
進めるなど、それまでとは異なるレベルでの刷新が図られることになった
のである。

「集約農業」は、その成立の時期、内容、展開の程度は地域によって多様
であったが、経済的に見て共通するのは、土地が制約的であったわが国の
要素賦存条件下において成立した、他要素（労働、肥料、灌漑資本）多投
型の農業であった点である。かかる観点に立つとき、日本農業の捉え方は
どのようなものとなるのであろうか。土地節約的＝他要素多投型農業は日
本農業にどのような農法（＝農業技術）上の特質を付与したのだろうか。
かかるタイプの農業が辿る発展の方向とは一体どのようなものか。また、
それが農業経営形態や慣行的農業の継承をめぐる国の勧農方針の決定に与
える影響はどのようなものであったのか。本書ではこれまで、品種改良お
よび灌漑整備や土地改良を中心に「集約農業」の技術的展開について論じ
てきたが、転じて本章では、「集約農業」に関する理論的考察を行うこと
とする。近世期以降、わが国農業をその根底において特色付けた「集約農
業」に関し、経済理論的にどのような整理＝位置づけが可能であるのか。
また、近代日本農業の「零細性」や国家の主導性性（「上からの」直接関
与）について、これまで西欧との対比においてわが国固有の歴史特殊性、
後進性として捉えることが多かったが、こうし性格規定に関し経済理論的
にはどのような評価ができるのか。言わば、近代日本農業の在り方に関す

る理論的見地からの言及可能性を探ることが本章の狙いである。

2　日本型「集約農業」のマクロ分析

1　食糧増産と農業生産の「集約化」

　土地が制約される中、1人当たり生産量（＝食糧）をいかに確保するか
は、為政者にとっても、耕作農民にとっても常に最大の関心事であったに
違いない。いま、Yを生産量、Lを労働力（＝人口）、Aを土地とすれば、
1人当たりの生産量（Y／L）は、恒等的に、土地装備率（A／L）と土
地生産性（Y／A）の積として下式のように表すことができる。

$$（Y／L）＝（A／L）・（Y／A）　\cdots\cdots\cdots\cdots\cdots\cdots\cdots\cdots（1）$$
（労働生産性）（土地装備率）・（土地生産性）

　当該時期、土地の拡張を多く見込めない中、食糧増産のためには耕地の
効率（＝集約的）利用の外に手立てはない、というのが（1）式の含意で
ある。すなわち、同式に従えば、右辺第1項＝土地装備率（A／L）が上
昇することはない（一定の）ため、左辺1人当たり食糧（Y／L）の増大
の程度は、専ら、右辺第2項＝土地生産性（Y／A）の水準如何で決まる。
肥料や労働力を多投して土地生産性を高め、糧食の確保を図ろうとする
「集約農業」がここに必然化する。土地制約の条件下では「集約農業」化
は、言わば、自明の現象であり、この点で、それを日本固有の農業・農法
と殊更強調する謂れはない。土地と肥料の関係を示した図3-1に示すよ
うに、増産（等量線の上昇：Y1→Y2→Y3）のためには、土地A＝一定
（A＝A＊）の下では、肥料を増投（F_1→　F_2→　F_3→　……）する（＝
多肥化＝「集約栽培」化する）しか外に方法はない。

　それにも拘わらず日本農業に関してその「集約性」が強調されるのはな
ぜか。第1に、それは、人口に比して土地の制約が他よりも増してわが国
において強く働いたためであろう。ボズラップの言う"人口圧"が重く圧

図3-1　土地固定の下での増産と多肥化

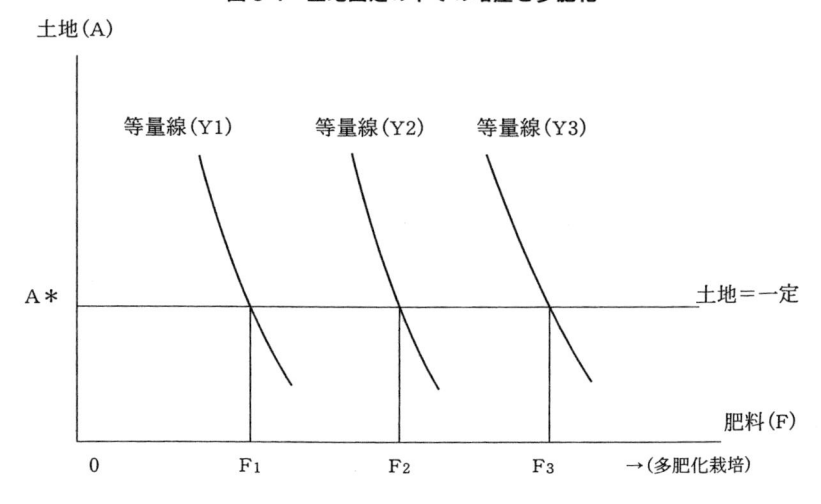

図3-2　土地非固定の下での増産と多肥化

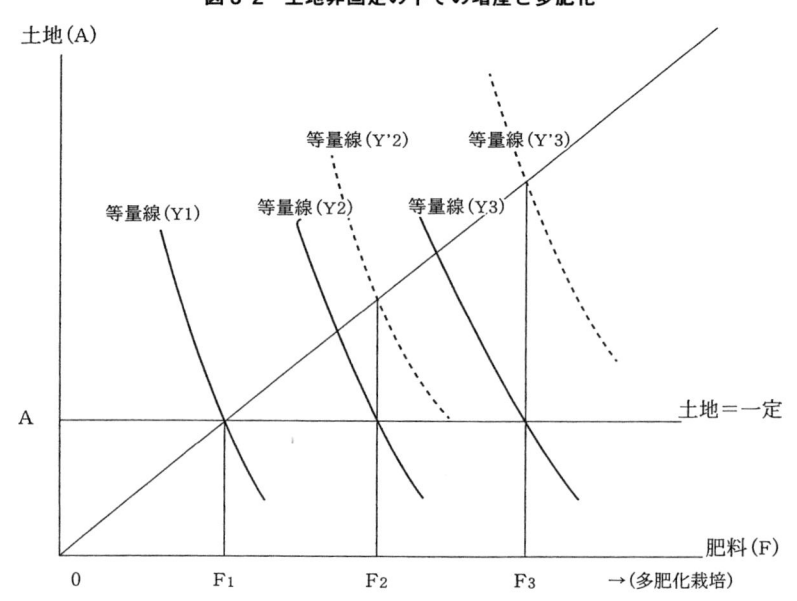

し掛かっていたからに他ならない[2]。第2に、わが国が他のどこよりも、気象・地勢、土地条件等「集約農業」実現のための栽培適地の下に置かれていたことが指摘できる。「集約農業」のための栽培適地は、当時の農学もしくは土木工学的技術水準の下で自ずと限られたものであったはずである。そもそも、大河川によって南下してくる雨季の大量の水を利用したかつての東南アジアでは「集約栽培」の成立は困難であった。比較的日本と栽培環境が似ていたとされる朝鮮半島でさえ、当時（20世紀変り目前後）、日本のような稲の集約栽培は一般には成立しておらず——このことが、後の植民地時代に日本稲作の移植に繋がったが——、したがってまた、高い土地生産性（反収）も、一部を除いて、ほとんど実現を見ていなかったのである[3]。彼我の「集約」度の違いは、半島が相対的に人口希薄であったこと（上記第1条件）に加え、南部を除いて大部分が早秋冷、寒冷地帯にあり、また、北部は乾燥地帯が多く、大河川も少なかったという、気象・地勢的要因（第2条件）によったものと考える。

　図3-1に戻ろう。投入要素、ここでは肥料FをF$_1$→F$_2$→F$_3$→……と増投し続けると、土地が一定のため、交わる生産等量線Yは、それぞれ、Y1、Y2、Y3、……となる。一方、図3-2は、図3-1に、肥料Fの増投に比例して土地の投入が増えた場合に生産等量線との交叉する様子を描き加えたものである。この時肥料が交わる等量線は、それぞれ、Y1′、Y2′、Y3′、……となり、図3-1に比べ、より高位の生産等稜線と交叉していることがわかる。両者の差は、土地の生産への寄与の有無にある。土地の生産への寄与が加わる図3-2において各肥料量は、その分、より高位の生産等量線と交わることになる。逆に、土地を固定した状態での他要素（肥料）多投型の「集約農業」のケース（図3-1）では、土地の生産貢献が除かれるため、低位の生産水準しか実現できていない。これは、土地固定＝多要素多投化が不可避的に辿る「集約農業」の"弊害"である。

2　収穫逓減と農法および土地の改良
　1要素を固定したまま（ここでは土地）他要素（同、肥料ないし労働）

を継続的に投入することによって生ずる上記「集約農業」の"弊害"は、一般的には、「収穫逓減」という経験法則としてとして捉えられる。いま、生産関数（＝生産力曲線）を（2）式のように設定しよう。

$$Y = af(L、K、A) \quad \cdots\cdots\cdots\cdots\cdots\cdots\cdots\cdots\cdots\cdots\cdots\cdots\cdots\cdots\cdots\cdots \quad (2)$$

　　但し、

　　　　Y：生産量　L：労働、K：資本（灌漑・排水施設を除く）、A：土地

　　　　a：Yに影響を与えるL、K、A以外の要因（＝技術進歩、制度変化等）

　ここに言う収穫逓減の作用とは、土地Aを固定したまま他要素＝労働L（わが国農業では一般に大型農耕具の使用はなかったため、当面、資本Kは考慮の外に置く）を投入し続けた時に発生する投入要素当りの生産性（＝労働1人当りの農産物＝食糧）が徐々に低下することを指す。この現象を図示すれば、**図3-3**の生産力曲線（Y）の如くである。食糧増収を見込んで労働投入を続けたものの成果は先細りという"弊害"は、放置すれば生産性（ここではY／L）の一層の低下を招き、やがては、それは飢餓や餓死の発生という、社会の存亡にも関わる問題に直結する。それだからこそ、それを克服しようとする技術革新のインセンティブが生れる。これは、人口増加に警鐘を鳴らしたマルサスの『人口論』を逆手に取った、ボズラップの技術進歩に関する「人口圧」モデルとして知られている。

　図3-3における「集約農業」の弊害、すなわち、労働Lの増投（$L_1 \rightarrow L_2$）に伴う生産性（Y／L）の低下（$Y_1／L_1 \rightarrow Y_2／L_2$）を断ち切るために必要なことは、生産力曲線（生産関数）を上方へ（Y→Y'）シフトさせ、投入労働の効率化を図るべく――（2）式で言えばaの上昇を促す――何らかの工夫が必要となる。具体的には、第1に、農法（＝技術）上の対応として、例えば、新たな多収性品種の開発・導入を図ることである。肥料がふんだんに供給される場合、多収性品種の導入

図3-3 収穫逓減作用と技術進歩

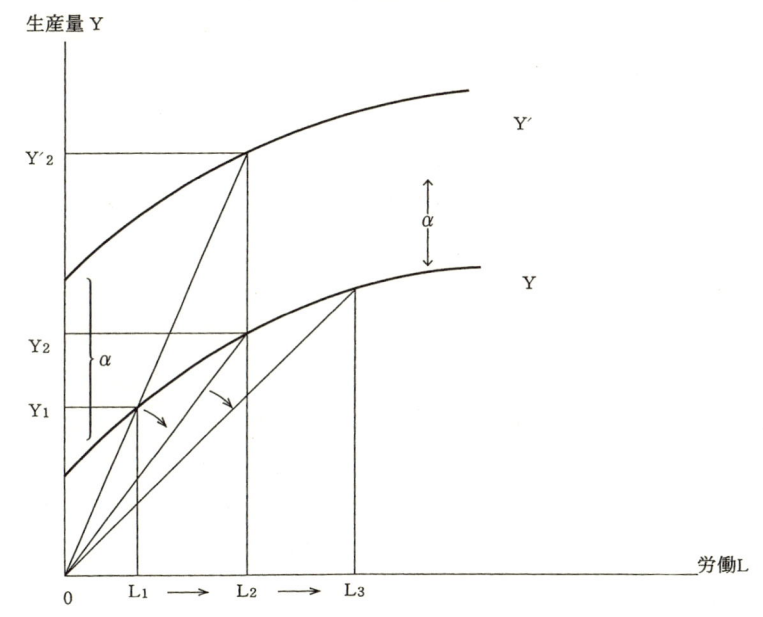

図3-4 多肥栽培技術の改善と要素（肥料、労働）配分

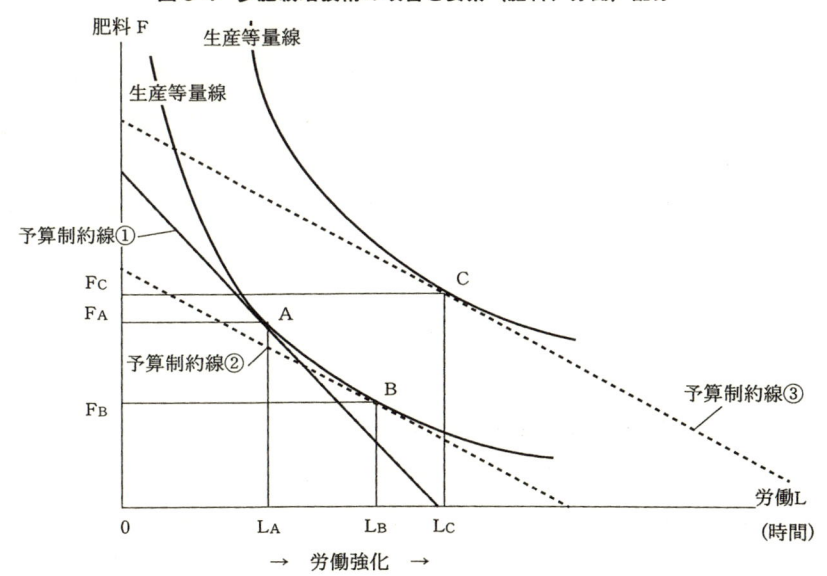

は労働の生産性を確実に増大させる。実際、肥料事情の改善＝金肥（魚肥に加えて、大陸からの大豆粕）の多投が一般化する明治中期以降数多くの多肥多収性品種が開発された。暖地の「神力」や「旭」、また北地では、「亀ノ尾」や「陸羽132号」などの多肥性品種の登場により稲の収量が大いに上昇しことは周知の通りであるある。

　第2に、土木工学面からは、土地改良、すなわち、耕区整理とともに、灌・排水設備の拡充が挙げられる。それにより、投入各要素（労働、畜力、農具、肥料）の生産効率は引き上げられる（Y→Y'）はずである。明治初年の田区改正事業に始まり明治末年〜大正・昭和期における灌・排水事業と一体化した「耕地整理」事業に至る近代水利・土地改良の歴史は、乾田化や多肥化を柱とするわが国固有の「集約農業」発展の土木事業面での年代記そのものでもあった。とりわけ、耕圃毎の個別灌漑化を目指した改正「耕地整理法」（明治42年）以降の耕地整理事業の進展は、多肥栽培における肥効の増大や稲作各耕種（＝工程）作業の効率化を通し、小農経営における家族労働の生産効率を大いに高めたものと考える。

　品種改良、栽培・肥培技術の向上および灌漑・排水施設を伴う田地基盤整備は、こうして、わが国における「集約農業」の成否、その持続にとり極めて重要な意味合いを持った農学および土木工学上の技術革新であったことがわかる。それは、(2) 式における a 水準の引き上げであり、図3-3では、生産力曲線（生産関数）の上方シフト（Y→Y'）として示される。稲作農業は、既存の段階からステップ・アップして、新たな生産局面に引き上げられた恰好になる[4]。

3　品種と水利のミクロ経済学

1　品種改良の技術的特質と規模の中立性

　畜力に依存することが少なく労力は専ら人力に依存し、それ以外の投入要素は肥料および種子（種籾）と小型農具（鍬と鎌）に限定された日本型「集約農業」は、規模に関して中立的であったものと判断される。すなわ

ち、投入要素は種子にしろ肥料、労働にしろ、いずれも細分化が可能である（種子 1 粒、肥料の場合は最小単位は合もしくは匁、労働の場合は 1 人）。経営規模に応じて投入量の調節が微量に至るまで可能であり、農具さえもが小型であり、鎌・鍬（丁）など 1 人用であった。明治期以降、農業先進地域では乾田馬耕が一般化したが、大型犂の導入は見られず、共同で効率よく農具を利用して得られる労働節約的 "利益" は、日本の農業の場合、ほとんどなかったと言ってよい。近代に入って広く普及を見るようになった深耕のために普及した人馬一体の歩行用「抱持立犂」も、かえって、労働強化につながったという[5]。

　加えて、肝心の集約技術の要である品種改良および肥培・栽培技術は、その性質上、規模に関して明らかに中立的である。優良品種は、耕地面積の大小にかかわらず、優良であり、肥培・栽培法が大規模経営にとくに有利に作用することもない。また、集約栽培は、その精緻な肥培・栽培管理を必要とすることから、家族労働が重視され、結果として、経営規模が 4 〜 5 人の小規模に収斂＝平準化する作用をもたらすに至ったのである。逆に、大型農業では肥培・栽培は "粗放" 化してしまい、かえって、不利に作用することが考えられる。わが国「集約農業」は、こうして、規模拡大の誘因が生ずる余地が極めて少ないタイプの農業であったと判断される。藩政時代に始まり、その後近代期を通じ一貫して日本農業を支えた小規模家族農業とはこうした経済的根拠に基因する農業・農法の経営形態上の対応の結果であった[6]。西欧で成立を見た資本家的大農経営との比較においてわが国の小規模家族農業を零細・後進的とする見解があるが[7]、人口と土地の賦存状況および当時の技術的制約を考慮するならば、彼我の経営形態、規模の相違を発展の段階 "差" として捉えることは適当ではあるまい。

　ところで、下記（3）式は、資本節約的で多肥・多労型というわが国固有の「集約農業」の特質を反映させるために、（2）式の投入要素のうち資本 K を肥料 F に置き換え、さらに、規模中立（＝ 1 次同次）を仮定して、両辺を固定要素土地 A で除した形に書き換えたものである。

$$Y / A = af (L / A、F / A) \cdots\cdots\cdots\cdots\cdots\cdots\cdots\cdots\cdots\cdots (3)$$
（反収）　　　（反当労働力）（反当肥料）

（3）式の含意は、稲作の土地生産性（反収）の水準＝（Y／A）が、専ら、反当労働投入＝（L／A）と反当肥料投入量＝（F／A）に依存して決まるというものである。また、これをさらにコブ＝ダグラス型に定式化したものが（4）式である。

$$(Y / A) = a (L / A)^{\beta L} (F / A)^{\beta F} \cdots\cdots\cdots\cdots\cdots\cdots\cdots\cdots\cdots (4)$$
但し、βL ＋ βF ＋ $\beta A = 1$（1次同次）。

　ここで、べき係数βは、各投入要素の生産寄与率（＝生産弾力性）を示し、生産関数の形、すなわち、技術のタイプ——肥効の向上に突出した技術体系であるのか、それとも労働の集約利用に重点を置いた技術であるのか——を特定化する。一方、aは、投入要素以外で生産水準に影響を与える要因：気象、制度変革、農業技術水準の変化を示す。留意すべきは、1次同次：$\beta F + \beta L + \beta A = 1$の下では、例えば、多肥性品種普及による$\beta F$の向上は、必ずや、その他の投入要素——いま、土地の寄与率＝βAを一定とすれば——βLの値の変化＝低下となって現れる点である。要素間の生産寄与率のかかる変化は、理論的には、生産物市場、要素市場における相対価格を通して新たな投入量の組み合わせをもたらすことになる。現実に——土地は固定的であり、労働は限られた家族員数の下で——は、技術改良（多肥・多収性品種の導入）がもたらす増収効果と購入する肥料価格との兼ね合い、多肥栽培のために新たに必要とされる労力（肥料採取・運搬、犂込み・散布作業、除草、追肥作業）と他耕種（工程）への家族労働力の配分の中で調整されたであろう。規模に経済性が働く拡張型＝粗放農業とは異なり、「集約農業」では、農産物価格の動向、家族労働の配分を中心に農民の経済合理的な判断が常に求められたに違いない。「集約農業」は、その意味で、速水融の唱える農業・農村の「経済社会

化」現象を随伴したと言える[8]。

　図3-4は、そうした β F向上を促す技術体系（施肥条件の改善、多収性の優良品種の普及、肥培技術の向上）の下での新たな要素配分達成の様子（A→C）を概念化したものである。β Fの相対的向上（＝β F／β Lの上昇）による限界代替率（＝Δ F／Δ L）の低下の結果[9]、肥料と労働の要素配分は当初の均衡点A（実線の予算制約線と生産等量線の接点）から等量線上をBへ移動する。この時予算制約線は①（＝実線）から②（＝破線）へと勾配を緩めるが、農家は技術向上による増収を期待して生産に必要な経費支出を増加させるため、予算制約線②は③まで上昇シフト、したがって、肥料と労働の要素配分の新たな均衡点Cが達成されることになる。同図において横軸L（＝労働）は時間を単位としているためC点は当初の均衡点Aに比べ肥料、労働投入量とも増えて描かれているが（＝「多肥・多労化」）、かりに労働量を人員数で表せば、世帯規模が4〜5人（図ではLA点）に固定化されていることから、「多労化」は実現できない。均衡点C達成のために不足する労働量（＝肥料投入量FC点における労働投入量LC—LA）は、したがって、家族員の労働強化（長時間労働）によって補われることとなる。西欧における「産業革命＝Industrial Revolution」との対比においてわが国近世農村経済発展の特質を「勤勉革命＝Industrious Revolution」の概念を用いて説明しようとした速水の意図は彼我の経済発展の方向性の違いを異なる資本・人口比率下における資本Kと労働Lの相対価格（もしくは価値）の差異として捉えることにあったが[10]、「勤勉」さは、わが国近世経済の特質が資本に対して単に労働使用的であったこと以外に、労働それ自体の緻密化、強化＝長時間化を含むものであった[11]ことを示している。

2　灌漑投資と規模の経済性

　灌漑・排水の整備や耕地整理は、品種改良を柱とする農法の改善と並んで、「収穫逓減」作用の主要な回避策であった。その生産関数上の特質は、品種改良とは反対に、これら事業が規模の経済性を強く有した点である。

日本の「集約農業」において、支出の拡大に伴いその平均費用が一定期間低下し続ける投下対象があるとすれば、それは、唯一、灌漑・排水工事を含む土地改良事業においてであったろう。ここに言う費用には、工事に対する直接的費用のほかに、間接的費用として、事業の広域化に伴う水利の調整費用（＝「取引コスト」）も含まれる。これら直接費用、間接費用とも、民間が個別に手がけるよりは、大型事業として、また、広域水利に調整能力を有する行政の主導で取り組む方がはるかに効率的であったに違いない。水の持つ "公共性" に加え、このことが、藩政時代も含め、大規模な河川改修や新田開発から末端の小規模な灌・排水施設に至るまで、国・府県（藩府）、市町村（部落）が常に土地改良事業に関わってきた経済的理由である。

　かつて、近世末から近代への移行時代に輩出した「豪農」＝大庄屋や地主層が灌漑・排水を含む田区改正事業に積極的に参画した時期があった[12]。静岡や石川県地方を中心にこの時期に報告された改正事業は、それ自体、有力農による当時としての大規模経営が一定の経済性を有したことの現われと見ることができるが、灌漑・排水事業がより広域化する明治中期以降には、事業は地主層の手から離れ、代わって、「耕地整理」事業に象徴される地方の地主・自作農の組織団体＝「耕地整理組合」や、さらに大規模な治水、河川改修や開墾事業については国・府県自らが事業主体となる国営、県営事業に引き継がれるようになった。農家の経常的な投入・産出モデルとして設定した先の生産関数（2）式において灌漑投資を予め除いたのはそうした「豪農」層後退後の、「寄生地主制」下で小規模家族経営を想定したためである。（2）式では、灌漑水利・土地改良に関する事項はすべて外生化して、農業技術水準の変化とともに一括して a に含めて扱っている。

　グラフ3−1は、かつて水損の常習地帯を多く抱えた新潟県における明治34年〜昭和19年の「耕地整理」事業規模の推移（工事完了地積の累積値）を見たものである[13]。灌漑・排水施設整備と区画整理から成る「耕地整理」事業が軌道に乗るのは、蒲原平野を中心に展開を遂げた新潟県稲

作地帯では、信濃川大河津分水工事後の明治末年から大正期後半にかけてのことであった。信濃川分水工事を起点に、それと併行ないしその後に展開する排水改善事業が低湿平地に水利条件全般の改善をもたらし、区画整理事業を可能としたと言えよう。湿田状態の解消は区画整理＝耕地整理事業の前提であったのである。不整形な田形を方形・一定面積（1〜3反歩）に均一化し、各田圃の1辺に用水および排水路それぞれが接するように区画、整理するという、わが国稲作史上画期的な田地整備事業であった「耕地整理」が稲作の生産性水準全体を──図3-3では、生産関数（Y）の切片である a を──上方に引き上げる効果を持ったことは間違いあるまい。いま、上記「耕地整理」推移期間を含む蒲原3郡の稲の反収水準──（3）式の土地生産性（Y／A）──の推移を示せば、グラフ3-2の通りである[14]。明治30年代後半からの生産水準上昇の傾向がはっきりと読み取れる。

4　慣行的農業の"合理性"

1　農事慣行に見る経験的合理性

「農事慣行」に合理性があるとすればそれは、藩政時代から明治期にかけて著された各地の農書や農業暦、年中行事が示すように、それが地域の地勢、気象、風土・風習に根付いた知恵と経験に基づく一定の科学的真実性[15]を持ち合わせていた点においてであろう。序章で示した嘉永4年周防大島宰判屋代村「年中行事」[16]記事に基づく「水田」(＝1毛作田)の稲作作業作表（表序-3）から、1毛作田の苗代播種から本田耕起、草肥犂込・田代、挿秧、除草、水管理、水路補修、刈取り、脱穀・俵装に至る各作業工程とその期日、工程それぞれの所要労力・畜力数が一覧できるが、それは、この村に長年受け継がれてきた農事の記録であり、年中行事として慣行的に伝えられたものに他ならない。この屋代村「年中行事」には、ほかに、麦田（＝2毛作）および田麦（裏作麦）の各耕種の工程を載せており、実際に、耕作農家の作業指針、目安として利用されたに違いない。

グラフ 3-1　新潟県「耕地整理」事業完了地積数（累積）

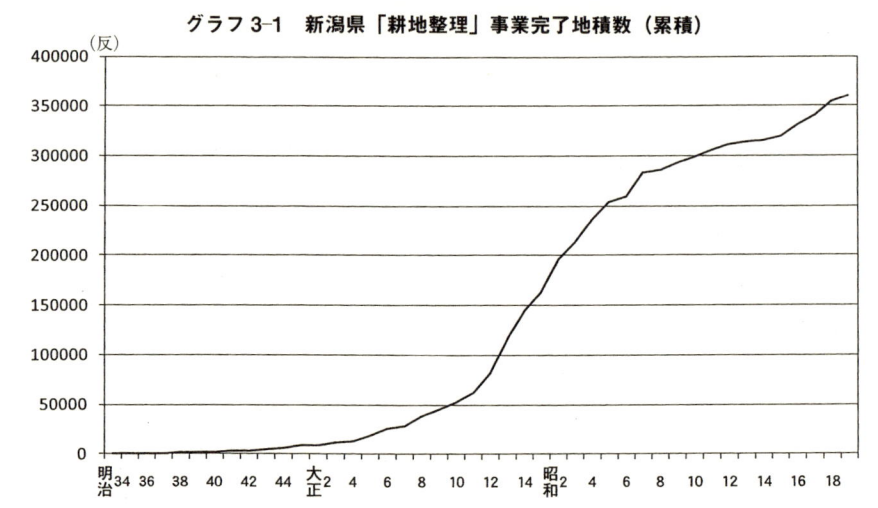

資料：『西蒲原土地改良史』上巻（西蒲原土地改良区、1981 年）pp.696–697。
（注）数値は、年度別事業完了「地積数」および「累積地積数」を示す。

グラフ 3-2　蒲原 3 郡の稲の反収水準の推移

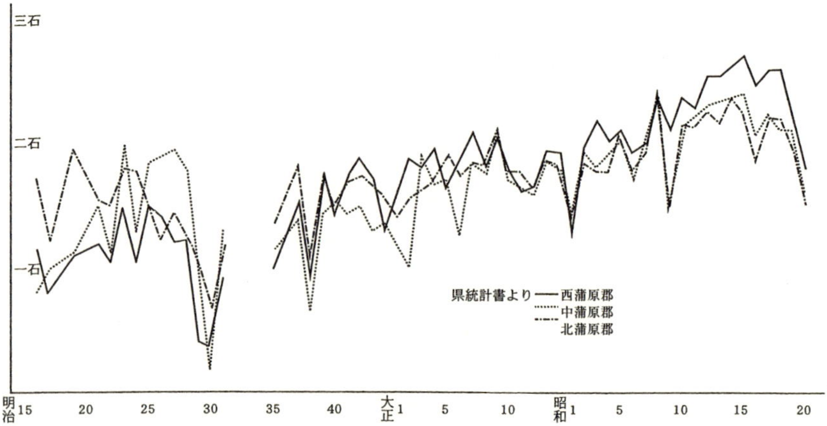

県統計書より ―― 西蒲原郡
　　　　　　 ……… 中蒲原郡
　　　　　　 ─・─ 北蒲原郡

出典：『西蒲原土地改良史』上巻（西蒲原土地改良区、1981 年）p802。

同史料は嘉永年度に大島宰判が管内で実施した農事調査記録の一つであり、屋代村以外では、油良村（『嘉永四年五月年中行事書出』）、沖浦＝戸田村（沖浦五ヶ村『嘉永四年亥ノ五月農業年中行事』）がある[17]。同じく、大島郡代官の農作技術に関する10ヵ条の質問に答えた農業功労者の返答書（久賀村『天保十二年農業功労者江御問下ヶ并ニ御答書』）[18] とともにこの時代の代表的な農事書と言ってよい。ここに言う農事に長けた「農業功労者」こそ明治に入って地域の農事を指導し、やがて明治政府の勧農方針の下、慣行的農業の担い手として組織される「老農」たちであった。

　同様に、『屋代村年中行事』水田（1毛作田）麦田（2毛作田）および田麦（裏作麦）の作業工程の所要労力数の記録に基づいて作成した大島宰判田地全体の年間節気別労力配分表グラフ序-1 は、2毛作の導入に伴う田地利用率の向上と労働の年間配分の平準化が図られている様子を伝えている。複合的な稲田各耕種体系組合わせに基づく土地および労働の効率利用化の実施に慣行的農業の一定の合理性を看取できよう。

2　水利慣行

　農業水利慣行とは、過去より継承された用水の取水、配水、排水、水路維持・管理に関する慣習的取り決めを指し、一般的には、本書第2章で述べたように、①河川灌漑における古田及び上流優先主義、②溜池灌漑における公平性の原則、③水利用の現物対価、④用水路維持・管理のための労働出役などの慣行として知られている。①および②は、ともに、用水が不足する非常時の水の確保と配分をめぐる取り決めであったが、とくに用水不足が恒常的な溜池灌漑では貯水の持続が不可避とされ、節水・漏水防止のために構成員すべてに対し水利用について厳格な規制が設けられた。用水に関しては、このほかに、河口平野部低湿地帯における余水・排水をめぐる取り決めもまた、重要であった。近代に入っても河川改修工事が進まず、前節で触れた新潟県蒲原平野のように、大河川河口付近には湿田、湛田がなお多く残されていたからである。一方、③および④は、水利用の対価および水利施設の維持・管理に関する日常的取り決めであった。③につ

いては金銭のほか、しばしば現物で⁽¹⁹⁾、また、④については、多くの場合、
直接、労働賦役が求められた⁽²⁰⁾。

　ところで、水利に関する農民の主張は、古い時代、とくに「掛流し」灌
漑地域や湛水もしくは低湿地帯では個別には成立せず、水の配分は水系を
単位とした共同体間による取り決め＝「水利慣行」に従わざるを得なかっ
た。かつてR・ハイルブローナーはその著『経済社会の形成』において人
類が編み出した経済（＝生産と分配）問題に関する３つの解決方式：伝統、
指令、市場、を掲げたが⁽²¹⁾、これに従えば、そのうちの「伝統」が、ま
さしく、上記水問題の解決方式であったことになる。藩政時代から近代移
行期、さらに近代期を通じて、水利権が個人もしくは農家にではなく部
落・村落単位の共同体に帰属する状態下では、「市場」が水問題の解決に
十分機能し得たとは到底考えられず、さりとて、灌・排水、水利が地域毎、
小水系単位に分断されていた時代にあっては、係争が長期化したり、流血
の事態に発展するような場合に「指令」（＝幕府「評定所」や明治期「大
審院」）を仰ぐことはあっても⁽²²⁾裁定は、結局は、地方の個々の慣例に基
づいて下さざるを得ず、藩府の「指令」は「伝統」（＝「慣行」）を後押し
するに止まったのが実際であった。水をめぐる個別の争い、共同体間の水
問題は古くからの"仕来り"や慣習に"裁定"を仰ぐことこそが、その意
味では最も"有効"な解決方式であったのである。水を巡る争い、紛擾、
訴訟、和議・和解を経てそれが「水利慣行」として約定された点は、本書
第２章＝西蒲原の事例で見た通り、枚挙に暇はない⁽²³⁾。その象徴的とも
いうべき事例を２、３、再度、掲げておこう。

・道上村は明和６年、自村用水確保のため上流村と橋下に杭を打ち、
　水位を協定して、村の上流部を堰上げていた。しかし、天保８年に
　道上村はこの協定を無視して溜水増加を図ったため、上流村より江
　戸評定所へ訴訟がなされた。
・竪畦の高さをめぐり争っていた大曽根・真木村と国見村は証文を交
　わして寛政９年以来の紛擾に決着をつけたが、後年（明治18年）

に至って、大曽根村内新規下ヶ江掘削に伴う排水路をめぐり新たに
国見村と、定杭を渠底が越えた場合、両村立会いの上江浚いし、余
水を国見村調節堰へ吐出し、一定を湛水後落水することを約定。

・馬堀村は、往古より上流4ヶ村の下ヶ江において堰上げ、月の15
日間を開け用水を確保していたが、後（正保元年）に上流4ヶ村の
うち本町がこれに異議を唱えている。

・馬堀村周辺の村々は、馬堀村耕地を守る村界柳土手の高さをめぐる
争論が宝暦、天保、安政年間および明治26年にそれぞれ発生して
いる。いずれも、双方の主張を取り入れる形で、堤高を引き均し、
有形のまま定杭を打ち込み高さを定め、あるいは土手幅を定め、定
杭を追加するなど、旧慣の手直しが度々図られていた。

・享保18年、御新田郷柳土手は水防土手で上流からの押水を防ぐの
は当然とし、排水できるのは樋筒の量のみとする下流部の主張に対
し、満水時の溢流は当然として上流村がこれに対抗している。宝暦
11年にも紛争、杭打ちがなされこれを基準に堤塘400間の引均し
が行なわれたが、その27年後には再度紛争となり、さらに定杭を
増すこと、これまでの樋筒に代え大きさを定めた箱樋とすることが
申し合わされた。ところが、享和3年、箱樋が塞がれ定杭も抜かれ
るという事件が発生、上流8ヶ村は江戸評定所へ訴え出た。評定の
結果は、定杭の打直し、箱樋伏込み深の5寸下げと樋の夏土用より
八十八夜7日前までの開け放し、その後35日間は9寸以上の過水
があれば樋を開いて落水、その後夏土用入りまでは5寸5分以上で
落水、上流村に樋筒見回りの監視を許可するという内容であった。

藩政時代から明治期にかけて著された各地の「農書」が伝える「農事慣
行」同様、「水利慣行」も、上記「堰高」の取り決めに象徴されるように、
それぞれの地域の実情やそれまでの仕来りに基づく一定の経験的真実性を
兼ね備えていたことが指摘できる。加えて、「水利慣行」については、次
の点にも注目しておきたい。すなわち、「堰上げ慣行」が示す如く、「慣

行」が、互いに主張を異にする構成員相互、あるいは共同体間の紛擾、係争、そして調停や和解を経た後にようやく成立を見た取り決めであった点である。取り決めは、双方の主張を最大限取り入れた、裏を返せば、両者の譲歩を重ねた末のギリギリの妥協点であったのである。「堰高」の寸・分をめぐる限界的な値にまで双方の攻防が及んでいたことは、その合意として協定された「水利慣行」が、理論的には、水の配分にパレート最適性（＝水利の社会的厚生最大化）をもたらし、農村社会に水利秩序の安定性を賦与するものでもあった点を示唆している。同様なコメントは、蒲原平野低湿地帯の水損リスク公平化の原則に立つ「軒前慣行」:「割地」と「廻し作り」[24] に対してもつけることができよう。

5　慣行的農業の動揺

　近代に入り、育種を含む農法上の改善と水利・土地改良事業を基軸に再編された慣行的農業＝日本型集約農業は昭和初年までに戦前期における成長のピークを迎えるほどの発展を遂げた[25]。だが、この時期は又、他産業の躍進、農村人口の都市への流出、灌漑・排水施設の大型化など慣行的農業を取り巻く環境が大きく変化した時期でもあった。

　このうち最大の変化は、他産業の急速な進展によって顕在化した農業の相対的な地位の低下＝劣位化であった[26]。生産要素としての土地の投入が固定化される中でその農法を確立した慣行的農業（＝「集約農業」）は他産業に比してより強く収穫逓減作用の危険にさらされていた。これまでに再三述べてきたように、その回避のために採られたのが農法面（育種、肥培・栽培技術）の改良と土木工学面での水利・土地改良事業であったが、他産業に対する農業の劣位を挽回するまでには至らなかった。工業化や都市化の進展の過程で農業保護や救済のための一連の産業政策：米価支持政策、救農土木事業、農山漁村経済更正運動、産業組合拡充強化策が講ぜられるようになったことが産業としての農業劣化の程度を物語る[27]。一方、慣行的農業は、経験主義に基づく真実性とその存続のための合理的根拠を

有したものの、反面、一度取り決められるとそれは変化に対しては極めて緩慢で、時として“陋習固持”、“旧慣墨守”の姿勢に転ずることさえしばしばであった[28]。糧食確保という喫急の国家的目標を前に、農事にしろ水利にせよ、維新政府が“上からの”強力な勧農方針をもってこの慣行分野に乗り出し、経験主義を排して農法の科学・実験主義を確立し（農事試験場体制の拡充）、法令に基づき、強制力を伴う水利・土地改良事業（耕地整理事業）を後押ししたのは時代の要請に十分適応可能な慣行的農業の“近代的”再建を急いだためであった、と捉えることができよう。

変転する農業環境の過程で、慣行的農業に対する近代産業部門側からの強い批判も起こった。かつて、わが国において、「農業水利法」を制定して産業間の効率的水配分を実現しようとする動きが政府部内にあった。大正8年の「臨時財政経済調査会」の食糧及び土地政策の一環として目論まれた「水利改革案」がそれで[29]、他種水利の需要が拡大する中で、水利組合に代る新たな水利団体を設置して「慣行的水利」を見直す一方、耕作者主義に基づき、権利主体を小作者にまで広げた個別水利権確立を図って水の適正な配分を展望した試みとして注目される。ここではこれを、産業構造の変化に伴う「慣行的農業」後退の1つの側面、すなわち、農業用水の濫用を正し、水の権利主体を定めて利用に応じた水利費徴収を企図したし非農業側からの“水利改革”の動きとして捉えたい。

水利に関する取り決めの大部分が過去から受け継がれた「慣行」に依拠した時代においては、本来であれば、灌漑・排水事業の拡張（新規、広域化）の都度、膨大に上ったであろう水の配分をめぐる調整コスト＝取引費用が事実上ゼロであったことを意味する。これ以外の水利用の費用としては、経常的には、施設維持・管理のための支出および灌漑・排水施設費借入れに対する利払いが主だったものとして挙げられるが、このうち、施設の維持・管理については、前項で述べた通り、労働出役の慣行に拠っていたため、費用支出として計上される部分は、通常、僅かなものにとどまった。また、利払いについては、大規模な施設工事——通例、河川河口部の排水工事——に関しては国営、県営に拠ることが多く、一方、小規模な灌

漑施設は、「耕地整理法」（明治32年）施行以前では、藩政時代からのものをそのまま受け継ぐことが多かったため[30]、全体として農業用水コストは"慣行"的な水準に止まったものと考えれる。「耕地整理法」施行以後についても、水利それ自体が慣行に依存した点は基本的に変わらなかったため、水利費に関するそれまでの慣習（低い取引費用と労働出役による施設維持・管理）はそのまま受け継がれたものと思われる[31]。そうした中でとくに水利費支出として重く圧し掛かったものが、「耕地整理」以降土地所有者（地主、自作農）に半ば強制的に賦課された高額な事業費（区画整理費、灌漑排水施設費用）負担であった[32]。理論上は、これら費用負担に対する利払い部分が水利費に算入されるからである。では、実際に、その影響はどのようなものであったろうか。いま、西蒲原郡の記録から明治35年より昭和19年に至る耕地整理事業費の推移を示せば[33]、グラフ3-3の如くである。水利費算入分は、これに各年次の利子率を乗じて求められる。

　グラフ3-3に見られる西蒲原郡の耕地整理事業費の急速な上昇は、これまで以上にこの地区の水の調達コストがかかったことを、言い換えれば、水の限界費用が上昇し、図3-5に示すように、それまで一定水準に固定されてきた水の供給曲線が右上がりに転じ始めたことを意味する。この時、水の価格は、需要曲線のシフト如何によっては大きく変動するが、考察の対象としている期間は、農業用水の需要増に工業化、都市化の進展に伴う工業用水、都市用水需要の拡大が重なり（$D_0 \rightarrow D_1 \rightarrow D_2$）、社会全体として水価格を押し上げる圧力が強まった時期であった。したがって、耕地整理事業時代には水価格が上昇（$P_0 \rightarrow P_1 \rightarrow P_2$）することが十分予測されたが、現実には、農業用水に限って見れば、下記の事例が示すように、一定に止まる場合が多かったようである。『農業水利慣行調査』（大正5年、農商務省）は、新潟県農業用水費（水利費）について、「慣習上金銭其他之時価ヲ支払ヒ用水之供給ヲ仰ケルモノハ多クハ其ノ区域狭小ナルモノ」が他村、村内他集落（＝字）に仰いだ用水の対価として表3-1に示した7郡13の事例を掲げている[34]。これによれば、水利費は、玄米で最高3斗

グラフ3-3　西蒲原郡「耕地整理」事業費（累積）の推移

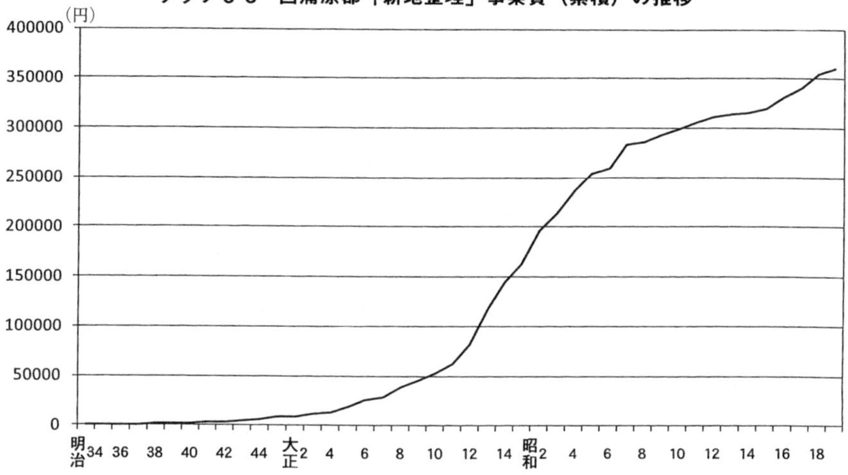

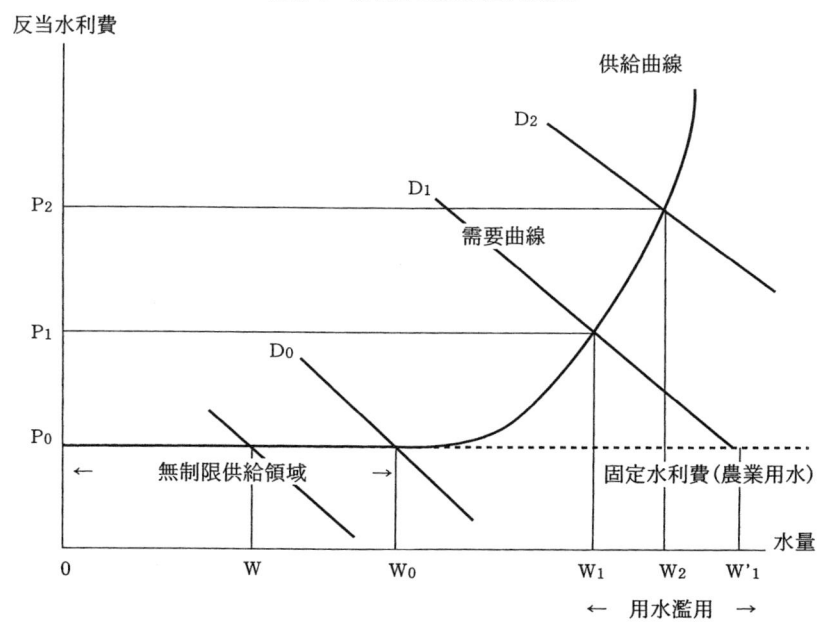

資料：（『西蒲原郡土地改良史』上巻 p.704-709 表8-1。

図3-5　水利費と農業用水の濫用

5升と高いものも一部あったが、通常は5升以下に止まっていたことがわかる。また、金額ベースでも、反当り5〜10円という高額な事例が1例見られているが、通例は、これよりもずっと低い水準（1円80銭以下）であった[35]。

『西蒲原郡土地改良史』は同郡味方村の昭和初年稲作収支計算例を載せている[36]。これに従えば、表3-2のように、水利費として上、中、下田とも反当り1円が計上されている。この1円の水利費は稲作収入（上田77.8〜下田51.2円）に対し最大でも2%（下田）未満であった[37]。

　このように、水の需給が次第に逼迫する中、農業水利費に目立った変化がなかったとすれば、それは産業間の"水争い"の原因となり、工業側、都市側から慣行的農業水利に対する批判を招くことが予想された。実際、大正3年に「経済調査会」は、他種水利・産業政策全般の見地から、産業化に伴う水（「電力」、工業用水）需要急増を受けて、慣行による水資源の非効率配分の是正を農業側に要請して次のように述べている。すなわち、「現在の水利慣行は、これを農業水利より観察して、不適切なるもの少しとせず、けだし同一の流水又は貯水より、水の供給を受くる農地にして、ある地方は排水に苦しみ、ある地方は用水の不足を訴うるごとき事実多く、配水上、有利の地位にある地方は、概して水を濫用せる故に、これが節約を為さしむる余地頗る大なり」[38]。図3-5に立ち戻れば、水の"無制限供給領域"を越えたにもかかわらず、農業分野において低価格のまま用水の供給が続けば、"濫用"（$W_1 \sim W'_1$）が発生することが明白である。その分、水資源の効率的配分が損なわれることになり、水不足に苦しむ工業側からの突き上げを食う。大正8年の「水利改革案」そのものは頓挫したが、不合理な水利慣行（上流優先主義、平等主義）、水利費の面積割り（反別徴収）、小作者からの水利費不徴収など農業用水の"濫用"に対する近代産業側の根強い不信がその根底にあったことは否めない。「水利慣行」に対するこうした反発は水の需給が逼迫する戦後、とくに高度経済成長期にかけていっそう強まることとなった。戦後矢継ぎ早に出された水立法化（「国土総合開発法」、「電源開発促進法」、「多目的ダム法」、「工業用水法」、

表3-1　新潟県の農業用水価格

	関係区域	時価	記事
中蒲原郡五泉町	10町	玄米3斗	用水供給ノ対価トシテ同郡青名村ニ支払フ
三島郡田越村	18.8町	5円乃至10円	同上ノ為日越村ニ支払フ
北魚沼郡川口村	23町	反当玄米5升5合	同上ノ為川井村ニ支払フ
同郡同心	1町	同玄米3斗5升	同上
中魚沼郡仙田村	0.5町	4円	同上ノ為仙田村岩瀬ニ支払フ
東頚城郡下俣倉村	20町	玄米4石7斗5升4合	下俣倉村菱田ニ支払フ
同郡同村顕聖寺	16町	玄米1石7斗5升	同村金ヶ淵ニ支払フ
同郡同村小黒村	10町	玄米8斗8升 酒2斗6升 金40円	同村朴ノ木ニ支払フ
岩船郡大川谷村	2.2608町	玄米8斗6升	
同上	0.5310町	同（？）	
西蒲原郡四ッ合村	171.3町	同（？）	同上ノ為大黒村ニ支払フ
同吉田村大字下中野	5町	90円	吉田村吉田ヨリ用水ノ供給ヲ仰キ又排水スル為メ吉田ニ支払フ
同同村大字野沖	10町	参拾円乃至四拾円	同上

資料：『農業水利慣行調査』（大正5年、農商務省）。

表3-2　昭和初年における西蒲原郡味方村の水利費

費目	稲田		
	上	中	下
収量	2.4石	2.0石	1.6石
米価	30円（石）		
米金額	72円	60円	48円
その他収入	5.8円	4.8円	3.2円
収入計	77.8円	64.8円	51.2円
肥料代	12.0	10.0	5.0
労賃	32.2	30.8	28.0
公租・公課	6.3円	5.4円	3.6円
水利費	1円	1円	1円
その他支出	3.5円	3.0円	2.5円
支出計	55.0円	50.2円	40.1円

出典：「西蒲原郡味方等級別稲作収支」『西蒲原郡土地改良史』上巻（西蒲原土地改良区、1981年）、p.771。
（注）味方村耕地整理組合設立は昭和5年。

120

「水資源開発促進法」、「新河川法」）に象徴される如く、共同利用を前提と
した慣行的な水利は、もはや、水に関する支配的な秩序たり得なくなった
のである。

6　結　語

　本章では、稲作を中心に展開を見た日本型集約農業に関し、経済理論的
見地から、次の3点の説明を行った。すなわち、第1に、わが国近代期に
最終的に確立・完成を見たこの「集約農業」とは、狭隘な国土の下で継続
する人口増加が不可避的にもたらす生産の行き詰まり、すなわち、収穫逓
減作用に対して採られた農学および土木工学上の技術的対応策（品種改良
を含む多肥・多労型農法と灌漑・排水整備を柱とする土地改良事業）であ
ったこと。第2に、日本近代農業を生産構造面で特徴付けた農家経営の小
規模性と、他方、これとは対照的な国の大規模な農業事業への直接関与は、
ともに、経済的には「規模の経済性」に基因する問題として捉えることが
可能であること。第3に、近代農業がその存立の基礎として継承した慣行
的農業は、当該時期のわが国の農業環境と農事および水利の技術的条件下
では一定の経済合理性と効率性を有していたこと、である。

　上記3点それぞれにつきリマークすべき点を述べよう。第1の農学およ
び工学上の技術対応については、実際には、次の3つの局面、すなわち、
明治初年の老農品種と田区改正段階、同中期以降の試験場創設と水利関連
法制定段階、そして、試験場事業の拡充と「改正　耕地整理法」に基づく
土地改良事業が出揃う明治末年〜昭和戦前期、を経て段階的に進展した点
が指摘できる。本章グラフ3-2に掲げた新潟県蒲原3郡の稲の反当収量の
推移はこれら各段階で採られた勧農政策の変遷を反映したものとなってい
るが、この点に関しては、本書第8章（近代日本農業成長率再考）で全国
および府県別データを用いて検討が加えられれている。第2の「規模の経
済性」については、品種改良と肥培・栽培技術が規模中立的（＝大規模農
業への誘因を欠いた）タイプの農法であったことがわが国における小規模

家族農業定着の主たる要因であり、また、それとは対照的に、「規模の経済性」を発揮した水利や土地改良事業では国や府県による大型事業が必然化したことが重視されるべきである。このうちとくに、農法の中立的技術タイプが小農経営定着の基因だったとする前者の観点は、西欧と同様わが国にもやがては大農経営が成立することを前提とした小農＝"後進"論・"零細"論や「寄生地主制」論とは相容れないことを強調しておこう。このことに関する理論的考察および若干の実証的検証は本書第 7 章（近代日本地主制再考）において行われている。

　第 3 点目の慣行的農業の合理性に関しては、泰西＝大農法の導入を断念し、小規模家族経営による伝来農業の継承に踏み切った維新政府の勧農方針とその方針の下で進められた農事および水利両面での勧農政策が高く評価されるべきである。生産組織の形態と生産技術のタイプとが適合した時に生産効率は高まるとすれば、小規模家族経営に最も適したとされる慣行的な集約農法の推進に特化した政府勧農事業の政策効果は高かったものと判断できる[39]。

　国の農業への関与が、農事にしろ水利にせよ、制度を含む慣行的農業の組織的再編に集中したことについて、以下の点を指摘しておきたい。農事試験場やその他の農業団体（農会、水利組合）の制度化に政府が乗り出した理由としては、すでに述べてきたように、各団体の事業が有する規模の経済性、研究・開発、普及活動の公益性、公共財としての水の性格（＝「公水性」）が挙げられる。国の関与は、したがって、それぞれ、然るべき根拠があってのことであり、それ自体は殊更日本の歴史的特殊性として固有視する事柄ではない。そもそも、国家による組織の一元化、中央への集権化の動きは、近代国民国家形成過程にける一般的特徴である。むしろこでは、国の関与が、農事面でも水利面でも、継承した伝来農業の"慣行的"部分（「農事慣行」、「水利慣行」）の近代的再編に集中していたことを強調したい。国立─府県立試験場制度および帝国農会を頂点とする系統農会制度の確立は、まさしく、前代より受け継がれてきた慣行的農法の近代農学に基づく技術的刷新と普及体制の系統的再編を企図したものであった。

この点で、農事試験場により昭和11年に全国頒布された、各府県の耕作概要を綴った国の農事指導書:『水稲及陸稲耕種要綱』(農林省農務局)[40]は、藩政時代「年中行事」、「農業暦」の "科学版"、"昭和版" であったと言えよう。一方、土功組合から始まり、「水利組合条例」を経て「改正耕地整理法」制定に至る一連の水利および土地改良行政の変遷も又、地区全体としての共同体的水利を前提にしつつ、やがては小農経営に対する個別灌漑方式として結実する慣行的水利秩序の国家的再編の歴史に他ならなかった。

かかる農事、水利両面における国の勧農施策が明治以降の各農業成長局面に結びついたと言えるが、再度、この点を生産関数 (2) 式を用いて整理すると、

$$Y = a f (L、K、A) \qquad \text{……………………………………………} (2)$$

但し、Y:生産量　L:労働　K:資本 (灌漑・排水施設を除く)
　　　A:土地
　　　a:Yに影響を与えるL、K、A以外の要因

農業生産 (Y) の成長は上式右辺の2つの項:カッコ内の投入要素 (労働、土地、資本) の増投およびaの上昇 (技術進歩、制度変革) による。このうち政府が直接関与したのは後者=a部分についてである。前者について政府は、各要素市場の整備には力を注いだが (「地租改正」:土地の私的所有権確立を通じた土地市場の整備、農工銀行設立による資本市場の整備)、要素の投入や組合せは、専ら、各農民家族の "市場" 判断に委ねられていた。国は、勧農事業を研究・開発分野、公共もしくは公益的財の供給分野に限り、慣行的農業の技術的側面=農法、水利の近代的再編を通じて、鈍化し勝ちな農業成長の局面打開 (a=生産関数の上昇シフト) に努めたことになる。近年の計量分析の結果によれば、近代期を通じた農業成長率0.9〜1.8%に対し投入要素のそれは0.3〜0.8%、したがって、総合生産性 (技術進歩率) =aの成長率は0.4〜1.2%であった。農業成長へ

のαの寄与率（慣行的農業の近代的再編貢献度）は44〜79%に及んだ勘定になる[41]。

　最後に、本章で論じた4点目として、次の点を付記しておこう。勧農政策が出揃う明治末年から昭和初期に至る段階は農業技術的には慣行的農業が1つの頂点を極めた時期であった。だが、本章最終節で示したように、産業構造が大きく変化したこの時期は、集約型農業は他産業部門に対して劣位化し、他方、市場変化に応じない、非効率な「慣行」に対する他産業からの農業批判が顕在化し始めた時でもあった。

注

(1)　『秋田縣仙北郡農事調査報告』上巻（秋田縣仙北郡役所、明治32年）p. 3。

(2)　ボズラップ・E『農業成長の諸条件』安澤秀一他訳（ミネルヴァ書房、1975年）。藩政時代を例にとれば、一般に、新田開発のピークはその前期にあり、一方、人口は、幕府の「全国人口調査」（関山直太郎『近世日本の人口構造』（吉川弘文館、1957年）所収）からも、一部地方（関東、畿内）を除いて、19世紀には増加基調にあったことが判明している。明治期になると土地装備率（農業人口当りの耕地面積）は改善に転ずるが、目立った変化は、耕地整理事業が活発化し、他方、都市への農村人口流出が起こる20世紀に入ってからのことであった（穐本洋哉他「日本の社会経済システムの史的展開」植草益編『社会経済システムとその改革』（NTT出版、2003年）図表15-2）。

(3)　穐本洋哉「朝鮮在来稲の特色——資料『朝鮮稲品種一覧』による実証分析」東洋大学経済研究会『経済論集』第34巻1・2合併号（2009年3月）p. 234。

(4)　なお、αの上昇をもたらした農学上、工学上の技術革新実現に際し、この時期の一連の農業諸制度の変革（農事試験場制度の創設、農会および水利組合の確立）が併せて留意されるべきであろう。

(5)　穐本洋哉「農業」尾高煌之助・斎藤修『日本経済の200年』（日本評論社、1996年）p. 162。

(6)　藩政時代における小規模家族農業の成立については、速水融による歴史人口学の研究成果（本書序章注（6））を参照。

(7)　石井寛治『日本経済史』第2版（東京大学出版会、1991年）pp. 233-242。

(8)　速水融は、早くから、「経済社会」の概念を用い、藩政時代における小農経営の一般化と「経済社会」化現象との関連に言及している（速水融『日本における経済社会の展開』（慶應通信、1973年）p. 56-58）。

(9)　肥料と労働の生産寄与率の比率（$\beta F / \beta L$）は、

$$\beta F / \beta L = \{(\Delta Y / Y) / (\Delta F / F)\} / \{(\Delta Y / Y) / (\Delta L / L)\}$$
$$= (\Delta F / \Delta L) \cdot (F / L)$$

となり、$\beta F / \beta L$ の上昇は、F / L（労働 1 人当りの肥料投入量）が増加する（＝「多肥化」）状況の下では、$\Delta F / \Delta L$（限界代替率）の低下をもたらす。

(10) 速水融「近世日本の経済発展と Industrious Revolution」速水融・斎藤修・杉山伸也『徳川社会からの展望』（同文館、2001 年）。

(11) 同上論文 p. 27。

(12) 小川誠「耕地面積の増大と耕地整理事業の胎動」農業発達史調査会編『日本農業発達史　1』（改訂版　中央公論社、1978 年）pp. 173-224。

(13) 『西蒲原土地改良史』（西蒲原土地改良区、1981 年）pp. 696-697。

(14) 同上書 p. 802。

(15) 有薗正一郎は農書を「長年の営農経験にもとづいて、フィールドとなった地域の諸条件とくに自然条件に適応しつつ、その範囲内で安全かつ最大の収穫を得る耕作技術の普及または記録を目的として著された経験科学書」としている（有薗正一郎『近世農書の地理学的研究』（古今書院、1986 年）p. 6）。

(16) 『日本農書全集　第 29 巻』（農山漁村文化協会、1982 年）所収。

(17) 『周防大島　天保農事問答・嘉永年度年中行事』（日本常民文化研究所、1955 年）所収。

(18) 『日本農書全集　第 29 巻』所収。

(19) 農業水利（用、排水）慣行の府県別調査については農商務省農務局『農業水利慣行調査』（大正 5 年）を参照。

(20) 池上甲『日本の水と農業』（学陽書房、1991 年）p. 40 によれば、昭和 30 年時点で、全国の集落の 89% で農業水利のための賦役が徴収されていたという。

(21) R・ハイルブローナー『経済社会の形成』小野高治・岡島貞一郎訳（東洋経済新報社、1982 年）p. 14。

(22) 新潟県西蒲原では、藩政時代、共同体間の係争が長期化し決着が着かず、幕府の裁定に持ち込まれた事例があった（『西蒲原土地改良史』pp. 455-463）。

(23) 穐本洋哉「新潟県蒲原平野における農業水利秩序の考察」『東洋学研究』第 42 号 pp. 128-129。

(24) 同上論文 pp. 130-131。

(25) 農業成長の観点から昭和戦前期を近代日本農業の頂点とする見解については、本書第 8 章および穐本洋哉「近代日本の農業成長率再考」東洋大学経済研究会『経済論集』第 36 巻 2 号（2011 年、3 月）を参照。

(26) 速水佑次郎・神門善久『農業経済論』（岩波書店、2002 年）5-1 表参照。

(27) 速水佑次郎・神門善久、同上書、5-4 表によれば、1921 年にわずか 1% であった農業に対する産業補助金の割合は 1931 年に 17%、34 年に 28% へと急増している。

(28) 秋田県仙北地方湿田地帯には、明治後年になっても、湿田・湛田状態を固守し、乾田化に抵抗する地主勢力が根強く残ったことが報告されている（『秋田縣仙北郡農事調査報告』上巻（秋田縣仙北郡役所、明治 32 年）p. 6）。また、新潟県西蒲原平野に設立された水利組合の中には近代法に基づく「依法組合」のほかに多数の「旧慣組合」があった（本書第 2 章および穐本洋哉「新潟県蒲原平野における農業水利秩序の考察」『東洋学研

究』第 42 号 p. 134)。

(29) 栗原東洋・安井正巳「農業水利行政の変遷」農業水利問題研究会編『農業水利秩序の
研究　第 2 版』(御茶の水書房、1981) pp. 65-68。

(30) 沢田収二郎『近代における日本農業の技術進歩』(農林統計協会、1991 年)によれば、
近代期における水利施設の 7 割は藩政時代より受け継いだものであったという。

(31) 実際、耕地整理組合は事業完了後に解散され、施設管理・維持業務は水利組合に再度
引き継がれている。

(32) 西蒲原地方明治 35 年より昭和 19 年に至る 91 件、総事業費 3,051,961 円の耕地整理事
業中補助金の下付件数は助成 4 件を含め 39 件(対総事業件数比 42.8%)、また、下付金合
計は 781,791 円(対総事業費比 25.6%)にとどまった(『西蒲原土地改良史』上巻 p. 704-
709)。したがって、経費の大部分は地主もしくは自作農負担であったものと考えられる。
なお、上記事業中、最大のプロジェクト(味方村耕地整理事業:事業費 864,500 円、補
助金額 672,099 円)を除くと、総事業費に占める補助金日は 5.0% となり、大型事業以外
は、殆どが地主、自作農負担で事業が進められていたことがわかる。

(33) 注 (31) に同じ。

(34) 『農業水利慣行調査』(大正 5 年、農商務省)。

(35) 当時(大正 5 年)の米価を石当り 14 ～ 15 円(『西蒲原土地改良史』上巻 p. 696)。で
米換算すると 7 ～ 3 斗にもなり、『農業水利慣行調査』も「最モ甚タシキ」と報告してい
る(『農業水利慣行調査』p. 17)通り、これはいかにも高い。他村、他集落(字)水利
に全面的に依存せざるを得ない特別なケースであったものと思われる。

(36) 『西蒲原郡土地改良史』p. 771。

(37) 支出全体(上田 55 ～下田 40. 円)に占める割合も 1.8 ～ 2.5% に止まっていた。この
計算例では収入金額を米価＝ 30 円(石)としているが(大正 7 年より昭和初年にかけて
わが国は急激な高米価時代に突入する)、かりに大正 5 年時米価(石当り 15 円)で計算
すると、水利費の対収入比率は 5% 弱となる。

(38) 栗原東洋・安井正巳、前掲論文 p. 66。

(39) 本書の守備範囲を逸脱するが、この要素賦存状況と技術水準に規定される生産技術タ
イプと生産組織形態の適合性の視点から戦後農政を眺めれば、今日を含む農政の“行詰
まり”の最大の原因は、高度成長以降の農村人口大量流出と農業機械化に伴う生産技術
面での粗放＝大型農法化の進行の中で、生産組織形態面で依然として小農主義が貫かれ
ていることにある、との評価を生む。技術タイプと生産組織形態は明らかに不適合であ
り、その意味で、戦後の日本農業は、戦前期と比べて、極めて不効率であったと言わざ
るを得ない。日本農業の「特殊・後進性」や経営規模の「零細性」を言うのであれば、
それは、「集約農業」が経済的にも技術的にも一定の合理性を持ち得た戦前期についてで
はなく、高度成長以降の今日に至る日本農業についてであろう。

(40) 農林省農務局編纂『昭和十一年　水稲及陸稲耕種要綱』(大日本農会、昭和 11 年)。

(41) 速水佑次郎・神門善久『農業経済論』(岩波書店、2002 年)4-4 表参照。

第4章　試験場時代の稲
──戦前期集約型稲作到達時点の稲品種──

1　はじめに

　1886（明治19）年に東京近傍6ヶ所に試作地を設け、稲を中心とする農作物の試作を行なったのが農商務省による農事試験の始まりとされる。試作の成績結果は、毎年、「勧農事蹟輯録」に掲載された[1]。民間ではすでに明治10年代から農談会をはじめ勧農会、共進会、品評会などが各地で開催され、また、地方農会や農事会の設立、さらには田区改正事業や水利団体の結成が相次ぐなど全国で興農の気運が高まっていた。そうした中、明治政府は明治14年にそれまで勧業政策の一端として行ってきた勧農事業を見直し、勧農局を内務省から切り離して農商務省に格上げした。本格的な勧農政策の展開に備えるためである。すなわち、明治22年に、農商務省は系統農会設置方針を表明して民間農業団体の組織化を目指し、翌年には「河川法」、「水利組合条例」を制定して治水・利水面での法制化を図った。そして自らは、農事試験・研究および農業教育の分野の要として試験場事業に乗り出したのである。

　当初の試作場は農家にその経営を委託するなど極めて簡素なものであったと言う[2]。しかし、その後試作場規模は急速に拡張され、明治26年には、試験場本場を東京西ヶ原とし、地方6ヶ所：東北（仙台）、北陸、畿内、山陽、四国、九州にそれぞれ支場を置く、全国組織としての農事試験場制度が正式に発足した。試験場制度設立までの経緯および設立目的について

は松方デフレ後の疲弊した「農村経済救済説」、地租増徴に反対する「地主懐柔説」、林遠里式在来法克服をその設立の旨とした横井時敬の「福岡勧業試場継承説」、沢野淳・横井ら農学会の「興農論」等[3]の諸説があるが、ここでは、試験場制度設立の農政史上の最大の意義は次の点にあったものと考える。すなわち、第1に、人口増加と工業化・都市化の進展で食糧増産の必要が強まる中、明治政府が向後もわが国農業成長の基本方向を在来農法の継承とその改善に置いたこと、第2に、農事試験場での試験・研究に基づきそれまでの老農技術の見直し（経験主義と独善の克服)[4]を目指したこと、第3に、農商務省主導の下で政府勧農方針の徹底を図ったこと、である。これ以降、農事試験場（国立）と府県農事試験場の系統組織化、道府県農会との連携、農学校（農業教育）の包摂[5]等在来農法の国家的再編へ向けた試験場行政が急速に展開することとなる。明治年間における具体的な試験場事業は表4-1（農事試験場略史）に示した通りである。

　体制整備を終え、試験場は、愈々、大正・昭和戦前期にかけて、品種改良と栽培法の確立を中心に事業を本格化させることになる[6]。東北地方をはじめ全国各地で育種を含む農法上に目覚しい進展が見られたことは後述の如くである[7]。本章では、『水稲及陸稲耕種要綱』（農林省農務局、昭和11年。以下、『耕種要綱』と略記）を主要資料とし、農事試験場体制がほぼ整った昭和10年代初頭の稲作技術の位相を品種面を中心に明らかにしようとするものである。わが国在来農業を支えてきた稲作がこの時期＝「試験場時代」までに育種技術面でどのような水準に至り、またどのような特色を備え持つようになったか。『耕種要綱』記載項目のうちとくに水稲品種に関する情報を参考に、次節（2節）では先ず、全国各都府県別の主要品種を一覧し、品種分布の地域的特色を探る。また、当時、暖地稲作の発展に翳りが見える中、わが国稲作の発展にとり北地稲作の前進は極めて重要な意味を持ったとの観点から、第3節では、秋田県および新潟県を個別に取り上げ、北地における稲品種に関し地方レベルまで掘り下げた観察を行う。第4節では、育種技術の変遷を探るため、早い時期から活動し、

表 4 - 1 明治期における農事試験場略史

明治	農事試験場関係	備考
14	農商務省設置	
15	農事講習所設立	「身上早生」を選抜（静岡県、同系統より後に「愛国」誕生
18		農商務省、大日本農会に稲種品目調査を委託
19	農務局、東京近傍 6 郡に試作場を開設	「愛国」誕生
23	農務局、仮設試験場を設置	
26	国立農事試験場設立（農務局 6 箇所の試作地を試験場に） 府県農事試験場開設へ	「亀ノ尾」を選出（山形県）
27	「府県農事試験場規程」公布	
31		農商務省、農事改良訓令（排水等）
32	試験場に種芸・農芸化学・病理・昆虫・雑草の 5 部門を設置 「府県農事試験場国庫補助法」制定	「耕地整理法」、「農会法」公布
33	府県農事試験場設立相次ぐ	農家小組合の奨励（採種、米麦改良）
34	北陸農試、稲品種と窒素肥料の関係試験を実施 畿内支場で品種改良実施	
35	農事試験場に園芸部を設置 石川理紀之介、稲 103 種の特性調査	
36	機構改革実施（本場-全般統括、畿内支場-手芸・品種改良、東北支場-養畜、九州支場-病虫害） 　3 支場の増設（陸羽支場、東海支場、山陰支場）	農商務省、農会に対し農産物改良増殖 14 カ条を公布
37	農事試験場、3 千数百種の米品種の特性調査（形質別に分類）。畿内支場、人工交配試験開始	
38	試験場、米麦の病虫害注意	「耕地整理法」改正（事業内容に灌漑・排水が加わる）
39	米麦原種試験に国庫補助	
40	岩手県（農試）晩稲禁止訓令	「銀坊主」選出さる（高山県）
41	「米の品質及其分布調査」（試験場特別報告）	「水利組合法」制定
42	府県、奨励品種指定へ	「耕地整理法」改定
43	陸羽市場、純系淘汰開始	「農会法」改正（帝国農会設立）
44	地方農業試験場長会、品種比較試験方法、原採種圃組織について提言	

資料：『近代日本農業技術年表』（農林水産技術情報協会、2000 年）、「年表明治・大正昭和農業史」『日本農業年鑑 '90』（日本農業年鑑刊行会 1989 年）別冊付録に基づき作成。

やがて国の育種事業体制に吸収、再編されていく山形県庄内地方の民間育種事業に触れることとする。

2　『耕種要綱』（昭和11年）に見る戦前期集約型稲作完成時の稲品種

　表4-2は、『水稲及陸稲耕種要綱』に記載された各府県の主要水稲品種のうち、作付面積上位3位までの稲を示したものである[8]。特記すべき点を述べよう。第1に、各府県上位3位に登場する主要品種の内複数県に跨って栽培された"広域"種は「陸羽132号」、「亀ノ尾」、「愛国」、「銀坊主」、「旭」、「神力」の6系統種を数えるが、これらの稲はそれぞれ分布地域を異にしており（「陸羽132号」：東北北部および長野、「亀ノ尾」系：東北日本海側および新潟、「愛国」系：新潟・福島および関東、「銀坊主」系：北陸4県および千葉・東京、鳥取・広島、「旭」系：東海、近畿、四国、九州、「神力」系：東海、四国、九州）、各地方の生態に適応して品種の分化が進んでいた様子がはっきりと確認できる。

　第2に、主要品種の大部分が表4-3に登場する「……1号」、「……中生」、「改良……」のように、在来稲から派生した系統種であったことを知るが、中でも、「愛国」、「銀坊主」、「旭」、「神力」から派生の稲は、それぞれ12種、9種、22種、12種と多かった。これら稲の多くは、育種法上、単なる良穂の採種を連年繰り返す伝統的な育種とは異なり、育種目標を予め設定した上でその特性を抽出する近代育種法＝「純系淘汰法」もしくは「人工交配法」に由来する稲であった。わが国における近代育種法の確立は明治後年のことであったから[9]、これら技術は、昭和10年代初頭に至る短期間のうちに定着したことになる。

　表4-4は、対象を東北6県に限り、作付面積上位3位の主要品種の育種の状況についてさらに詳しく見たものである。登場10種の稲の育種法の内訳は在来法が3種：「酒田早生」（純系分離）、「亀ノ尾」（系統分離）および「在来愛国」、純系淘汰法が5種（うち、「福坊主1号」は人工交配種「福坊主」につき純系淘汰）、人工交配法2種：「陸羽132号」（「陸羽20

表4-2　『耕種要綱』（昭和11年）に示された主要稲種の府県別一覧

県名	1位	2位	3位	県名	1位	2位	3位
青森	陸羽132号	亀ノ尾5号	亀ノ尾3号	茨城	愛国茨城2号	無芒愛国	早生関取
岩手	陸羽132号			栃木	茨城愛国3号	撰一	
宮城	福坊主	陸羽132号	愛国1号	群馬	関取新34号	愛国6号	撰一27号
秋田	陸羽132号	亀ノ尾1号		埼玉	不作不知	八関	撰一
山形	福坊主	酒田早生	亀ノ尾	千葉	中生愛国90	中生銀坊主	京都神力
福島	愛国20号	在来愛国		東京	銀坊主	大泉	東京無芒愛国
新潟	銀坊主中生	亀ノ尾1号	改良愛国	神奈川	足柄神力	愛国	
富山	銀坊主晩生	銀坊主中生	大場	鳥取	銀坊主1号	早北部1号	強力2号
石川	銀坊主1号	千葉錦石2号	大場	島根	亀治1号		
福井	福井銀坊主	福井大場	白珍子	岡山	朝日	亀治	愛国
長野	関取	陸羽132号	陸羽愛国20号	広島	八坂10号	亀治	銀坊主
岐阜	美濃旭	神力11号	神力13号	山口	山口晩生神力3号	弁慶2号	山口武作2号
山梨	明治錦六号	高砂7号		徳島	徳島旭第7号	徳島高尾第38号	
静岡	愛知旭			香川	旭7号	愛知中稲17号	香川神力7号
愛知	愛知旭	京都旭	愛知神力3号	愛媛	旭	伊予神力5号	伊予相徳1号
三重	旭1号	神力798号		高知	不詳		
奈良	改良旭			福岡	旭	改良神力	三井
和歌山	京都旭1号	晩生神力25号	畿内中74号	佐賀	神徳	神山	旭1号
大阪	大阪旭1号	畿内神力2号	大阪中生旭	長崎	晩生旭	三井神力	
京都	京都旭1号	京都旭四号		熊本	旭1号	旭号	福神
滋賀	滋賀旭20号			大分	大分三井120号		
兵庫	朝日	弁慶	野篠穂	宮崎	三井神力	山中2号	旭1号
				鹿児島	鹿児島旭1号	三井神力7号	三井神力17号

資料：『水稲及陸稲耕種要綱』（農林省農務局、昭和11年）。

表 4 - 3 『耕種要綱』（昭和 11 年）に示された系統各種の稲名一覧

	在来稲	系統種
亀ノ尾系（4）	「亀ノ尾」（1）	「亀ノ尾 1 号」(1)、「亀ノ尾 3 号」(1)、「亀ノ尾 5 号」(1)
愛国系（12）	「在来愛国(1) 「愛国」(2)	「愛国 1 号」(1)、「愛国 2 号」(1)、「改良愛国」(1)、「愛国茨城 2 号」(1) 「無芒愛国」(1) 「栃木愛国 3 号」(1)、「愛国 6 号」(1)、「中生愛国 90 号」(1)、「東京無芒愛国」(1)
銀坊主（9）	「銀坊主」(2)	「銀坊主石 1 号」(1)、「福井銀坊主」(1)、「銀坊主中生」(2)、「銀坊主晩生」(1)、「中生銀坊主 38 号」「(1)、「銀坊主 1 号」(1)
大場（4）	「大場」(3)	「福井大場 1 号」(1)
千葉錦（1）		「千葉錦石 2 号」(1)
関取（3）	「関取」(1)	「早生関取」(1)、「関取新 34 号」(1)
旭（22）	「旭」(2)	「美濃旭」(1)、「愛知旭」(2)、「京都旭」(1)、「旭 1 号」(4)、「改良旭」(1)、「京都旭 1 号」(2)、「大阪旭 1 号」(1)、「大阪中生旭」(1)、「京都旭 4 号」(1)、「滋賀旭 20 号」(1)、「徳島旭第 7 号」(1)、「旭 7 号」(1)、「晩生旭」(1)、「旭号」(1)、「鹿児島旭 1 号」(1)
神力（12）		「神力 11 号」(1)、「神力 13 号」(1)、「愛知怪力 3 号」(1)、「神力 798 号」(1)、「晩生神力 25 号」(1)、「畿内神力 2 号」(1)、「京都神力」(1)、「足柄神力」(1)、「山口晩生神力 3 号」(1)、「香川神力 7 号」(1)、「伊予神力 5 号」(1)、「改良神力」(1)
高砂（1）		「高砂 7 号」(1)
明治錦（1）		「明治錦 7 号」(1)
畿内中（1）		「畿内中 74 号」(1)
朝日（2）	「朝日」(2)	
弁慶（2）	「弁慶」(1)	「弁慶 2 号」(1)
撰一（3）	「撰一」(2)	「撰一 27 号」(1)
早北部（1）		「早北部 1 号」(1)
強力（1）		「強力 2 号」(1)
八反（1）		「八反 10 号」(1)
武作（1）		「山口武作 2 号」(1)
高尾（1）		「徳島高尾第 38 号」(1)
愛知中稲(1)		「愛知中稲 17 号」(1)
相徳（1）		「伊予相徳 1 号」(1)
三井（6）	「三井」(1)	「三井神力」(2)、「大分三井 120 号」(1)、「三井神力 7 号」(1)、「三井神力 17 号」(1)
山中（1）		「山中 2 号」(1)
陸羽（6）		「陸羽 132 号」(5)、「陸羽愛国 20 号」(1)

資料：『水稲及陸稲耕種要綱』（農林省農務局、昭和 11 年）。
(注) 前表（表 4 - 2）に 1 種単独で登場した稲：「福坊主」(宮城、山形)、「酒田早生」(山形)、「白珍子」(福井)、「野篠穂」(兵庫)、「不作不知」(埼玉)、「八関」(埼玉)、「亀治」(島根、岡山、広島)、「神徳」(佐賀)、「神山」(佐賀)、「福神」(熊本)、は本表記載の稲からは除かれている。

表4-4　東北地方各県主要品種の育種状況

県名	作付面積順位	品種名	育種法	育種開始年	備考
青森	1位	陸羽132号	人工交配	大正10年	大正13年陸羽支場より取寄せ品種比較試験
	2位	亀ノ尾5号	純系淘汰	大正2年	在来亀ノ尾につき純系淘汰
	3位	亀ノ尾3号	純系淘汰	大正2年	在来亀ノ尾につき純系淘汰
岩手	1位	陸羽132号	人工交配	大正10年	陸羽支場より配付を受け　大正12年より品種比較試験
宮城	1位	福坊主1号	人工交配種を純系淘汰	大正14年	山形県地方より入りたる福坊主につき純系淘汰
	2位	陸羽132号	人工交配	大正10年	対照10年陸羽支場より配付を受け品種比較試験
	3位	愛国1号	純系淘汰	大正5年	仙南地方栽培の在来愛国種を純系淘汰
山形	1位	福坊主	人工交配	大正4年	「のめり」×「壽」（西田川郡民間での交雑）
	2位	酒田早生	純系分離	昭和2年	大正元年、万石の変種を選抜、品種比較試験を行い純系分離
	3位	亀ノ尾	系統分離	大正2年	冷立稲の変種在来亀ノ尾(明治26年)を品種比較試験、系統分離
福島	1位	愛国20号	純系淘汰		陸羽支場配付の陸羽20号（純系淘汰種）を品種比較試験、愛国20号と改称
	2位	在来愛国			不詳

資料：『水稲及陸稲耕種要綱』（農林省農務局、昭和11年）。

　号」×「亀ノ尾」）および「福坊主」（「のめり」×「壽」）であった。これにより、特記すべき第3として、東北地方の主力品種の多く（7割）が在来稲をベースとしながら、近代育種技術（純系淘汰および人工交配）の施用によって特性の一部を地域適応型に特化させた品種であったこと、また、表中の育種実施時期から、大正期〜昭和初年が育種面で大きな躍進を遂げた時期であったことが指摘できる。

　九州地方の育種法についても同様な観察結果が得られる。すなわち、表4-5より、登場15種の育種法の内訳は在来法1種（「福神」：熊本県）、純系淘汰法12種、人工交配2種（「神徳」、「神山」：佐賀県）であった。また、

134

表4-5　九州地方各県主要品種の育種状況

県名	作付面積順位	品種名	育種法	育種開始年	備考
福岡	1位	旭	純系淘汰	大正11年	京都より取寄せの「旭1号」（京都在来種「旭」の純系淘汰種）を品種比較試験
	2位	改良神力	純系淘汰	明治43年	神力種を純系淘汰
	3位	三井	純系淘汰	大正13年	在来三井種を純系淘汰
佐賀	1位	神徳	人工交配	大正12年	相徳（畿内支場）×畿内第184号（神力×新関取）を品種比較試験
	2位	神山	人工交配	大正13年	畿内第171号（神力2号×山北坊主）を品種比較試験
	3位	旭1号	純系淘汰	大正13年	京都府農試より取寄せ品種比較試験
長崎		晩生旭	純系淘汰	昭和3年	熊本農試より取寄せの「旭1号」を品種比較試験
		三井神力	純系淘汰	昭和2年	大分農試より取寄せの「三井120号」を品種比較試験
熊本	1位	旭1号	純系淘汰	大正11年	京都農試より取寄せの「旭1号」を品種比較試験
	2位	旭号	純系淘汰	大正9年	京都府下より取寄せ、品種比較試験
	3位	福神	在来法	大正9年	本県阿蘇郡にて選出、品種比較試験
大分	1位	大分三井120号	純系淘汰	大正8年	福岡県より取寄せの「三井神力」につき純系淘汰
宮崎	1位	三井神力	純系淘汰	大正15年	大分農試より取寄せの「三井神力2号」を品種比較試験
	2位	山中2号	純系淘汰	大正7年	在来山中種を純系淘汰
	3位	旭1号	純系淘汰	大正15年	京都農試より取寄せ、品種比較試験
鹿児島	1位	鹿児島旭1号	純系淘汰	大正10年	京都府下より送付の「白芒朝日」を純系淘汰
	2位	三井神力7号	純系淘汰	大正12年	宮崎農試より取寄せの「三井神力17号」を純系淘汰
	3位	三井神力17号	純系淘汰		

資料：『水稲及陸稲耕種要綱』（農林省農務局、昭和11年）。

育種の実施時期は、明治43年の1例（「改良神力」）を除いて、いずれも大正後半以降であった。純系淘汰法を中心とした育種がこの時期に集中的に推し進められていた様子が判明する。東北地方も含め、大正期〜昭和初年は育種上の一大画期であった点を強く示唆するものである。

『耕種要綱』記載各府県の主要水稲品種について特記すべき第4として、各県第1位品種の特性を見た表4-6から、作期：出穂期、成熟期が東北地方で早く（成熟期は9月下旬）、また、北陸でも相対的に早かった（10月上・中旬）ことが指摘できる。一方、列島を南下するにつれ作期は遅れ、東海・甲信で10月下旬〜11月上旬、近畿では11月上旬〜中旬にまでずれ込んでいた。すでに藩政時代末ないし近代の早い時期から始まっていたとされる稲作作期の分化の傾向：北日本での作期の早化、西日本での晩化、の傾向は昭和初期までにいっそう明瞭になったことになる。

　第5に、前表＝表4-6の特性の記録のうち、倒伏性および耐病性の難易・強弱の記録から、地方を問わず、多肥栽培による弊害（倒伏）および病害に対する抵抗性に改善が見られていた様子が判明する。上述の北日本における作期の早化の現象は寒冷地での稲の生態上の適応であったが、そうした耐冷性に加えて稲は、この時期までに、耐肥性および耐病性についても一定程度の抵抗性を獲得していたことになる。耐冷性の確保は東北稲作の発展にとり、また、倒伏難＝耐肥性、耐病性の確保は日本稲作全体の発展にとり克服すべき長年の不可欠の課題であったのである。

　第6に、同じく表4-6より、各地の主要＝第1位品種の反収（反当り玄米収量）水準に大きな違いが見られていなかったことに気付く。表4-7に示した『農事調査』（明治21年）の記録から[10]、反収水準の東西間、北地暖地間に見られた著しい格差は、最早、昭和年代には見られていない。反収水準は全体として大きく向上し、また、その改善の程度はとくに北地で顕著だったことになる。この間の育種技術の全般的前進と、とくに北地における耐冷型品種の育成およびその普及の徹底がその背景にあった点を示すものと言えよう。

　以上、『耕種要綱』を用いた全国ベースの観察から、試験場を中心とし

表 4-6　全国県別第 1 位品種の特性一覧

県名	品種名		出穂期	成熟期	反収	質	耐肥性（＝倒伏難易）	耐病性
青森	陸羽 132 号	晩	8 月 15 日	9 月 29 日	3.157	上ノ下	強	強
岩手	陸羽 132 号		8 月 19 日	10 月 4 日	−	上	強	強
宮城	福坊主 1 号		8 月 19 日	9 月 26 日	−	上ノ下	−	強
秋田	陸羽 132 号	中	8 月 12 日	9 月 17 日	2.903	上	中	強
山形	福坊主	−	8 月 8 日	9 月 21 日	3.860	三等下	難	中
福島	愛国 20 号	−	8 月 24 日	9 月 28 日	2.727	中ノ上		強
新潟	銀坊主中生	−	8 月 19 日	9 月 30 日	3.014	中ノ上	少	
富山	銀坊主晩生	中	8 月 22 日	10 月 15 日	−	上ノ下		強
石川	銀坊主石 1 号	−	−	10 月 5 日	2.950	上ノ上	−	強
福井	福井銀坊主		8 月 29 日	10 月 13 日	−	中ノ上	難	中・強
長野	関取	−	8 月 26 日	10 月 16 日		上ノ中		中
岐阜	美濃旭	−	9 月 10 日	11 月 5 日	−	上	難	中
山梨	明治錦 6 号	−	9 月 6 日	11 月 9 日	−	中ノ上	難	強
静岡	愛知旭	中	9 月 5 日	10 月 29 日		上ノ中		ヤヤ強
愛知	愛知旭	−	9 月 10 日	11 月 13 日	−	良	難	少
三重	旭 1 号	−	9 月 9 日	11 月 7 日	−	上ノ下	難	ヤヤ強
奈良	改良旭	−	9 月 6 日	11 月 8 日	3.089	中上	−	中
和歌山	京都旭 1 号	−	9 月 11 日	11 月 4 日	3.485	上ノ下	−	中
大阪	大阪旭 1 号	−	9 月 9 日	11 月 11 日	2.907	上下	−	−
京都	京都旭 1 号	−	9 月上旬	11 月上旬		上		ヤヤ強
滋賀	滋賀旭 20 号	−	9 月 10 日	11 月 10 日	−	上ノ中	ヤヤ難	ヤヤ強
兵庫	朝日	−	9 月 13 日	11 月 13 日	−	良	難	中
茨城	愛国茨城 2 号		8 月 22 日	9 月 28 日	2.786	中ノ中	難	強
栃木	栃木愛国 3 号	−	8 月 19 日	10 月 4 日	−	中ノ下	中	−
群馬	関取新 34 号	−	6 月 30 日	10 月 24 日	−	中ノ上	難	弱
埼玉	不作不知	−	9 月 9 日	11 月 4 日−	2.594	中上	−	強
千葉	中生愛国 90 号	−	8 月 20 日	9 月 29 日	−	中ノ下	難	強
東京	銀坊主	−	9 月 1 日	10 月 20 日	−	中ノ下	ヤヤ難	強
神奈川	足柄神力	−	9 月 1 日	10 月 23 日	2.437	中	−	ヤヤ弱
鳥取	銀坊主 1 号	中	9 月 4 日	11 月 1 日		中ヤヤ下	難	強
島根	亀治	−	9 月上旬	11 月上旬	3.000	中ノ上	難	強
岡山	朝日	−	9 月上中	11 月上中	−	上ノ中	難	ヤヤ強
広島	八反 10 号	−	8 月 13 日	9 月 28 日	−	上ノ中	−	中
山口	山口晩生神力 3 号	−	9 月 2 日	10 月 30 日	多	中ノ中	−	弱
徳島	徳島旭第 7 号	−	9 月 10 日	10 月 27 日	2.899	上	少	ヤヤ強
香川	旭 7 号	−	9 月 11 日	11 月 4 日		上ノ中	少	少
愛媛	旭	−	9 月 9 日	11 月 3 日	3.945	上ノ下	少肥向	強
高知	−							
福岡	旭	晩	9 月 11 日	11 月 5 日	−	中ノ上	―	−
佐賀	神徳	−	9 月 5 日	10 月 31 日	3.358	上　下	−	中
長崎	銀生地	−	9 月 10 日	11 月 13 日	多	上	−	強
熊本	旭 1 号	−	9 月 8 日	11 月 3 日	−	上ノ下	ヤヤ難	強〜弱
大分	大分三井 120 号	−	9 月 6 日	11 月 6 日	−	上	−	強
宮崎	三井神力	−	9 月 6 日	10 月 20 日	−	上	−	強
鹿児島	鹿児島旭 1 号	−	9 月 6 日	10 月 26 日	多収	上ノ下		弱〜ヤヤ弱

資料：『水稲及陸稲耕種要綱』（農林省農務局、昭和 11 年）。

表 4-7　『農事調査』（明治 21 年）における反収水準（東北および近畿地方）

	東北地方				近畿地方		
	早稲	中稲	晩稲		早稲	中稲	晩稲
青森	1.020	1.166	1.459	三重	1.477	1.558	1.578
岩手	0.872	0.891	0.882	奈良	1.821	1.790	1.688
宮城	1.196	1.238	1.243	和歌山	1.461	1.763	1.999
秋田	1.032	0.990	0.881	大阪	1.663	1.940	1.990
山形	1.278	1.280	1.254	京都	1.505	1.627	1.731
福島	1.235	1.396	1.437	滋賀	1.864	1.922	2.031
				兵庫	1.530	1.348	1.749

資料：『明治前期産業発達史資料』（明治文献資料刊行会、1965 年）別冊（12）「農事調査書」第 1、第 2。

表 4-8　秋田県における主要品種の作付状況

品種名	栽培見込割合（%）	作付面積（町歩）	栽培見込割合（%）	作付面積（町歩）	栽培見込割合（%）	作付面積（町歩）
	県南地方 47,439 町歩		県央地方 34,132 町歩		県北地方 26,802 町歩	
陸羽 132 号	28.0	13,282	52.3	17,851	43.0	11,524
亀ノ尾 1 号	13.6	6,451	14.3	4,880	25.0	6,700
豊国 71 号	11.6	5,502	3.9	1,331	7.1	1,902
福坊主	5.8	2,751	2.4	819		
神錦	5.8	2,751				
新イ号	4.7	2,229			0.9	241
酒田早生	3.4	1,612	2.0	682	2.0	536
早生大野	2.2	1,043			0.9	241
河邊糯 4 号	0.8	379				
鶴ノ糯	0.9	426	0.8	273		
紫糯	0.5	237				
秋田 1 号			2.4	819	2.0	536
玉ノ井			0.9	307		
河辺 1 号			3.4	1,160		
中稲新愛国			1.2	404		
日吉			1.1	375		
短穂					1.3	348
新大野					1.0	268
御前糯					0.8	214
紫糯					0.8	214
河辺糯 4 号					0.7	187

資料：『水稲及陸稲耕種要綱』（農林省農務局、昭和 11 年）。

た近代育種技術の確立（純系淘汰法および人工交配法）とその適用が全国
各地の在来品種の改良（耐冷性、耐肥性、耐病性の強化）に著しく貢献し、
その後の稲収量の全般的向上と地域間格差の解消に寄与あったことを知る。
これら改善の多くは大正期～昭和初年を中心とする極めて短期間に集中し
て起こっていたのである。明治期初頭の勧農政策時代に前代から引き継い
だ在来稲は、「亀ノ尾」や「愛国」、「神力」等広域普及品種が登場する
「第1次統一品種時代」を経て、ここに、近代科学技術に裏打ちされた新
たな画期：系統品種を中心とした「試験場品種時代」を迎えることとなっ
た。

3　『耕種要綱』に見る北地の稲品種

1　秋田県の稲品種
主要品種と近代育種法

　表4-8は、『耕種要綱』秋田県3地方（県中央、県南、県北）の主要品
種として記載のあった稲の作付割合および作付面積一覧である。いまこれ
を、県中央（南秋田郡、秋田市、河辺、由利郡）について見ると、「陸羽
132号」以下11種の稲が主要品種として登場している。これら11種の作
付割合の合計は全作付面積の85％強に上り、極少数の品種、就中、2つの
主力品種（「陸羽132号」と「亀ノ尾1号」）に作付が集中していたことが
判明する（両種で総作付面積の67％弱）。

　農事試験場で近代育種が開始するのは明治後年で、具体的には純系淘汰
法が明治37年、人工交配法が同38年のことであった。このうち純系淘汰
法とは、稲を個性、系統の差異によって区別、元の固体には顕在化してい
なかった特性を引き出す選抜法を指す。一方、人工交配法は、2つの稲の
交雑を通じて、現存以外の性質を有する新しい品種を作り出す選抜法を言
う[11]。秋田県の主力2種のうち「亀ノ尾1号」はかつての北の"ミラク
ル"品種「亀ノ尾」を純系淘汰した稲であった。一方、「陸羽132号」は、
農事試験場陸羽支場において「愛国ヲ母トシ亀ノ尾ヲ父トシテ人工交配ヲ

行ヒ育成セルモノニシテ大正一〇年之ガ種子ノ配付ヲ受ケ試験試シタル」
稲であり[12]、わが国で最初に実用化された交雑品種として名高い。ともに、
良種もしくは変種の選穂を毎年繰返す在来法によって選抜した稲＝「第1
次統一品種」[13]とは異なり、特定の環境に適応する性質を抽出・固定化を
通じて得られた、「試験場品時代」到来を告げる稲であった。

　上述の如く、稲の選抜には在来法と純系淘汰法ないし人工交配による近
代育種法に大別されるが、昭和に入ると、後者＝近代育種による選抜が大
半を占めるようになった。この点を秋田県3地方の「主要品種ノ来歴」を
示した表4-9によって見ると、登場する5種（「中稲新愛国」、「日吉」、
「亀ノ尾1号」、「豊国71号」、「河辺糯4号」）が県農事試験場の純系淘汰
によって選抜された稲であり、これに山形県より移入した3種（山形県農
試が系統分離した「新イ号」、「酒田早生」、「早生大野」）を加えると、主
要品種19種中8種までが純系淘汰法によって誕生した稲であったことが
わかる。一方、人工交配品種は、秋田県では、県農試で交配を行った2種
（「秋田1号」）＝「山形早生愛国」×「早生大野」と「神錦」＝「豊国」
×「亀ノ尾」）および陸羽支場より配付された「陸羽132号」のほか、山
形県から移入した「福坊主」＝「ノメリ」×「壽」の都合4種を数えた。
これに純系淘汰法による稲8種を加えると、主要19品種中12種（本県農
試分型法品種である「新大野」を加えると13種）が近代育種法によって
誕生した稲であったことになる。品種改良は、昭和初頭までに「在来時
代」から「試験場時代」へと大きな転換を遂げたものと判断される。

品種の普及と国の品種政策

　主要品種の中でも、とりわけ、「陸羽132号」は「亀ノ尾」から受け継
いだ良質で優れた耐冷性と「愛国」の多収性、耐病性を兼ね備え、昭和期
に入ると東北地方で飛躍的にその作付面積を拡大させた稲となった。秋田
県においても「陸羽132号」の伸張は著しく、昭和5年までにそれまでの
主力品種「亀ノ尾」と「豊国」を抜き[14]、昭和11年には、表4-8の通り、
栽培見込割合において、「亀ノ尾」、「豊国」2種の合計をも圧倒したので
ある。また、秋田県各地方における「陸羽132号」の作付状況を見ると

表4-9　秋田県における主要品種の来歴

品種名	来歴	奨励品種指定年
陸羽132号	農商務省農事試験場陸羽支場の配付、大正10年より品種比較試験	大正12年
亀ノ尾1号	大正元年より在来亀ノ尾を純系淘汰	大正5年
豊国71号	大正4年より豊国を純系淘汰	大正10年
福坊主	山形縣人工交配種（「ノメリ」×「壽」）を移入（大正13）	
神錦	大正4年頃「豊国」「亀ノ尾」の人工交配により育成	
新イ号	山形縣にて愛国の自然雑種を育成したるものを移入（大正11年頃）	
酒田早生	山形縣にて萬国の変種を育成したるものを移入（大正14年頃）	
早生大野	山形縣にて大野の選穂より育成したるものを移入（大正元年頃）	
河邊糯4号	在来河邊糯を純系淘汰	大正5年
鶴ノ糯	山形縣で越中糯の自然雑種を育成したるものを移入（大正9頃）	
紫糯	本縣にて古くより栽培せられた在来種	
耳黒糯	〃	
中稲新愛国	愛国につき純系淘汰（大正9～）	大正13年
日吉	亀ノ尾につき純系淘汰（大正6～）	大正12年
玉ノ井	山県縣にて人工交配：亀ノ尾×イ号、本縣には大正15年頃移入	
秋田一号	人工交配（大正11）：山形早生愛国×早生大野	昭和3年
新大野	在来早生大野より分型法により選出、大正8年より試験に着手	大正13年
短穂	古くより山間地方に栽培せられるもの　その来歴不詳	
御前糯	古くより本縣に栽培せられる在来品種　県北地方に普及	

資料：『水稲及陸稲耕種要綱』（農林省務局、昭和11年）。

表4-10　秋田県農事試験場による稲の特性調査（大正10年）

品種名	特性
酒井金子、東郷イ号、豊国	多収、米質佳良、栽培比較的容易
亀ノ尾、陸羽71号、早生大野	多収、米質佳良なるも倒○、病虫害に罹りやすい
早生愛国、大場	収量多いが米質やや劣り、低温の害にかかりやすい
関山、短穂、福島	収量中位で米質劣るが、強健で栽培容易
豊国、短穂、関山、五郎兵衛、早生大野	豊凶差少ない

出典：安田健「水稲品種の推移とその特性把握の課程」『日本農業発達史』第6巻 pp.351-352。

（表4-8）、県央より北でその比率がとくに高かったことがわかる（県中地方52.3％、県北地方43.0％）。耐冷性に富んだとされる「亀ノ尾」さえその作付が伸び悩んだこの寒冷地方にあって、寒さに強く多収という「陸羽132号」の有する特性に期待を集めたためであろう。一方、県南地方では、第1位品種であったものの同種の栽培割合は28.6％に止まっていた。

　ところで、こうした特定品種の急速な普及や主力品種の目まぐるしい変遷の背景には徹底した国ないしは県の品種政策があったものと思われる。主要品種のうち「中稲新愛国」、「日吉」、「秋田1号」、「陸羽132号」、「亀ノ尾1号」、「豊国71号」、「新大野」、「河辺糯4号」の8種は、昭和11年時点で、秋田県農業試験場により「奨励品種」に指定された稲であった。これら「奨励品種」の作付面積の割合は県南地方で54.0％とやや低かったが、県中央部および県北地方では、それぞれ、75.2％、78.8％に及んでいたのである。品種普及に及ぼす国（陸羽支場）ないし県（試験場）の影響力の強さを窺い知る。県南で「奨励品種」の作付割合が低かったのは、県の南部に位置する同地方では県北ほどの品種"強制"は少なく、栽培する品種選択の自由度がそれだけ高かったためと思われる。

　農家の「奨励品種」種子の調達方法に関し秋田県『耕種要綱』「採種及種子ノ貯蔵」の項は部落共同経営の採種圃を挙げている。優良品種の原種は県農業試験場採種田、県農会、郡農会、町村農会各採種田を経て、末端農事改良実行組合（＝部落農会）の採種圃へ配布されたものと思われる[15]。このことに関し記述が詳しい山形県の「採種及種子ノ貯蔵」の項の記事を引用しておこう。

「本縣ノ奨励品種ノ普及標準ハ糯種及山間等特殊ノ品種ヲ要スル反別ヲ除キ八割四分面積ニ対シ三年毎ニ更新スル計画ナリ。第一次採種圃ハ本縣農事試験場ニ於テ経営シ生産種子ハ各郡市農会ヘ有償ヲ以テ配付ス。而シテ郡農会ハ之ヲ町村農会ニ配付シ、町村農会ハ大部分金額ヲ負担シ無償ニテ直接当業者ニ配付ス。第二次採種圃ハ町村、農事改良実行組合等ニテ経営スルモノアルモ主トシテ農家各自ニ於テ個人採種ヲナス」[16]

　国ないし県農試の採種体制と農会の連繋の下に「奨励品種」の普及が図

られていた様子がわかる。

　農事、中でも稲作に関する国や県の奨励は、しばしば、「府県令」によって下達された。「府県令」の対象範囲は短冊苗代、共同苗代等改良苗代の実施、通し苗代の廃止、石灰肥の禁止、晩稲耕作廃止など稲作全般に及んだ[17]。東北の諸県では、明治41年福島県知事「訓令」や冷害による凶作に対する以下の秋田県「通達」に見る如く、県の関与は品種の選定にまで及んでいた[18]。

　　　気候及土地ノ状況ニ鑑ミ徒ラニ高等品種ヲ採用セサルコト
　　　早中晩ノ作付歩合ニ注意シ可成晩稲ノ作付ヲ減シ且数品種ヲ栽培スベキコト

　大脇正諄が「秋田県農会報」（大正10年）において以下のように秋田県の品種の選択にとくに言及したのも[19]、北寒の地における稲作の厳しさを鑑みてのことであったろう。

　　　熟期の早晩よりも、その品種の耐寒性の有無によって取捨すること。
　　　熟期をことにする数品種を栽培すること。

「府県令」は、時に、罰則を伴って実施され、また、町村農会役員への警察官の参加、巡査講習課程における農事講話や病虫害駆除等農事関係科目の設置[20]、警察官による違反水田への踏み込み・妨害[21]さえも行われた。所謂「サーベル農政」と称される農事強制である。
「府県令」による農事指導強化の背景には、明治30年代以降の各「府県令」による「米穀検査規則」や府県営の産米改良実施とともに、改良による利益を公権を梃子に獲得しようとする地主の"身勝手な"要望があったともされている[22]。こうした強権的な農事指導は、小作争議が活発化する大正中期以降には次第に減少していったが[23]、試験場による調査研究は、その後も、選種から稲の乾燥・調製に至る稲作の全工程について徹底され

た。表4-10は大正10年に県農試が行った優良品種の特性分類を見たものであるが、昭和に入ると、表4-11（1）に示すように、大正期とは比較にならないほど徹底した稲の特性分析が行なわれるようになっている。それは単なる伝聞や経験的知識に止まらず、農事試験場（本場—支場体制・生態区別指定試験地制度—府県農事試験場体制）による系統的且つ科学的分析（品種比較試験）に基づく調査・分析であった。それは、明治初頭以来の国の勧農政策（＝在来農業・農法の国家的再編事業）の成果の現れであり、また、寄生地主の思惑を遥かに越えた、国家的規模での食糧需給逼迫に対する危惧の反映でもあった。

主要品種の特性：早生種

『耕種要綱』に記された秋田県における主要品種の特性は表4-11（1）〜（3）の通りである。これによると先ず、県南、県央、県北3地方19の主要品種の稲の早晩を見ると、その内訳は早5、中12、中ノ早、中ノ晩それぞれ1種、であった。晩稲は皆無、一方、早生の稲も多くはなく、5種を数えるに止まった。中生種に傾斜した品種構成であったことがわかる。晩稲が皆無であったのは、度重なる県の指導（「通達」）の効果の現れであろう。他方、糯（「耳黒糯」）を除く早生種の地域分布は県北に2種：「新大野」、「短穂」、県央、県南にそれぞれ1種ずつ：「秋田1号」、「早生大野」、であった。早生の稲が県の北に偏って分布したのは、作期、熟期の早い稲を栽培し、冷害のリスクの回避を図ったためであろう。早生（粳）4種のうち「短穂」は強い耐冷性を有したこの地方の代表的な在来稲であり、他の3種は「早生大野」および「早生大野」を分型法により選抜した「新大野」、「山形早生愛国」と「早生大野」を交雑した「秋田1号」であった[24]。これらは、耐冷型とされる「陸羽132号」（中稲）を以ってしても栽培が難しい北冷地向けの稲として明治末年から大正期にかけて淘汰選抜ないし人工交配して誕生したものであった。

　表4-12は、前出の表よりこれら早生種の特性を抜粋したものである。はじめに、早生（粳）4種の出穂期は8月8日〜10日、平均8月8.5日、成熟期は9月11〜16日、平均9月13日であった。秋田県の主要品種に

表 4 - 11 （1）　主要品種の特性（秋田県県南地方、昭和 11 年）

品種名	早晩	出穂期 月・日	成熟期 月・日	稈長 尺	穂数 本	芒	粒 大小	品質	耐病 性	倒伏 難易	収量 石（玄米）
陸羽一三二号	中	8・12	9・17	2.80	17.0	無	中	上	強	中	2.903
亀ノ尾一号	中	8・13	9・19	3.20	13.2	無	中	上	弱	易	2.491
豊国七一号	中	8・11	9・15	3.10	12.2	無	中	上	弱	中	2.698
福坊主	中	8・19	9・30	3.11	16.0	無	大	中	弱	難	2.560
神錦	中	8・19	9・25	3.30	12.4	無	中	中	弱	易	1.984
新イ号	中	8・15	9・20	2.89	15.8	有	中	上	中	難	2.930
酒田早生	中ノ早	8・11	9・17	3.05	15.6	有	中	上	弱	難	3.103
早生大野	早	8・08	9・14	2.92	12.5	有	中	中	弱	中	2.502
河邊糯四号	中	8・18	9・26	3.10	13.4	有	中	上	弱	易	2.252
鶴ノ糯	中	8・16	9・28	2.71	17.8	有	中	下	中	中	2.200
紫糯	中	8・09	9・20	2.79	9.5	無	中	中	弱	難	2.282
耳黒糯	早	8・08	9・15	－	－	無	中	中	弱	難	－

資料：『水稲及陸稲耕種要綱』（農林省農務局、昭和 11 年）。

表 4 - 11 （2）　主要品種の特性（秋田県県中央部地方、昭和 11 年）

品種名	早晩	出穂期	成熟期	稈長	穂数	芒	粒大小	品質	耐病 性	倒伏 難易	収量
中稲新愛国	中ノ晩	8・19	9・23	2.8	12.3	有	中	下	中	中ノ 強	2.789
日吉	中	8.14	9.20	3.0	12.7	無	中	上	弱	弱	2.613
玉井	中	8.22	9.28	－	－	無	中	上	中	中	－
秋田一号	早	8.08	9.11	2.7	14.8	有	上？	上	中	中ノ 強	2.873

資料：『水稲及陸稲耕種要綱』（農林省農務局、昭和 11 年）。

表 4 - 11 （3）　主要品種の特性（秋田県県北地方、昭和 11 年）

品種名	早晩	出穂期	成熟期	稈長	穂数	芒	粒大小	品質	耐病 性	倒伏 難易	収量
新大野	早	8・08	9・11	2.80	11.5	有	大	中	弱	中	2.545
短穂	早	8・10	9・16	3.40	10.6	有	中	下	中	弱	2.598
御前糯	中	8・18	9・26	－	－	無	中	上	弱	弱	－

資料：『水稲及陸稲耕種要綱』（農林省農務局、昭和 11 年）。

晩生の稲がないので比較はできないが、これを中生の稲（出穂期：8月11
〜22日、平均8月15.5日、成熟期：9月15日〜30日、平均9月21.4日）
と比べて見ても、出穂期において最大14日、平均で7日、成熟期におい
て最大19日、平均で8.4日早くなっていたことがわかる。作期、熟期の点
で秋冷の早い北冷地に適応した稲であったと言えよう。稈長については、
在来種「短穂」が3尺4寸と際立って長かった。他の早生3種の稈長は2
尺7〜9寸と、中生種と比べて大差はない。他方、穂数に関しては、中生
種の穂数が12.2本（最小）〜17.0本（最大）、平均14.1本であったのに対
して、「秋田1号」（1株当り14.8本）を除く早生3種は、それぞれ、「早
生大野」：12.5本、「新大野」：11.5本、「短穂」：10.6本、であった。多収
化を目指して穂重型から穂数型にシフトしつつあったこの時代において、
早生の稲は時勢に乗り遅れた恰好であったと言える。

　早生種に古いタイプの稲が多かったであろうことは、表示4種の稲がす
べて芒を有していたことからも察しがつく。古い時代より有芒種が劣位な
栽培環境に高い適応能力を持っていたことは広く知られている。このこと
に関し、表示した早生の稲のうち、「短穂」が含まれていたことも特記す
べきであろう。「短穂」は古くよりこの地方の寒・高冷地で栽培されてき
た、耐冷性に勝れた赤米出自の在来稲であった[25]。かかる稲がなお作付
けられていた点に、稲の北限地に置かれた当時の秋田県の品種事情の厳し
さを窺い知る。

　早生4種の耐病性については、「中」とするもの2種：「秋田1号」、「短
穂」、「弱」とするもの2種：「早生大野」、「新大野」であった。また、倒
伏性に関しては「短穂」が「弱」とされている。同種の稈長が3尺4寸と
県下、主要品種中最長であったことの結果であろう。

　早生4種の品質は、それを「上」とする「秋田1号」、「中」とする「早
生大野」および「新大野」、「下」とする「短穂」、であった（「上」1：
「中」2：「下」1）。この割合を判明する中生10種の割合（7：2：1）と比
べると、早生の稲に品質を「上」とする稲が少なかったことがわかる。
「秋田1号」を別格とすれば、早生種は、「短穂」に象徴されるように、品

表4-12 秋田県における早生種の特性

品種名	早晩	出穂期	成熟期	稈長	穂数	芒	粒大小	品質	耐病性	倒伏難易	収量
早生大野(県南)	早	8・08	9・14	2.92	12.5	有	中	中	弱	中	2.502
秋田1号(県央)	早	8・08	9・11	2.7	14.8	有	上？	上	中	中ノ強	2.873
新大野(県北)	早	8・08	9・11	2.80	11.5	有	大	中	弱	中	2.545
短穂(県北)	早	8・10	9・16	3.40	10.6	有	中	下	中	弱	2.598

資料：『水稲及陸稲耕種要綱』（農林省農務局、昭和11年）。

表4-13 秋田県における「陸羽132号」と「亀ノ尾1号」の特性比較

品種名	早晩	出穂期	成熟期	稈長	穂数	芒	粒大小	品質	耐病性	倒伏難易	収量
陸羽132号	中	8・12	9・17	2.80	17.0	無	中	上	強	中	2.903
亀ノ尾1号	中	8・13	9・19	3.20	13.2	無	中	上	弱	易	2.491

資料：『水稲及陸稲耕種要綱』（農林省農務局、昭和11年）。

表4-14 山形県における「陸羽132号」と「亀ノ尾」の特性比較

品種名	早晩	出穂期	成熟期	稈長	穂数	芒	粒大小	品質	耐病性	倒伏難易	収量
陸羽132号	－	8・06	9・17	3.17	21.3	無	中	三・下	強	中	3.46
亀ノ尾	－	8・07	9・18	3.71	18.5	無	中	四・上	弱	易	3.36

資料：『水稲及陸稲耕種要綱』（農林省農務局、昭和11年）。

表4-15 「亀ノ尾」（山形県）および「亀ノ尾1号」（秋田県）の特性比較

品種名	早晩	出穂期	成熟期	稈長	穂数	芒	粒大小	品質	耐病性	倒伏難易	収量
亀ノ尾	－	8・07	9・18	3.71	18.5	無	中	四・上	弱	易	3.36
亀ノ尾1号	中	8・13	9・19	3.20	13.2	無	中	上	弱	易	2.491

資料：『水稲及陸稲耕種要綱』（農林省農務局、昭和11年）。

表4-16 新潟県における主要品種の栽培状況

品種名	作付割合	「栽培多キ地方」（郡）
銀坊主中生	23.1	北蒲原、中蒲原、西蒲原、南蒲原、中頚城、三島、古志
亀ノ尾1号	9.1	北蒲原、西蒲原、中頚城、岩船、佐渡
改良愛国	8.8	北蒲原、西蒲原、中魚沼、苅部、佐渡
新石白	6.2	中蒲原、西蒲原、三島、古志、南蒲原
水稲農林1号	6.2	北蒲原、中蒲原、西蒲原、南蒲原
陸羽20号	5.0	東頚城、中頚城
愛国70号	3.4	南魚沼、中頚城、東頚城、北魚沼
銀坊主	3.3	中頚城、南蒲原、刈羽
陸羽132号	2.9	北蒲原、佐渡
〆張糯	4.8	西蒲原、中頚城

資料：『水稲及陸稲耕種要綱』（農林省農務局、昭和11年）。

質面でも劣位にあったことになる。もっとも、「短穂」の作付面積は僅か
で（県北の348町歩のみ）、早生4種（粳）の作付面積合計（3,255町歩）
の10.6％を占めるに過ぎなかった点を付記しておこう。古い在来種を残し
ながらも、品質佳良で多収、穂数型で倒伏性にも強い「秋田1号」を中心
に、全体としては、早生種の"前進"に評価の力点が置かれるべきである。

　肝心の早生種の収量についてはどうであったか。当時、「秋田1号」の
収量（反当玄米）が最も高く2.873石、次いで「短穂」の2.598石、「新大
野」の2.545石、「早生大野」の2.502石が続く。「秋田1号」を除く早生3
種はいずれも2.5石台であった。早生4種の平均は2.629石、これは中生
種9種（粳）のそれ＝2.674石に匹敵する水準である。また、早生最上位
「秋田1号」の2.873石は、「酒田早生」の3.103石を別格とすれば、他の
中生上位（「新イ号」の2.930石、「陸羽132号」の2.903国）の高収量品
種と比べて遜色はない。

　早生の稲は有芒で穂重、耐病性、倒伏（耐肥）性、品質、収量において
も秀でたものは見当たらず、別格の「秋田1号」以外の稲については、多
収で集約型の稲を見出すことはなお難しかったのが実情であった。

「陸羽132号」

　昭和初年時の秋田県地方における近代育種事業の最大の成果は、交雑種
「陸羽132号」を実用化し、純系淘汰種「亀ノ尾1号」および「豊国71
号」を選抜したことであろう。いずれも中生の稲で、その普及規模は3種
合わせて、既出（表4-8）の如く、県南で53.2％、県央で70.5％、県北で
75.1％であった。中でも「陸羽132号」の普及率は抜きん出ており、県央
で52.3％、県北で43.0％と、作付全体の過半に及ばんとする勢いであった。
早生種の活躍の場が高冷地、北冷地に止まったのもそうした勢いに押され
たためであったと言えよう。

　「陸羽132号」が傑出していたのは良質で、しかも中生種でありながら熟
期が長い晩生種並みの高収性を備えた稲であった点にある。また、稈長は
短く、無芒で穂数型、耐病性にも強い、東北地方で待望された稲であっ
た[26]。

「陸羽132号」と、かつての東北の耐冷型品種であった「亀ノ尾」を純系淘汰した「亀ノ尾1号」とを比較した表4-13から、「陸羽132号」は稈長が短く、したがって倒伏性＝耐肥性に優れ、また、穂数型で多収、加えて、耐病性に優れていたことがわかる。これに比べて「亀ノ尾1号」の形状は背が高く多肥栽培には相対的に劣り、病気にも弱い稲であった。因みに、隣接の山形県での「陸羽132号」と「亀ノ尾」の比較試験結果は表4-14の通りである。「亀ノ尾」との比較において「陸羽132号」の特性を見ると、同種は耐病性、倒伏性により優れ、出穂期も6日ほど早い。穂数も「亀ノ尾」を上回り、反当玄米収量も3.46石と「亀ノ尾」よりも高い。ただし、「陸羽132号」の品質は「三・下」に位置し、秋田県での評価（「上」）とは大いに異なったものとなっている。山形県の場合優良米がほかに多くあった（「二等・中」：「酒田早生」、「イ号」、「二等・下」：「玉ノ井」、「京錦」）ためでもあるが、より温暖な気象が「陸羽132号」の品質にかえってマイナスに作用したことも考えられる。また、「陸羽132号」の反当り玄米収量（3.46石）は秋田県での水準を大きく超えたものの、全般的に高い山形県の収量水準（最高は「福坊主」の3.86石）の中では第8位にすぎず、収量成績においても「陸羽132号」は格別傑出した品種ではなかったのである。山形県下における「陸羽132号」の作付面積が僅か5.7％、第7位に止まったのは、したがって、そうした特性、成績結果を踏まえての、県（農事試験場）および農会等の普及組織の指導と農家自身の判断の結果であったろう。「陸羽132号」は、秋田県のようなより北冷の地においてこそはじめてその威力をいかんなく発揮し得た稲であったことになる。既述したように、秋田県で県南地方では「陸羽132号」の作付比率は28.0％に止まったのも同じ理由からと考えられる。

　これと対照的に、「亀ノ尾」は秋田県では思うような成績を上げることができず、山形県においてこそ好成績を修めることができた稲であったことも付記しておこう。かつて秋田県において肥料増投試験で当時（明治40年）としては最大の多収を記録した多肥・多収品種であった[27]「亀ノ尾」も昭和11年時には姿を消し、同種の純系淘汰種である「亀ノ尾1号」

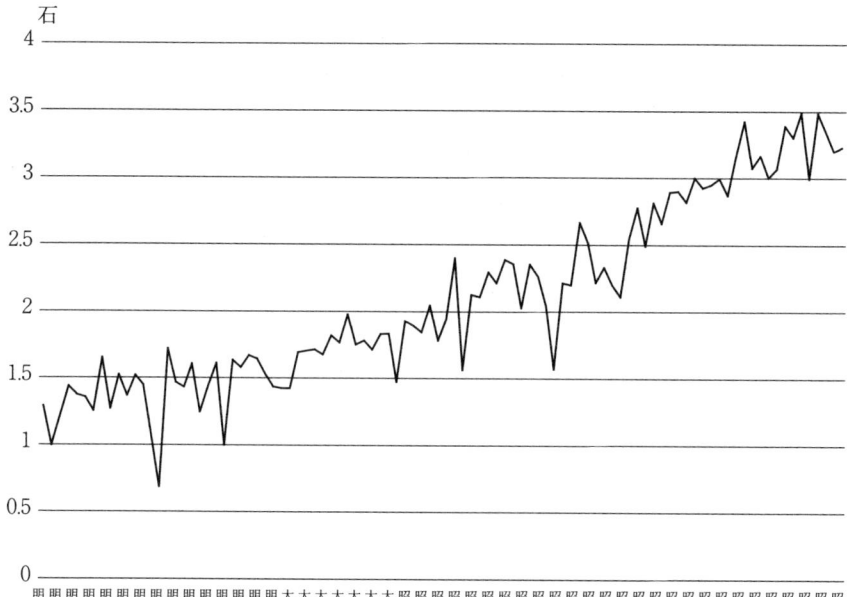

グラフ4-1　新潟県の水稲反当収量の推移

資料：加用信文『日本農業基礎統計表』（農林統計協会、1977年）。

に置き代えられていたが、山形県ではなお栽培が続けていた。肥料条件や
田地条件が改善される中で同種の多収性はさらに改善され、その反収は
3.36石となっていた。昭和11年時の「亀ノ尾」（山形県）と「亀ノ尾1
号」（秋田県）の試験成績結果を比較すれば、表4-15の如くである。

2　新潟県の稲品種

　古くより稲作先進地とされた北陸2県（富山、石川）とは異なり、新潟
県下で稲作が際立った前進を見せるのは明治末年以降のことであった[28]。
グラフ4-1に見るように、明治20年代半ばになっても新潟県の稲の反当
収量は1.5石に及ばず、他の2県の水準を大きく下回っていたのである。
同水準に到達したのは、ようやく、明治40年代に入ってからのことであ

った。県下最大の河川信濃川の下流域は河川氾濫常習地であり、また、低湿な地勢から湛水田、強湿田が水田の大方を占めていた。ところが、そうした新潟の劣位な水利環境を一変させたのが明治末年に始まる信濃川分水工事および支流諸河川（西蒲原地区では西川、新川、大通川）の改修工事と、それと同時期に開始された国家的事業＝「耕地整理法」に基づく大規模な区画整理事業であった。明治末年以降急速に上昇を始めた新潟県の反当収量が昭和10年代前半には2石を超え、さらに第2次大戦中には先進2県の水準と肩を並べるまでに伸張できたのは、そうした水利と田地基盤の改善によるところが大きかったと言えよう。本項では以下、かかる土木工学的改善が進む中、新潟県の稲作の発展を県下の稲品種の変遷を通して明らかにしよう。

　表4-16は、昭和11年『耕種要綱』に記載された新潟県の総作付面積（田数：179,598町歩）に対する主要稲10種の作付面積それぞれの割合および「栽培多キ地方」を示したものである。明治期以来の品種改良の結果新潟県が到達した、言わば戦前期の1つの頂点を示したものであったと考えることができよう。

　表より次の点が指摘できる。先ず、主要品種10種（うち、奨励品種は9種）の作付比率の合計は66.6％であった。全作付地の3分の2に及んでいたが、この比率は、先にみた秋田県のそれ：県北地方：84.6％、県中央地方：83.8％、県南地方：77.7％と比べるとかなり低かったことがわかる。気象がより温暖な新潟県では、寒冷な秋田県におけるような主力品種への偏りは相対的に少なく、品種選択の余地がそれだけ多く残されていたと考えれれる。新潟県では、耕地の3分の1には主要＝奨励品種以外の稲が数多く植え付けられていたことになる。もともと、新潟県では特定品種への強い傾斜は見られず、最大の品種（「銀坊主中生」）でもその作付比率は23.1％に止まっていた。また、この「銀坊主中生」以外となると、各品種とも、たかだか、数％から1割以下の割合で栽培されていたにすぎなかった。秋田県の県央や県北地方のように、1つの品種（「陸羽132号」）だけで作付全体の4〜5割にも及ぶようなことはなかったのである。

　次に、上記新潟県の最大品種「銀坊主中生」は蒲原 4 郡と中頸城、三島、古志の計 7 郡、地勢上、沿岸および平坦部を中心に広く栽培された稲であったことを知る。その来歴には、「富山県ヨリ取寄セ本県県農事試験場ニ於テ品種比較試験ノ結果昭和四年奨励品種トセルモノナリ」と記されている[29]。「銀坊主中生」は「銀坊主」から抽出された改良型であるが、「銀坊主」それ自体は、昭和初年時には新潟県下沿岸・平坦部で広く普及を見た稲であった。しかし昭和 10 年代に入るとその普及範囲を縮小させ、栽培地域は中頸城、南蒲原、刈羽の 3 郡に止まった（作付比率は 3.3%）。代わって登場したのが「銀坊主中生」である。**表 4-17（1）**に示したように、両者の特性上の大きな違いは出穂期、成熟期にある。このことから、「銀坊主」から「銀坊主中生」への交代は、当時この地域で、作期のより早い稲が求められたことにその一因があったと推測する。稲作作期早化が北地での一般的現象であったことは既述の通りである。

　品種比較試験による改良型の抽出は、このほかにも、「畿内早生 22 号」（「信州金子」×「愛国」：畿内支場、明治 40 年）の改良型＝「改良愛国」がある。これとは別に新潟県には、昭和 11 年時に本県農試において在来「愛国」につき純系淘汰により選抜した「愛国 70 号」があった。両品種の特性分析結果を見た**表 4-17（2）**により、「改良愛国」は作期においてより早く、茎数もより多茎、また収量もより多収で、米質も上位であったことが判明する。「改良愛国」が作付比率で「愛国 70 号」を大きく上回った（**表 4-16**）のはこうした理由からであったと言えよう。

　各稲の「来歴」を示した**表 4-18**によれば、新潟県の主要品種 10 種の育種内訳は、改良型 2 種（「銀坊主中生」、「改良愛国」）のほか、純系淘汰による選抜が 5 種（「亀ノ尾 1 号」、「新石白」、「陸羽 20 号」、「愛国 70 号」「銀坊主」）、人工交配種 2 種：森田早生×陸羽 132 号の交雑種（雑種 5 代以後）につき本農試において農林省指定水稲新品種育成試験により選抜育成した「水稲農林 1 号」および「陸羽 132 号」である。在来種を純系淘汰したもの、人工交配種および純系淘汰種に品種比較試験を試みたもの、指定地新育種試験を施したものなど昭和 10 年代に入り、新潟県においても、

表 4 - 17 (1) 「銀坊主中生」と「銀坊主」の特性比較（新潟県）

品種名	出穂期	成熟期	倒伏多少	草丈(尺)	茎数(本)	芒	粒着粗密	玄米反収	米質	粒ノ大小
銀坊主中生	8・19	9・30	少	3.76	17.9	稀	中ノ密	3.014	中ノ上	中ノ中
銀坊主	8・30	10・10	極少	3.60	16.8	少	密ノ疎	3.014	中ノ上	中ノ中

資料：『水稲及陸稲耕種要綱』（農務省農務局、昭和 11 年）。

表 4 - 17 (2) 「改良愛国」と「愛国 70 号」の特性比較（新潟県）

品種名	出穂期	成熟期	倒伏多少	草丈(尺)	茎数(本)	芒	粒着粗密	玄米反収	米質	粒ノ大小
改良愛国	8・15	9・25	極少	3.65	18.9	中	密ノ疎	3.050	中ノ上	中ノ小
愛国 70 号	8・19	10・04	少	3.80	16.6	中	中ノ密	2.816	中ノ下	中ノ中

資料：『水稲及陸稲耕種要綱』（農務省農務局、昭和 11 年）。

表 4 - 18　新潟県における主要品種の来歴

品種名	来歴	奨励年
銀坊主中生	富山県より取寄せ。県農試にて品種比較試験	昭和 4 年
亀ノ尾 1 号	在来亀ノ尾を純系淘汰（大正 5）	大正 10 年
改良愛国	畿内早生 22 号（信州金子×愛国：畿内支場、明治 40）につき品種比較試験	大正 6 年
新石白	在来石白につき純系淘汰（大正 4〜）	大正 9 年
水稲農林 1 号	森田早生×陸羽 132 号、陸羽支場の雑種 5 代以後につき本農試における農林省指定水稲新品種育成試験において選抜育成	昭和 6 年
陸羽 20 号	陸羽支場において在来愛国の純系淘汰により育成したるものの配付を受け、品種比較試験（大正 10〜）	大正 13 年
愛国 70 号	在来愛国につき純系淘汰（大正 5〜、本農試）	昭和 4 年
銀坊主	富山県より取寄せ品種比較試験（大正 8〜）、さらに純系淘汰（大正 13 年〜）	昭和 3 年
陸羽 132 号	山形県より取寄せ（大正 15 年頃）、栽培	「奨励品種ニアラザル
〆張糯	西蒲原地方に栽培しものを品種比較試験（大正 13 年〜）	昭和 3 年

資料：『水稲及陸稲耕種要綱』（農林省農務局、昭和 11 年）。

「試験場時代」到来を印象付ける品種の選抜、育種技術の展開を認めることができる。

　近代稲作の1つの到達点である昭和戦前期に先立つ時代の新潟県における品種動向について一言しておこう。安田健は『日本農業発達史』に掲載した論文の中で、新潟県各郡郡農会が1900（明治33）年前後に管内品種比較試験を行い、選定した最適品種名をその特性とともに明らかにしている[30]。水利を含む田地基盤の整備が進む以前の新潟県の品種事情を伝えるものとして興味深い。その一覧を表4-19に掲げよう。

　これによれば、明治30年代前半の新潟県の代表的な品種として全11郡中9郡に亘って登場する「石白」（石白3種、早石白1種、坊主石白1種、毛石白4種）、次いで「高砂」、「能登」（能登坊主5種、毛能登1種）、「高田早生」、「京大黒」、「竹成」が登場する。この内「石白」は「早石白」を含め中生、良質・多収、山沿いの東蒲原、東頸城郡を除く県下11郡中9郡に亘って栽培された、この時代の屈指の普及品種であった。一方、「高砂」および「能登」はともに多収・良質の晩稲であり、県下、それぞれ7郡、6郡に亘って栽培されていた。また、県下5郡で栽培された「高田早生」は多収で良質な早稲であった。

　こうして、良質・多収米を中心に普及品種の登場を見たが、地区によっては、その未整備な水利条件や劣位な地勢を反映して、地域固有品種が登場したこともこの新潟県地方の特色であった。すなわち、東蒲原郡に登場した、悪い気象条件に強く、山間部にも適した「穂揃」はその一例である。湛水田向きの「二本三」[31]が三島郡の主要品種として登場したのは、この地域に排水不良田がなお多く残されていたことの反映であった。そもそも第1位品種の「石白」、2位品種の「高砂」自体、『稲の良き種類』（新潟県農事試験場、明治40年）に従えば、「地味を選ばずいずれにも適した稲」[32]であったと言う。乾田向きの「御前糯」[33]や肥沃田向きの集約品種（「ムネアゲ」、「上州」[34]、「大場」[35]）への関心が強まる一方で、不良田への品種面での対応がなお求められたこの地方の実情が窺われる。このため、良田向きの統一的な多収品種が全県に亘って栽培されるまでには至らなか

表 4 - 19　1910（明治 33 年）年前後の新潟県各郡農会による品種比較試験結果の一覧

郡農会	品種名
北蒲原郡農会	良好：愛国、巾着、京大黒、テングモチ等 比較的良好：高田早生、金津、毛石白、竹成、三石等
西蒲原郡農会	良好：江州、石白、高砂、毛能登等
東蒲原郡農会	良好・多収：高砂（やや脱粒易にすぎる）、穂揃（悪い気象条件に強く、山間部に適し、且つ良質）、京大黒
三島郡農会	多収・良質：早稲：高田早生、幸賞、蒲原坊主 　　　　　　中稲：京大黒、小見川、二本三、毛石白 　　　　　　晩稲：竹成、腰八俵、柳見出、有芒穂揃、能登坊主、晩高宮、 　　　　　　糯：文七、御前糯
古志農会	米質良く・多収：関取 米質悪いが最も多収、晩稲にすぎる欠点：寅之進 中熟で米質も良く収穫もかなりあり：石白 米質も良く肥料を多く必要とするので一般には向かない。とくに出来すぎて倒伏のおそれある深田には適す：ムネアケ 一般に用いてよい品種：晩稲金津、有芒穂揃、能登坊主
南魚沼郡農会	早稲：高田早稲、大黒 中稲：中生巾着、毛石白、魁 晩稲：高宮、能登坊主、万倍
刈羽郡農会	多収・良質：石白、高砂
東頚城郡農会	多収：飛和木（晩）、越中（中）、前沢（晩）、万七（晩）、高砂（晩）等 一般的に早稲は品質良く収量すくなく、晩稲は品質悪く収量多く、中稲はその中間。中稲は天候のいかんにかかわらずおおむね作り易い
中頚城郡農会	原種として配付 　早稲：高田早生、早坊主、上州 　中稲：早石白、早高屋、信州金子 　晩稲：竹成、高砂、荒木 やや良好としてこのほかに 29 種、特に早稲、中稲が多かった
西頚城郡農会	原種として配付 　高田早稲、毛石白、チンコ、京大黒、上州、能登坊主、関取
岩船郡農会	多収：能登坊主（晩）、石白坊主（中）、金の蔓（晩）、早高屋（中）、高砂（晩）、大場（中） 品質も優良：石白坊主、金の蔓、高砂

出典：安田健「水稲品種の推移とその特性把握の課程」『日本農業発達史』第 6 巻 pp.382 - 383。

ったのである。

　この当時、新潟県の品種構成が他県に比して上田向きの品種が少なかったことは、県下 11 郡中 9 郡に亘って作付られた最有力品種「石白」の内 4 郡は有芒種（「毛石白」）であったことにも反映されている。野生の稲によ

り近い有芒種が耐性に優れた特性を有し、水利条件に恵まれなかったこの
地方でなお重宝された結果であろう。また、**表 4-20** に示した県農試によ
る奨励品種（1900 ＝明治 33 年前後）の特性調査[36] によれば、奨励品種
23 種中早生の稲はわずか 3 種に止まったのに対し中生の稲は 11 種、晩生
の稲も 9 種に及んでいた。明らかに中・晩生に傾斜した品種構成であり、
北地稲作における晩稲の冷害リスク回避の傾向が新潟県ではなお不徹底で
あった様子が看て取れる。晩稲の作付が禁止された昭和戦前期とは様相を
大いに異にしていた。表中「竹成」の収穫期は、実に、11 月中旬であっ
たという[37]。

　表 4-21 は、『米作調査』（新潟県農会、1913 年）「郡市別水稲種類並ニ
栽培反別」に掲げられた新潟県の品種（品種総数 114 種）のうち、主要
24 品種（作付面積 1,000 町歩以上）一覧である。24 種の内訳は粳 21 種、
糯 3 種、また、24 種の作付面積合計は 11 万 8,285 町歩（県総数 14 万 5,802
町歩の 81.1％）であった。この 1913（大正 2）年県農会調査には、中・小
品種を含め 114 種の稲が登場するが、前出の郡農会調査（1900 ＝明治 33
年当時）に登場した主要品種 46 種中引き続き 1913（大正 2 年）の県農会
調査にも名を連ねる品種は 22 種あった。また、1913 年時点でもなお主要
品種として登場する稲は、かりにそれを県下 1,000 町歩を超えるものとす
ると、13 種に止まった。

　この間の品種動向に関し留記すべき点を示そう。目まぐるしい品種変遷
の中ではあったが、1900（明治 33）年時点の最大の普及品種であった「石
白」（「石白」6 種、「毛石白」3 種：栽培郡数ベース、記載のある 11 郡中 9
郡で栽培）は、1913（大正 2）年時点においても 16 郡中 12 郡で栽培され、
作付面積も 2 万 3,000 町歩近くに及ぶ第 1 位品種であった。また、1900 年
当時 5 郡に亘って栽培のあった「高田早生」は、1913 年には 8 郡で 100 町
歩以上の作付を記録し、作付面積を 1 万 5,000 町歩以上に伸ばしており、
順位も県下 2 位とした。ほかに、この間に順位を著しく上げたものに「愛
国」、「二本三」がある。「愛国」は 1900 年時にはわずか 1 郡のみの栽培で
あったが、1913 年には栽培は 12 郡に亘り、その作付面積は県下 3 位の 1

表4-20　新潟県農事試験場指定の奨励品種（1900＝明治33年前後）

	品種名
早生	高田早生、早坊主、蒲原坊主
中生	相沢、石白、京大黒、霧出錦、チンコ、美女、稲川、美濃早生、六肋坊主、能登半芒、京早生
晩生	福山、高砂、小髭、竹成、有芒穂揃、大石、能登坊主、腰八俵、彼岸坊主

出典：安田健「水稲品種の推移とその特性把握の課程」『日本農業発達史』第6巻 p.384。

表4-21　「米作調査」（1913年）に見られる
新潟県下主要24品種（作付面積1,000町歩以上品種）の作付面積

	品種名	作付面積		品種名	作付面積
1位	石白	22,941	13位	早高屋	2,523
2位	高田早稲	15,177	14位	能登坊主	2,393
3位	愛国	14,428	15位	庄内坊主	2,171
4位	二本三	8,993	16位	毛石白	2,149
5位	中高宮	8,101	17位	岩ノ下	1,869
6位	越前	6,276	18位	越中坊主	1,797
7位	早稲坊主	5,561	19位	万七	1,697
8位	亀ノ尾	3,762	20位	野澤	1,604
9位	大場	3,468	21位	山崎糯	1,363
10位	銀葉・林葉	3,332	22位	目黒糯	1,176
11位	晩高宮	2,730	23位	林目銀目	1,170
12位	御前糯	2,545	24位	稲川	1,063
			計（千町歩未満24種）		118,285

資料：『米作調査』（新潟県農会、1913年）「郡市別水稲種類並ニ栽培反別」。

万4,400町歩に達した。また、同じく1900年時には1郡のみの栽培であった「二本三」は、1913年には5郡に拡大し、その作付面積は県下4位の9,000町歩に及ばんとする勢いであった。このうち「愛国」は、この時期全国的にも普及を見た所謂「第1次統一品種」である。また「二本三」は、既述の通り、湛水田向きの特性を有した稲であり、この時点でもなお湿田対応型の品種として重宝されていたものと考える。その作付面積は640町歩に止まったものの、「丹後」もまた湛水専用の稲であった。なお糯種では、1900年時でわずか1郡で作付のあった「御前糯」が、1913年には、7

郡で栽培され、その作付面積も 5,500 町歩を超えていた。

　一方、「高砂」のように、1900（明治 33）年時点で多くの郡（7 郡）において栽培されながら、1913（大正 2）年には全く姿を消した品種もあった。1900 年時点で 4 郡に亘って栽培された「京大黒」、3 郡で栽培の「竹成」も同様である。また、5 郡で栽培の「能登坊主」は、1913 年時で 2,400 町歩近くの作付があったものの、14 位に順位を下げている。これらは「京大黒」を除いていずれも晩稲で、北地稲作の作期・熟期早化の一般的傾向の中で消滅・縮小に向かったものと思われる。

　以上、地方の広域優良品種の伸張（「石白」、「高田早生」）、劣位な水利条件適応品種の存続（「二本三」、「丹後」）、他地域に遅れながらも晩生品種の縮小＝品種早化の動きと、他方での「愛国」に象徴される全国的＝「統一品種」への急速な傾斜など、明治中期から大正初期にかけての移り替わる品種の変遷に、新潟県の稲作が置かれた特有且つ過渡的な稲作環境の変化を読み取ることができよう。

　表 4-22 は、1913（大正 2）年県農会「郡市別水稲種類並ニ其栽培反別」に基づく各郡上位 10 種の一覧である。上で示した同年の資料「米作調査」の観察結果の補強としよう。在来種では「石白」が平坦部・沿岸部の諸郡にいずれも高い比率をもって分布し、「高田早稲」は西蒲原・中蒲原および中頸城等県北、山間地方に多く栽培されていた。また、「二本三」は、予期の通り、中・西・南の蒲原諸郡と佐渡に集中していた。同種が、信濃川、阿賀野川流域平野部の湿田地帯固有の稲であったことがわかる。一方、統一的普及品種である「愛国」は、県下幅広く栽培されていたが、とくに県北（北・中・東蒲原）および山間地方（東・中・西頸城）に多く分布した。これら諸郡の多くはかつて「高砂」や「竹成」を主要品種とした地域と重なり、稲作作期早化の過程で「愛国」（中生）に置き換えられた可能性を指摘できる。「竹成」の収穫期は、既述の通り、最晩の 11 月上旬であった。なお、全国的普及＝「第 1 次統一品種」としては、「愛国」のほか、「亀ノ尾」、「大場」の台頭が見られている。耐冷性の稲とし

表4-22　郡市別水稲種類および栽培反別比率（上位10種）

郡名	総作付面積	品種名
北蒲原	20,198.0	愛国（19.7）、石白（14.8）、亀ノ尾（14.8）、大場（13.0）、庄内坊主（9.7）、山崎糯（6.7）、中高宮（3.9）、高田早稲（3.0）、坊主（2.9）、越谷（2.4）、
中蒲原	14,559.6	二本三（22.2）、愛国（19.4）、高田早稲（14.8）、毛石白（10.7）、金津中稲（4.8）、丹後中稲（4.4）、南京（3.9）、霧出錦（3.5）、石白（2.6）、福島（1.7）
西蒲原	21,818.3	高田早稲（27.6）、早稲坊主（24.2）、二本三（17.4）、石白（11.8）、御前糯（5.6）、愛国（4.8）、能登坊主（1.5）、小太郎（1.5）、毛石白（1.3）、八八日（0.9）
南蒲原	8,129.4	石白（58.1）、二本三（11.2）、高田早稲（8.3）、愛国（5.0）、三升為成（4.5）、美濃早生（2.4）、越中坊主（2.1）、清水早生（1.7）、加賀坊主（1.7）、三久糯（1.4）、大場（1.7）
東蒲原	1,140.5	愛国（41.3）、中生一本（30.0）、文（？）随糯（12.8）、小坊主（9.9）、亀ノ尾（2.6）、越谷（2.0）、京早生（0.8）、刈子（0.5）
三島	7,895.2	晩高宮（26.6）、中高宮（21.3）、石白（17.7）、蒲原坊主（4.9）、糯（4.8）、能登坊主（3.9）、早生稲（3.9）、愛国（3.8）、大和早生（2.7）、早生糯（2.7）
古志	8,750.7	石白（41.4）、能登坊主（19.2）、晩高宮（6.9）、中高宮（5.4）、御前糯（4.9）、銀葉（4.1）、愛国（3.4）、蒲原坊主（3.0）、美濃早生（2.3）、千坊主（1.9）
北魚沼	3,081.1	銀葉（14.1）、林目銀目（11.5）、萬七（9.4）、中高宮（7.8）、赤林葉（6.7）、石白（6.1）、上方（6.0）、島坊主（5.1）、御前糯（4.4）、長濱（3.9）
南魚沼	3,865.7	萬七（15.3）、銀葉（12.0）、野澤（10.2）、銀兵衛（9.3）、目黒坊（8.1）、毛林葉（7.1）、岩ノ下（5.8）、島坊主（4.4）、福壽（3.3）、越中坊主（2.5）
中魚沼	5,172.1	岩ノ下（24.8）、銀葉（17.1）、目黒坊（15.0）、赤雲雀（6.5）、雲雀（6.5）、萬七（5.8）、御前糯（3.8）、愛国（3.6）、毛林葉（1.9）、島雲雀（1.9）
刈羽	8,989.4	中高宮（42.5）、石白（19.5）、稲川（9.5）、愛国（3.2）、御前糯（2.7）、加賀坊主（2.5）、大和早生（2.4）、晩稲（2.3）、銀葉（2.2）、高田早生（2.0）
東頸城	6,445.0	早高屋（18.8）、愛国（11.5）、林目銀目（10.9）、銀葉（10.9）、与板（6.1）、文随糯（5.1）、最上早生（4.8）、越中坊主（4.0）、福田糯（3.2）、毛林葉（3.2）、
中頸城	20,144.8	高田早稲（24.4）、石白（20.4）、愛国（7.5）、早高屋（5.3）、越中坊主（4.4）、目黒糯（3.3）、大場（3.1）、中高宮（2.6）、吉野越中（2.8）、室坊主（2.1）
西頸城	2,015.6	愛国（31.6）、中丈（15.9）、石白（15.6）、与板（11.6）、権兵（9.0）、毛石白（8.2）、高田早稲（7.4）、荒木（0.7）
岩船	5,494.5	愛国（30.7）、石白（13.1）、近成（12.7）、亀ノ尾（12.7）、中高宮（6.4）、弁慶（4.6）、江戸糯（4.4）、庄内坊主（3.7）、能登坊主（3.2）、金蔓（2.4）
佐渡	8,102.1	越前（77.4）、二本三（6.6）、大寺糯（2.3）、萬太郎（1.8）、目黒糯（1.8）、加賀糯（1.4）、高田早稲（1.3）、白糯（0.4）、石白（0.4）、愛国（0.4）、荒木（0.4）

資料：新潟県農会「郡市別水稲種類並ニ其栽培反別」（「米作調査」大正2年）。
（注）（　）内は各品種郡内作付比率

て名高い多収性の「亀ノ尾」（中生）の作付面積は3,700町歩を超え、岩船および北蒲原の県北2郡に栽培が集中した。同種の台頭も北地作期早化の一齣であったと言えよう。「亀ノ尾」は当時なお県下第8位に止まったが、昭和11年時点で同種を純系淘汰した「亀ノ尾7号」は県第2位の品種であった。「大場」も、その作付面積が3,500町歩に届かんとする県下第9位の品種であった。北蒲原と中頸城郡に栽培が集中していた。「愛国」を含め、これら3種作付面積の合計は2万1,660町歩、新潟県作付総数の14.8％であった。

　大正初年におけるこれらの主要品種はその後昭和にかけてどのように推移したか。いまこの点を農林省新潟統計事務所『統計から見た新潟県の米』（昭和30年）掲載の「新潟県における水稲奨励品種作付面積の推移」を用いて表4-23によってこれを見ると、以下の通りである。すなわち、明治43年にはじめて奨励品種に指定されたのは4種：「石白」、「高田早生」、「二本三」および「中生高宮」、さらに大正4年に「早坊主」、6年に「大場」、「岩ノ下」、「銀葉」、「亀ノ尾」、「越前」、「越中坊主」、「改良愛国」が新たに奨励品種に指定されている。先に観察した大正初年当時の主要な稲がほぼ奨励品種として出揃った格好であったが、「改良愛国」を除いていずれも、大正10年乃至11年には姿を消している。これら在来もしくは地方普及品種を柱とする、言わば“第1次奨励段階”は大正後年にその主導的役割を終え、それらに代わって新たに中核的品種として登場を見るのが大正9年と11年に相次いで奨励品種に指定された“第2次奨励段階”の稲20種：「新岩」、「新高」、「新一本」、「新愛国」、「新大場」、「水野錦」、「新二本」、「米光」、「新石白」（以上大正9年指定）、「銀葉1号」「中生高宮1号」、「越中坊主1号」、「石白1号」、「石白2号」、「越前1号」、「早坊主1号」、「亀ノ尾1号」（以上大正11年指定）、「白玉」、「陸羽20号」、「銀坊主」（以上大正13年指定）、であった。これらの多くは、その稲名から明らかなように、“第1次奨励段階”に普及を見た稲の改良型である。もっともその過半は短命で、8種は早くも大正末年には奨励品種としては姿を消す。さらに昭和4年に4種、6年に1種が外れ、結局、“第2次奨励段

表 4 - 23　新潟県における奨励品種の推移

	明治 43 ～ 第 1 段階	大正 6 ～ 第 2 段階	昭和 2 ～『耕種要綱』 第 3 段階
品	高田早生　二本 三　中生高宮 石白　早坊主 大場　岩ノ下 銀葉　亀ノ尾 越前　越中坊主		
種	改	良　　　　　愛	国
		新岩　新高　新一本　新愛国　新大場 　水野錦　新二本　米光　　銀葉 1号　中生高宮 1 号　越中坊主 1 号石白 1 号　石白 2 号　越前 1 号　早坊主 1 号	
名		新石白　　亀ノ尾 1 号　　白玉	陸羽 20 号　　銀坊主 新庄内 1 号　新イ号銀坊主中生　愛国 70号　農林 1 号　農林 4号　北陸 12 号　陸羽132 号　新 1 号

資料：農林省新潟統計事務所『統計から見た新潟県の米』（昭和 30 年）。
(注) 第 2 および第 3 段階にはほかに山崎糯、〆張糯があった。

表 4 - 24　山形県における民間育種件数の推移

	育種品種数			実用化品集数		
	変種・抜穂	人工交配	合計	変種・抜穂	人工交配	合計
1871 ～ 80	1	0	1	1	0	1
1881 ～ 90	1	0	1	0	0	0
1891 ～ 1900	5	0	5	3	0	3
1901 ～ 10	13	8	21	10	2	12
1911 ～ 20	12	24	36	5	4	9
1921 ～ 30	14	31	45	5	14	19
1931 ～ 40	4	4	8	3	1	4
1941 ～ 50	3	5	8	2	2	4
1951 ～ 60	2	1	3	1	1	2
1961 ～ 70		2	2	0	0	0
小計	55	75	130	30	24	54
不明	11	14	25	0	0	0
合計	66	89	155	30	24	54

資料：山形県農業試験場『山形縣の稲作　増補改訂版』「附表」。
(注) 育種による分類が判然としない品種が 10 種ある。

階”の稲として昭和10年代にかけて奨励の指定を継続させたのは「改良愛国」、「亀ノ尾1号」、「陸羽20号」、「銀坊主」の4種であった。昭和に入り同10年までに新たに「新イ号」（昭和4年）、「愛国70号」（同年）、「農林1号」（同6年）等7種が加わり（2種指定解除）、昭和11年には9種（糯を含めて11種）が奨励品種の指定を受けたことになる。『耕種要綱』（昭和11年）の品種構成はこうした品種の推移の延長線上に位置したのである。

4　山形県の民間育種事業と試験場

　山形県地方における稲作先進地である庄内3郡（東・西田川および飽海郡）では、古くより、民間における育種活動が盛んであった。藩政時代を含め、秋田県地方が庄内地方から種々の稲を調達していたことは、既述したところでもある。庄内地方の育種事業は明治30年代以降一段と活発になり、人工交配の育種法の採用も含め、昭和初年にかけてその最盛を迎えている。庄内は多くの民間育種家を輩出したほか[38]、西田川郡農会では独自に育種組織を設け、大正6～13年にかけて人工交配を実施、実際に郡内農家に対して雑種世代種子の配布を行っている[39]。農商務省農事試験場畿内支場ではじめて水稲の交配に着手したのが明治37年、官営の育種機関の成果が普及する以前に地方農会で交配育種が実用化されていたところに庄内の育種事業の先進性が窺われよう。いま、この間の経緯を育種件数の年代別推移[40]によって示せば、表4-24の如くである。

　まず、全体として、育種の大半（年代が判明する130件中102件＝78.5％）が明治後年から昭和初年にかけて（表では1901～1910年期から1921～30年期の3期の間に）集中していたことが判る。山形県地方では明治初年以来、県をあげて、西南暖地への技師の派遣、先進地からの教師の招聘と講習会の開催を通じて先進農法の摂取に努めてきた。とりわけ、この地域としては恵まれた気象条件と地勢条件下に置かれた庄内地方では、塩水選をはじめ乾田馬耕法、多肥農法など西南暖地の優れた農法導入が積

極的に図られた。国や県による育種体制確立以前の明治後年に活発化する庄内地方の育種はこの地方特有の勧農"土壌"が生み出した、民間レベルでの事業活動であったと言えよう。

次に、これを育種法別に分けて表示すれば、グラフ4-2の通りである。グラフ中、既往稲の変種や抜穂・雑種の育成を主要内容とする"在来型"手法が人工交配法に先行しているのは、わが国における交雑法の導入が明治後年以降であったために当然の結果であるが、そもそも、民間レベルの在来型育種法で、明治後年や大正期という早い段階での育種実績（1901～10年期で13件、うち実用化10品種、1911～1920年期で12件、うち実用化5品種）は、国立農事試験場による東北地方初の実用化品種「陸羽132号」の登場が大正2（1913）年であったことを思えば、驚異的でさえあった。実用化品種のうち主だった稲を掲げれば、最大で4.7万町歩の作付面積を記録した「亀の尾」（明治26年）を筆頭に、1万町歩を超えた稲として「大野」の変種である「早生大野」、「文六」の変種である「豊国」、「愛国」の自然雑種である「イ号」となる。これら実用化品種の作付面積別内訳（品種数）は表4-25の如くである。

一方、遅れてスタートした人工交配ではあったが、民間による人工交配育種も大正期以降、表示の通り、急速にその件数を増やしていた。主だった育成品種としては「日の丸」[41]（京錦×高野坊主×伊太利亜州、最多作付面積20,070町歩）、「大国早稲」（大宝寺早生×中生愛国、同17,346町歩）、「酒の華」（亀白×京錦、同9,981町歩）、「玉の井」（亀の尾×イ号、同9,092町歩）、と4種に止まった。これに対して、作付面積が1千町歩未満のものが21品種中17種を数え、その内6種は100町歩未満であった。人工交配種は、育種件数こそ多かったものの、在来型育種法に比べれば、大型品種の育成、実用化の程度は限定的であったと言えよう。実用化された人工交配品種の作付面積別内訳（品種数）は表4-26に示した通りである。

在来法、人工交配法を問わず、品種改良への強い意欲と民間段階での実際の取組みが通例であれば寒冷な気象と強湿田への対策に終始する北地で示されたことは、一部先進的地域ではあるが東北地方においても愈々、田

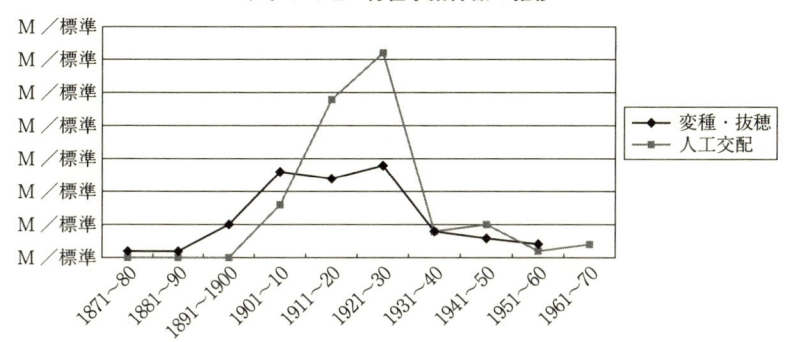

グラフ 4-2　育種事業件数の推移

資料：山形県農業試験場『山形縣の稲作　増補改訂版』「附表」。

表 4-25　山形県民間育種件数内訳（変種、抜穂、雑種、分離）

	育種数	実用化品種数	1万町歩以上	5,000~1万町歩	1,000~5千町歩	100~1千町歩	100町歩以下
1871 ~ 80	1	1		1			
1881 ~ 90	1	0					
1891 ~ 1900	5	3	2		1		
1901 ~ 10	13	10	2	2	4	2	
1911 ~ 20	12	5			4	1	
1921 ~ 30	14	5		1	3	1	
1931 ~ 40	4	3		1	2		
1941 ~ 50	3	2				1	1
1951 ~ 60	2	1					1
不明	11	0					
合計	66	30	4	5	14	5	2

資料：山形県農業試験場『山形縣の稲作　増補改訂版』「附表」。

表 4-26　山形県民間育種件数内訳（人工交配）

	育種数	実用化品種数	1万町歩以上	5,000~1万町歩	1,000~5千町歩	100~1千町歩	100町歩以下
1871 ~ 80							
1881 ~ 90							
1891 ~ 1900							
1901 ~ 10	8	1			1		
1911 ~ 20	24	4		1	2	1	
1921 ~ 30	31	13	2	1	6		4
1931 ~ 40	4	0					
1941 ~ 50	5	2				1	1
1951 ~ 60	1	1					1
1961 ~ 70	2	0					
小計	85	21	2	2	9	2	6
不明	14	3					
合計	89	24					

資料：山形県農業試験場『山形縣の稲作　増補改訂版』「附表」。
(注) 実用化品種数のうち、1901 ~ 10 年、1921 ~ 30 年、1931 ~ 40 年分については、それぞれ、作付面積が判明しない品種が1つある。

グラフ 4-3 　育種事業件数の推移（実用化品種）

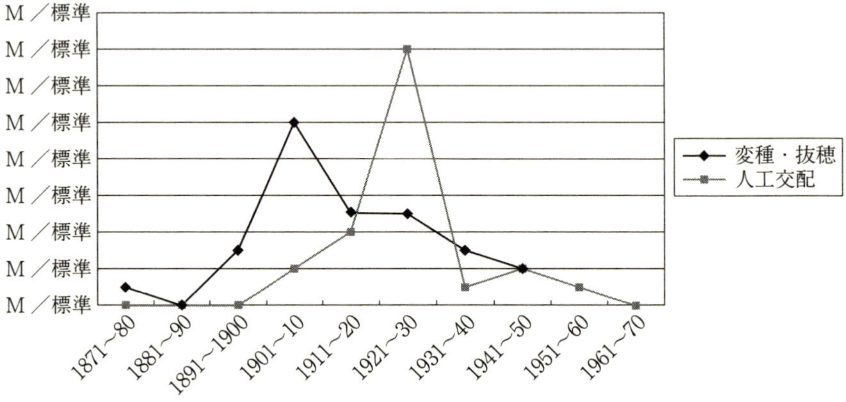

資料：山形県農業試験場『山形縣の稲作　増補改訂版』「附表」。

地基盤整備と多肥化・多収栽培による土地生産力向上が稲作前進のための
最優先課題になりつつあったことを物語る。外延的な拡大（未開墾低湿地
の開拓と稲の北へのいっそうの前進）を基調とする北地の稲作の発展方向
に新たな変化の兆しが顕れたものと言えよう。耕地に対する全般的な人口
増加の圧力が、先ず元々高乾田化地帯である庄内地方で[42]、暖地並の土
地の効率＝集約利用を実現させたのである。多肥・多収性品種「亀の尾」
（明治26年）は、正しく、そうした変化の期待を背負って登場をみた象徴
的な稲であった。「冷立稲」から選抜された「亀の尾」は多収性、耐冷性
に加え、その良質性のために山形県下の平坦部を中心に、明治44年には、
4.7万町歩に作付を伸ばした。
　民間育種の“終期”については、次の点が指摘される。すなわち、民間
育種件数は、在来法、人工交配法いずれも、1921〜30年のピークを境に
急速にその規模を縮小させていた。実用化品種数の推移については、とく
に在来育種法の場合、そのピークは早くも1901〜10年期に来ていた。も
っとも、グラフ4-3に示されているように、同手法の場合、それまで育成
の対象とした在来稲が次第に減少したものの、新たに人工交配種の変種、
雑種の純系分離が育種事業に付け加わったため、明治後年のピーク後も育

種件数は急減せず、緩やかに下降を辿ることとなった。だが、1931 〜 40
年期には、人工交配種とともに一気にその規模を縮小させている。この時
期に民間育種事業が急速に後退したのは、何よりも、国および府県立の農
事試験場制度による試験事業の拡充[43]と奨励品種の指定制度の導入によ
るところが大きかった。併せて、帝国農会（明治43年「改正農会法」）を
頂点とする系統農会制度（府県農会—郡・市農会—町村農会）を介した試
験場育成品種＝奨励品種の組織的な普及体制がこの時期までに徹底された
ことも地方の民間事業に多大な影響を与えたに違いない。庄内地方で展開
した民間育種事業はこうして国家的事業に置き換えられ、この地域におい
ても、「試験場時代」の本格的到来を見ることとなった。

5　結　語

　伝来的な集約農業が国家主導による近代的再編を遂げる過程で農事試験
場が果たした役割は絶大であった。日本型集約農法は、その技術的特性
（土地節約的・他要素使用的＝多肥・多労農法）ゆえに陥る生産性低下
（＝収穫逓減作用）打開のために絶えず技術革新を求められたが、それに
応えたのが品種改良と肥培・栽培技の向上を主内容とする試験場の研究・
開発事業であった。とりわけ、優良な耐肥性品種の選抜は多肥多収を目指
す日本農業にとり達成すべき技術目標であった。
　稲の改良の歴史は古く、すでに藩政時代までにも各地に数多くの優良品
種が登場していた。明治に入りこれら各地に散在する品稲を収集、試作を
通じて種子の採取と良穂の選別、さらには品評会や種子交換会を通じてそ
の再普及が押し進められてきたが、未だ組織的な改良や普及には至らなか
った。また、気象、土壌、肥料、病理、遺伝学に関する科学的知見も乏し
く、当初はなお、経験に基づく育種と限定された範囲内での品種の交流が
繰返されるに止まっていた。国立農事試験場：本場・各支場制度が導入さ
れた明治26年は、その意味で、近代農業技術研究・開発時代の幕開けを
告げる画期であったと言えよう。

　農業成長の観点からは、試験場制度が日本農業の生産性の全般的向上に対してはもとより、地域別には相対的に発展の遅れた北地の稲作を前進させる上でとくに大きな役割を果たしたことが指摘できる。中でも、大正期〜昭和初年にかけての育種技術向上（純系淘汰法および交雑法の確立）に伴う改良型品種（在来稲からの派生）の登場は、暖地だけでなく、新たに多肥多収化時代を迎えた北地稲作の集約栽培化を急速に促進させた。この点で、耐肥性とともに耐冷性を兼ね備えた東北稲作の"救世主"＝「陸羽132号」が注目されよう。「試験場時代」の稲を象徴する、わが国初の実用人工交配品種であるこの稲は、それまで寒冷地で栽培されていた赤米の系譜を引く低質米（秋田県地方では「短圃」）に代わる、東北の稲を一変させた良質、多収米であった。一方、新潟県地方でも、集約栽培に向けて品種にいくつかの変化が生じていた。他の北地同様、この地方でも稲品種の早化への動きが見られたこと（晩生種に代わる中生の「石白」や「亀ノ尾」、「愛国」の登場）、大正末年から昭和期にかけてのこの地方の田地整備の過程で、良田向きの多肥・多収性の試験場品種（「新イ号」、「銀坊主中生」、「愛国20号」など）が多数登場したこと、がそれらである。大河川下流平野部の水損に悩まされることの多かった北地の稲作にとり、水損地減少に併せて集約栽培向きの優良品種を確保できたことの意義は大きかったに違いない。秋田や新潟県地方におけるこうした試験場品種の出現がそれまで低位にあった北地の収量水準を急速に押し上げ、古くから存在した暖地・寒地間の収量格差縮小に寄与したことは想像に難くない。試験場の稲は、日本稲作の全般的向上とともに、やがては東西格差"逆転"にもつながる、新たな稲の地域構造生成にも一役を果たしたことになる。

　最後に、「試験場時代」の時期について一言しておこう。科学と試験主義に基づき、地域に根差した優良品種の開発とその普及の成果が行きわたるのは、ようやく、試験場開設来20余年を経た明治末年以降のことであった。この時期は又、田地基盤整備面では、わが国集約農業確立にとって重要な国家的一大事業＝耕地整理事業（明治32年「耕地整理法」、同42年「改正耕地整理法」）が軌道に乗り始めた時期とも重なる。折りしも、

帝国農会を頂点とする系統納農会制が最終的に確立を見た時でもあった（「改正農会法」明治43年）。明治以来の勧農体制が出揃った「試験場時代」の稲は、したがって、「明治農法」が目標として掲げた慣行的農業の国家的再編事業を生み出した稲であったとも言えよう。山形県庄内地方の民間育種がやがて官製の試験場育種へと吸収されたこと、また、庄内地方で生れた「亀ノ尾」の血が人工交配品種「陸羽132号」に受け継がれ、やがて東北の稲を一変させたことがそのことを象徴する。

注

(1) 安藤広太郎「農事試験場の設立前後」農業発達史調査会『日本農業発達史』第5巻 p. 672。

(2) 安藤広太郎、上掲論文 p. 679。

(3) 小倉倉一「明治前期農政の動向と農会の成立」農業発達史調査会『日本農業発達史』第3巻 p. 256。

(4) 勝部直人『明治農政と技術革新』（吉川弘文館、2002年）pp. 17-18。

(5) 杉林隆『明治農政の展開と農業教育』（日本図書センター、1993年）pp. 22-23。

(6) 育種技術の確立（在来品種間の交雑法と純系淘汰法）と普及事業の徹底（奨励品種の指定と原種圃—採種圃の設置）。

(7) 試験場品種については、すでに本書第1章（移行時代の西南暖地と北地の稲作）で一部言及している。

(8) 粳のみ。また、3位内にあっても、作付比率10%未満の稲、作付面積が5,000町歩未満の稲は除外している。また、高知県の栽培見込割合は不明のため除外した。

(9) 盛永俊太郎「明治期における日本稲の種類と改良」農業発達史調査会『日本農業発達史』第2巻 pp. 426、427。

(10) 穐本洋哉「明治20年代におけるわが国の水稲作季」渡辺国広編『経済史讃』（慶応通信、1992年）p. 61。

(11) 盛永、前掲論文 p. 423。

(12) 『耕種要綱』p. 88。なお、「陸羽132号」は、正確には、純系淘汰法によって「愛国」から選抜された「陸羽20号」と「亀ノ尾」の交雑から生まれた稲である。

(13) 加藤治郎『東北稲作史』（宝文堂出版、1983年）p. 120。

(14) 加藤、同上書 p. 121。

(15) 安田健「水稲品種の推移とその特性把握の過程」『日本農業発達史』第6巻 p. 351。

(16) 『耕種要綱』p. 90。

(17) 「米作ニ関スル府県令」『日本農業発達史』（資料復刻編）第4巻 pp. 741-744。

(18) 安田、前掲論文 p. 352。

(19) 注 (18) に同じ。

(20) 小倉倉一「農政及び農会——明治後期・大正初期」『日本農業発達史』第 5 巻 p. 352。

(21) 注 (17)「米作ニ関スル府県令」『日本農業発達史』第 6 巻 p. 746。

(22) 注 (21) に同じ。

(23)「米作ニ関スル府県令」『日本農業発達史』第 6 巻 p. 748。

(24)「早生大野」は山形県東田川郡において明治 26 年に大野種の変種として選圃された稲である（『耕種要綱』p. 89）。

(25) 穐本洋哉「近代移行時代における北地の稲品種の変遷——秋田県地方の場合」東洋大学経済研究会『経済論集』第 20 巻 1・2 号合併号（1995 年 1 月）。

(26) 昭和 9 年大凶作にも被害の程度は軽微であった（松尾孝嶺『お米とともに』（玉川大学出版部）p. 29。

(27) 穐本、前掲論文 pp. 7-8。

(28) 穐本洋哉「新潟県蒲原平野における農業水利秩序の形成」東洋大学東洋学研究所『東洋学研究』第 42 号（2007 年 3 月）pp. 126-127。

(29)『耕種要綱』p. 216。

(30) 安田、前掲論文 pp. 382-384。

(31) 安田、前掲論文 p. 386。

(32) 安田、前掲論文 p. 384。

(33) 安田、前掲論文 p. 384。

(34) 安田、前掲論文 p. 384。

(35) 安田、前掲論文 p. 393。

(36) 安田、前掲論文 p. 384。

(37) 安田、前掲論文 pp. 384-385。

(38) 庄内における育種家の群像および育成品種については、山形県農業試験場『庄内における水稲民間育種の研究』（農山漁村文化協会、1990 年）を参照。

(39) 萱洋『稲を創った人びと　庄内平野の民間育種』（東北出版企画、昭和 58 年）p. 176。

(40) 山形県農業試験場『山形縣の稲作　増補改訂版』「附表」。

(41) 民間育種品種のほとんどは庄内が独占していたが、「日の丸」だけは内陸の、しかも交配品種であった。ただし、その出所は、庄内民間育種のリーダー工藤吉郎兵衛が交配した雑種を貰い受けて育成したものであったという。顕彰碑協賛会『近代稲作育ての親』（1990 年）p. 20。

(42) 竹島溥二『庄内稲作農業の発展』（東北出版企画、1985 年）によれば、庄内地方における田地の乾田化率は明治 30 年時点ですでに 70.0％と高率であり、大正 7 年には 83％に及んだという（p. 49）。なお、山形縣『山形縣稲作史』（山形県農林部農政課）p. 368 によれば、庄内 3 郡（東・西田川および飽海郡）の明治 44 年現在の耕地整理実施面積は 1.23 万町歩であった。これは県全体の整理実施面積 1.42 万町歩の 87％にも及ぶ。庄内平野は古くより乾田化が進んでいた地域であったが、「耕地整理法」（明治 32 年）施行以降、さらに整理が積極的に押し進められていたことが判る。

（43）山形県立農業試験場『農業試験場八十年史』（1977 年）によれば、大正年間から試験
　　場が取り組んできた育種事業が本格化するのは、冷害予防を目的として尾花沢が国の指
　　定試験地となった昭和 9 年凶作以降のことであった（p. 10）。

第5章　在来農法と農会制度
―――在来農業再編と農会の役割―――

1　はじめに

　農事団体の全国組織化を目指して明治32年に「農会法」が公布されて
からの凡そ20年間（明治後年～大正期半ば）は「明治農法」が愈々その
成果を確固たるものにし出した時代であった。表5-1に見るように、こ
の期（表では1901-1920年期）の農業成長率は年率にして1.6％と、前後
する期間の成長率、それぞれ1.37％（1889-1900年）、0.99％（1921-1938
年）を大きく上回っていたことがわかる。この間、農会の設立に加え、国
立および府県の農事試験制度の拡充、水利組合の整備、耕地整理組合の結
成など国の直接関与もしくは府県の行政指導の下で各種農業団体の組織強
化が図られた。その点で、この時期の高い農業成長率を農業制度の国家的
整備＝再編の結果として捉えることもできよう。
　前章までで明らかにしてきたように、わが国の近代農業発展は新技術の
開発や欧米農法の移入によるものでは決してなく、藩政時代以来の在来農
業の見直しとその組織的な改良および普及の結果であった[1]。大農法＝
「泰西農法」のわが国への移入を断念した明治政府は、改めて、勧農政策
の要を①小農家族による多肥・多労型在来農法の継承とその改良と、②既
存水利と耕地の整備に置き、そのための勧農政策として、①に関しては農
事試験場制度の導入（明治26年）と法（「農会法」）に基づく農会制度の
確立を図り、また②については、「河川法」（明治23年）の制定および「水

172

表 5 - 1　第 1 次部門の主要経済指標

	成長率	成長率 (耕種)	人口増加率	相対生産性*
1889 - 1900	1.37	0.9	0.96	0.62
1901 - 1920	1.64	1.6	1.22	0.55
1921 - 1938	0.99	0.6	1.31	0.42
1956 - 1970	2.52	1.7	1.09	0.47（1956） 0.39（1970）
1971 - 1980	- 0.15	- 0.3	1.16	0.37
1981 - 1990	0.32	- 0.4	0.55	0.34
1991 - 1997	- 2.9	- 0.8	0.3	0.31

出典：穐本洋哉「日本の社会経済システムの史的展開：農業部門」植草益編『社会経済システムとその改革』
　　　ＮＴＴ出版（2003 年）p.354。
＊相対生産性＝第 1 次部門労働生産性／全産業部門労働生産性。

利組合条例」（同年）〜「耕地整理法」（同 32 年）、同法の改正（同 42 年）
に至る一連の水利関連法の下で水利・土地改良事業を進めたのである[2]。
　これらの農業制度に関して、本章では、末端での農事活動に直接携わっ
た農会を事例として取り上げる。次節（第 2 節）では、地方農会の設立事
例をいくつか取り上げ、その設立の目的と実際に各農会が在来農法の継承
者として果たした役割について言及する[3]。また、農会は単独では存立せ
ず、いずれも当初から、上級もしくは下級団体として系統組織化（府県農
会—郡市農会—町村農会—農事改良実行組合（部落農会））されていた側
面に注目し、農会制度を通じて在来農業・農法全体が国家的に再編・統合
されていた点に言及する。第 3 節では、農林省農務局「農会ニ関スル調
査」（昭和 8 年）および明治 20 年代から昭和初年に至る農会の活動経緯を
綴った『東春日井郡農会史』記載の資料・統計数字を用いて、2 節での言
及点である農会の設置目的・役割および系統組織化に触れつつ、農会の事
業活動の内容を具体的に明らかにする。同郡ではこの間のはじめに郡農会
が設立され、一方、その後半には、最末端組織である農事改良実行組合の
結成を見ている。一地方の事例ではあるが、組織面を含め、農会の広範な
活動内容とその推移を詳らかにできるものと考える。

2　在来農法と地方農会の設立

1　農会設立の機運

　近年、井上馨の "大農論" が必ずしも「泰西」＝大規模農業論ではなかったという興味深い論議がある[4]。井上 "大農論" の主張の真意は「交換分合」＝分散制の解消にあったとするこれらの見解[5] は、当初より明治政府はわが国への泰西農業の移植を目論んでおらず、したがって、政府の勧農政策に何等の方針転換もなく、終始、伝来農法の継承という点で首尾一貫していたとしている。有力地主による各地の田区改正事業が下火になり、わが国土地・水利行政が小区画単位の耕地整理事業へと傾斜してゆく中で、井上の "大農論" は豪農＝「手作り地主」再来を思い描いたもの、との憶測も生む。折しも、豪農は挫折し、また、農商務大臣井上の去りし後、政府の勧農政策の中心は伝来の小規模農業再編に強く傾いていくのである。稲作を中心に、狭小な土地の効率利用を柱とする伝来的集約農法が当初は「老農技術」として、やがて試験場技術に象徴される「明治農法」として工業化を支える農業成長戦略の前面に一挙に押し出されたのである。

　一方、中央の方針がどうであれ、地方での在来農業改良への期待もまた大きかったに違いない。「地租改正」による農地の私的所有化が進む中、栽培、販売の自由と輸送手段の改善、先進栽培技術や肥培情報の増加、品種交換会、講習・講和会の開催等、地方各層において、農民の生産に取り組む意欲と機会は着実に拡大したからである。全国各地に展開する農会は、こうした中、改良農法の普及・奨励組織として設立された農業団体であった。町村農会、郡農会を問わず、農会が自生的に組織された農事改良・普及・奨励団体であったことは、その前身の名称である勧農会、興農会、農談会、農事協会等々からも容易に想像がつく。明治初年より全国各地で展開していたこれらの活動を組織化し、農事改良をいっそう促進しようとする気運は、農政への発言力を強めようとする地主をはじめとする農民各層において広く受け入れられていたと言える。時の農商務大臣井上が系統農

会設置の方針を打ち出したときには（明治22年）、すでに550余の農事団体が全国各地に存在していたという[6]。

2 地方農会の設立事例

　地方農会の設立事例をいくつか挙げよう。京都府農会は明治23年に設立されたが、小倉倉一は、その前身もしくは設立に影響を与えた団体、活動として有志による「農事協会」、府下各地の「農事会」、「興農会」、老農林遠里門下による巡回教師の活動団体、横井時敬や沢野淳等農学士による講演を挙げている[7]。これらの団体は、その方策はそれぞれ異なっていたが、いずれも、在来農法の継承とその改良・奨励を目的として結成された農事団体であった。これら団体を、すでに結成を見ていた郡農会、町村農会をを介して組織化を図り、その中央に立ったのが京都府農会であった。「京都府農会規約」（明治24年）第5条によれば、府農会は、「府下各郡農会ヲ連繋シ及ビ内外農事社会ノ気脈ヲ連通シ府下農事ノ発達ニ関シ共同一致ヲ要スル事項ヲ挙行」するものと定めている[8]。一方、郡農会の規則は、「本会ハ郡内各村農会ヲ連繋シ及ビ郡内農事ノ発達ニ関シ協同一致ヲ要スル事項ヲ挙行シ全般ニ渉ル事務ヲ取扱ウモノ」（愛宕郡農会規則第三條、明治36年）としている[9]。明治24年現在の府下郡農会、町村農会、その他農事協議団体は、17郡農会、144町村農会、18協会等（興農会、振農会、農事協会、殖産会、日振会）を数えており[10]、府農会は、これらを下級農会として府内の農事指導・奨励事業の組織化を図ったのである。もっとも、再度小倉によれば、末端＝町村農会の組織率は低かったと言う[11]。実際、町村農会が皆無の郡農会（南桑田郡）、郡下に1農会しか存在しない郡農会（宇治郡）もあった。また、上述の興農会、振農会、農事協会のように、なお農会の結成には至らない前身的団体も多数見られていたのである。

　兵庫県農会の設立は明治34年のことであったが、兵庫県の場合は、早くも明治13年には、官内通信員、勧業名望家を各郡より招集して第1回

兵庫県勧業会が開かれ、その後も各郡町村において公立、私立の農事会、勧業会が相次いで開催されていた。『兵庫県農会誌』（兵庫縣農会、昭和5年）によれば、同22年には、県農会の前身である私立兵庫県勧業会が設立されている。同会は各郡勧業界会の同盟により結成され、全国農事大会決議事項を協議、勧業会・農事大会に出席する一方、各町村農会を支援するなど、この時すでに、上級農会たる資格を備えた系統的農事団体であったと言う[12]。「農会法」の制定（明治32年）、「農会令」の発布（同33年）を受けて、兵庫県では、県知事の訓令（「郡市町村農会取り扱手続き」）により明治34年までに200余の農会が設立され、私営を含む農事団体数は400、その会員は11万5,000人に及んでいた[13]。そして、同年、郡農会が招集され郡農会として県農会設立を承認、会則を定めて、この年、農商務大臣により県農会が正式に認可されることとなった。

「郡農会ヲ以テ組織シ農事改良発達ヲ図ルコトヲ以テ目的」（「会則」第三條）とする兵庫県農会の沿革および事業推移の概要を示せば、**表5-2**の通りである。表より、農事改良全般に亘る方針・計画の協議・決定、政策進言、県下各農業団体の組織と利害調整、補助金の下付等下級農会（郡市農会、町村農会および部落農会）の上に立つ上級農会としての県農会の性格、機能が見て取れる。その他の事業を含め、同農会の事業項目を一覧すると**表5-3**の如くである。

　農会活動が年々拡大の一途を辿ったことは県農会の歳出入の推移から知ることができるが、事業自体はやがて農会各級に分化することとなった。すなわち、「本会各種の事業を遂行し之が徹底を期するには郡市町村農会が之を継承して施設宜しきを得るあらざれば直接事業と助成事業の区別無く到底其効果を挙げ難きことは申迄もない」との観点から[14]、県農会の直接事業の多くが助成事業として下級農会に移管されることになった（**表5-2**の「梗概」昭和3年の項参照）。農事改良の効果的な前進のためには上級農会（＝県農会）を指導・奨励（助成）機関として位置付け、一方、事業の実行団体としては下級農会を重視しようとする姿勢が窺われる。こうした姿勢は、末端＝町村農会の補助機関として組織された農事改良実行

表 5-2　兵庫県農会「梗概」(沿革)

		備考
明治 34 年	兵庫県農会設立	
35 年	総会において各種事業計画を決議→	耕地整理奨励(専任技術員設置、踏査、奨励金下付)、内国博出品農産物の選択、郡農会補助金下付、全国農事会参加
	諸規定の整備、事業着手	
36 年	会報の発行	
	日露戦への時局対応：増殖、節倹→	共同苗代、採取、正条植、堆肥の改良、夜業の実行等
37 年	兵庫県耕地整理期成会を組織　→	工事監督、基本調査、付帯工事(溜池、揚水機設置)、水路設計
	米麦作改良十大項目予算化　→	共同苗代、撰種法、調整・俵装等 10 項目の励行産業組合設立
	生産増強策の強化　→	共同苗代・共同耕作の奨励、米穀検査の実施、桑園改良、畜産振興、耕地整理等 土地利用組合の設立
38 年	「農会令」改正	
39 年	産米検査実施を知事に要請 各郡に地主会を組織	県米声価(米質、乾燥、俵装)改善を図る
大正 3 年	米麦作多収穫競進会を開催　→ 稲麦作立毛共進会の開催 朝鮮視察	食糧問題、小作問題対策
4 年	農業展覧会開催の開催　→ 米価調節必要を政府に進言 神戸販売斡旋	県、試験場、農学校、県下実業家と共催
7 年	農政倶楽部を組織　→	農会とは独立に政策提言・進言
9 年	府県農会にて米投売防止を主唱	
12 年	「農会法」改正　→	公法人たる農会の性格の明確化、経費の強制徴収へ
	部落農会を組織　→	個別農家を超え部落共同での農事改良実施を図る(昭和 2 年までに 2,500 の設立)
	兵庫県農事協会設立　→	前身は農政倶楽部(自作問題、米価問題、負担公課問題に農会と共同して対処)
	郡制廃止　→	郡費支弁の奨励事業は郡農会が、市町村農会補助金は県農会が継承 14 郡 64 組合
	土地利用組合の設立　→	土地の交換・分合、小作料収受の円滑化、農道・水路・溜池築造の促進を図る
昭和 2 年	「農会是」の設定　→	農会の使命・方針の明確化 25 ヶ町村(後に 80 余ヶ町村)で設置
3 年	県農会事業の刷新(整理)　→	事業の 3 分の 2 を郡市町村農会事業とし助成、県農会の直接事業を縮小

出典：『兵庫県農会誌』(兵庫縣農会、昭和 5 年)。

表5-3　兵庫県農会の事業内容一覧

生産物増殖の奨励	耕地整理、稲麦作の改良、産米の改良、自給肥料、農長の改良、副業講習会、園芸、畜産、養鶏、養蚕と桑園の改良、養蚕奨励
農業経営改善の指導	基本調査、改善指導
金融及び取引に関する改善施設	産業組合、農業倉庫、農産物取引方法の改善、販売購買の斡旋所
社会的教育的事業	土地利用組合、農事相談と改良宣伝、各種の相談、講習講習会、品評会共進会展覧会、其の他
政策的方面の活動	建議請願陳情並諮問に対する答申、兵庫県農政倶楽部、米価調節・投売防止、兵庫県農事協会、選挙対策
系統的農会及び農事実行団体の補助・指導	農会経費補助、農会役職員の会同、技術員設置奨励、農会経営指導、農事改良指導、其の他

出典：『兵庫県農会誌』（兵庫県農会、昭和5年）。

新潟県では、大日本農会第1回全国農事大会（明治27年）の議決「系統的農会設立の気運が俄かに高まり、県は、県令「農会規則」および「市町村農会会則」（同29年）を公布して各級農会の設立とその組織化を目指した。小林平左エ門『新潟県農会史』によれば、当初は系統化の機は熟せず、そのため県農会を先行して設立し（同31年）、同会の下で郡、市町村農会を設立し農会の系統化を図ったと言う[15]。当初の系統化への動きは不十分ではあったにせよ、県の農会設立勧奨計画にすぐさま呼応できた農業者各層の農事改良への志と、実際に郡、市町村段階での各種農事活動に注目されよう。いま、各郡農会の前身団体・事業を一覧すると[16]、郡勧農会（北蒲原）、殖産会（東蒲原）、有志農談会（南魚沼、西頚城）、勧業会（刈羽）の事業を継いだ農会、郡地主会（古志、中頚城、岩船）として活動していた農会等多くのケースで、以前からの農事活動を基礎に部農会が設立されていた様子が判明する。

一方、町村農会も相次いで組織された。「農会法」（明治33年）に基づ

いて承認された町村農会は749を数えている。これら町村農会の代表、有志の連合組織こそが上述の郡農会の前身団体であった。再度、小林に従えば、西頚城郡では早くも明治18年には「郡連合農談会」の成立を見ていた。同郡の農会が「有志農談会」の事業を引き継いだことは既述の通りである。また刈羽郡でも、「有志農談会連合」（同22年）が成立していた。このほかにも、中蒲原郡新津町では「農事通信会」（同15年）が設けられていた。全国各地の農会の系統組織化を謳った「農会法」は、こうして、すでに推し進められていた町村—郡間の連繋を法的に確定し、さらにはそれを上級＝県農会レベルにまで拡張したと見ることができよう。

栃木県内に残された農会規約としては最も古いとされる那須郡「須賀川村農会規則」（明治26年）[17]は、「農会法」制定前の町村農会の性格を伝えるものとして興味深い。同「規則」は「農業ノ改良ヲ謀リ農家団結ヲ固シ除害講和ノ道ヲ講シ之ヲ実行スル」（第3条）ことを農会の目的と定め、また、目的達成のための事業として、1.他の農業団体との連繋、2.老農学士の招聘・講和と農談会開催、3.品評会開催、4.農事試作場の設置、5.農事の調査、6.農事書及び農具の供与、7.力農精業者の奨励、8.他農談会共進会への出席、9.農理の研究会、10.官衛公署諮問への答申、11.協同購入及び一斉販売、12.勤倹貯蓄、13.信用組合事業の増進、の13項目を掲げている。農事改良への取組みが主たる事業内容となっているが（1〜3、5〜9）、ほかに流通（11）や信用事業（13）への参画、農事試作事業（4）や生活互助事業（12）等、後に農事試験場や産業組合、上級系統農会に引き継がれるべき内容を含め、農業・農村生活全般に亘る多種多様な業務が町村農会に集中していたことが特徴である。それは農会が興農と互助を目標に掲げて組織された自生的団体であったことを示したものと言えよう。なお、栃木県が実施した「農業団体調査」により「農会法農会」（＝所謂系統農会）以前の各種農業団体（農談会、農会、改良組合等）の設立状況を示せば、表5-4の如くである[18]。多くの団体が明治20年代半ばを中心に私設団体として組織されていた様子が判明する。

表5-4　栃木県における農業団体設立状況（明治28年現在）

郡名	農業団体名	設立年（明治）	会員または組合員数
河内郡	古里農会	26年	70
	○上三川町農談会	20年	70
	○篠井農会	22年	255
	田原農会	25年	60
	○河内農会	25年	194
	羽黒村農会	24年	
	姿川村農会	26年	－
	絹島村農会	26年	－
上都賀郡	○八村農会	26年	176
下都賀郡	家中勉農会	27年	113
	○瑞穂農会	24年	102
	下野南部農会	28年	30
	○赤津農会	24年	82
	○進農会	24年	10
塩屋郡	矢板農業組合	24年	997
芳賀郡	○芳賀農会	24年	206
	葉莨改良組合	28年	3,450
那須郡	○須賀川村農会	26年	200
	肥料同盟会	24年	250
	○那須農会	25年	50
	農業改良組合	28年	37
	傘信用組合	27年	37
	那須農友会	24年	1,063
足利郡	なし		
安蘇郡	不明		

資料：『栃木県農業団体史』（栃木県農務部、1954年）pp.17-19。
（注）○は常設団体を示す。

『三重縣農会要覧』によれば、明治21年に三重県農会の前身である三重縣農業協議会が設立されている。同協議会が大日本農会の系統的農会組織の呼掛けに応じようとした明治28年には会員は1千名を超えていた。もっとも、県下の系統農会設立に向けての「一般当事者ノ志想冷淡ニメ容易

ニ其組織ヲ見ル場合ニ至ラザル形勢」であったと言う。そこで協議会は農会設立協議会を開催、当局への懇請、各郡への遊説を重ね、「先（中略）上級農会ヲ組織シ下級農会ニ及ボス」方針の下、知事の認可を受けて明治31年に漸く県農会の設立になったと言う[19]。

　三重県農会の組織上の位置付けはその「規則」（明治32年）に謳われている。すなわち、「大日本農会及各郡設置ノ農業団体ト気脈ヲ通シ、又ハ支会ヲ設ケテ」（第三條）その事業目的である「農業ノ改良及農産物ノ販路ヲ拡張ノ方法ヲ図ル」（第一條）の通り、同規則には、県下の団体＝下級農会を組織し中央＝大日本農会と連携する県の最上級農会としての性格が示されている[20]。さらに、この「三重縣農会規則」が準則することとなった「三重縣令」（明治30年）は、県農会規則を次のように定めている。すなわち、

　　第二條　農会ハ県農会郡農会市町村農会ノ三種トス
　　第三條　市町村農会ハ一市町村ヲ以テ一区域トシ市町村ニテ農業ヲ営
　　　　　　ム者並ニ耕地山林原野ヲ所有スル者ヲ以テ組織スヘシ
　　第四條　郡農会ハ郡内ノ町村農会ヲ以テ組織シ県農会ハ郡市農会ヲ以
　　　　　　テ組織スヘシ

と、県内各農会の組織関係がより明確に示されている[21]。同県令は又、県農会の事業について試作場（二）、種苗汎布（四）、排水及利水（五）、官庁諮問（十五）等県下全体にかかわる事業を含む19項目を規定している。すなわち、

　　一　農事講和及講習
　　二　農事模範及試作場
　　三　農産物及林産物ノ改良及繁殖
　　四　種苗交換及汎布
　　五　利水及排水

六　田区ノ改良

七　農具及肥料ノ改良

八　肥料種苗農具ノ共同購入及共同販売

九　家畜家禽ノ改良繁殖

十　山林ノ保護繁殖

十一　害虫駆除予防

十二　有益鳥獣保護

十三　勤勉貯蓄

十四　農家ノ副業

十五　農事ニ関スル官庁ノ諮問応答

十六　農事功労者ノ表彰

十七　農事統計

十八　農談会及農産品評会

十九　其他必要ト認ムル事項

　これに基づき三重縣農会「会則」は、その第4條において、事業内容を具体的に次のように規定している。すなわち、

一　農報ヲ頒チテ会員各自ノ知識ヲ交換シ学理実業ヲ研究スルコト

一　農業上ニ関スル事故ニ付官庁ノ諮問ニ応スルコト

一　農業上功労アルモノヲ調査シ之ヲ表彰スルコト

一　試験場ヲ設ケテ普通農産養蚕製茶家禽家畜ノ改良ヲ図リ併セテ善種良苗ヲ汎布スルコト

一　山林ノ保護繁殖ヲ計ルコト

一　農産品評会農談会ヲ開設スルコト

一　利水ノ方法ヲ講究スルコト

　「農報」の頒布、農事に関する「学理実業ノ講究」、官庁の「諮問」の答申、「試験場」開設等上級農会としての業務が掲げられている。三重縣農

会の「農会規則」、「県令」、「農会会則」からは、農会設立の第1の側面である伝来農法の改良およびその普及とともに、第2の側面である町村制の枠組に基づく県農会、郡、町村農会の系統組織化を通じた伝来農法の行政的再編の様相が強く窺える。

　ところで、農会による改良農法の普及状況はどのようなものであったか。いま、農事改良の内稲種子「塩水撰」の実施状況（明治37年現在）を示せば表5-5の通りである[22]。

　同表に従えば、県下「塩水撰」実行割合は郡市により区々（種子量ベース：38〜99％、戸数ベース：41〜99％）であったが、全体としては8割の実行率となり、普及が相当程度進んでいた様子が見て取れる。また、「短冊形苗代」の実施は全県100％に達し[23]、普及は徹底していた。一方、「正常植」の実行歩合は41％に止まっていた。次に、これらの実行割合をそれ以前のものと比べると、「塩水撰」の場合、2年前の明治35年（県平均、種子量ベース：68％、戸数ベース67％）比で[24]、十数パーセントの改善を見ていたことがわかる。また、「短冊形苗代」の場合は、明治34年に県平均で68％であったから[25]、30％・ポイント以上の改善であった。稲作改良への農会の貢献が大きかったことが窺える。

　各級農会（郡市農会、町村農会、部落農会）の系統的関係を青森県東津軽郡を例に一瞥しよう。農会の全国組織化を目指して明治33年に制定された「農会法」に基づき、青森県では、県農会、県農会を構成する7郡2市農会が同年に設立を見ている。ここで取り上げる東津軽郡農会もその一つであるが、同農会は、『系統農会発達史』（青森県東津軽郡農会・東津軽郡各町村農会、昭和16年）によれば、表5-6に示したように、設立時（明治33年、もしくは34年）には管内2町17ヶ村、134大字＝部落に設けられた19町村農会を以て構成され、その後大正6年までに新たに4村農会が加わり、23ヶ町村を数えるに至った[26]。設立当初の会員数は不詳だが、昭和10年代には郡管内町村農会会員数は13,466、この時の世帯数は13,409世帯であったことから、数字上は全世帯をカバーしていた勘定

表5-5 三重県における稲種子「塩水撰」実行状況（明治37年） (%)

郡市名	桑名	員弁	三重	鈴鹿	河芸	安濃	一志	飯南	多気	度会	阿山	名賀	志摩	北牟婁	南牟婁	津市	四日市	合計
種子	38	46	84	75	92	82	82	83	50	92	96	97	90	72	90	98	99	80
戸数	46	41	83	82	95	77	84	77	82	93	95	97	82	76	84	99	98	82

資料：『三重縣農会要覧』（三重縣農会、明治38年）pp.268-269。

表5-6 東津軽郡町村農会概要

農会名	設立年代	会員数[*1]	町村世帯数	町村人口数	大字数
油川町農会	明治33年	–	788	4,544	2
小湊町農会	33年	1,238	1,026	6,473	12
大野村農会	33年	699	542	3,425	3
荒川村農会	40年	700	639	4,324	6
高田村農会	33年	520	236	2,103	6
瀧内村農会	33年	680	328	2,180	5
新城村農会	33年	785	784	5,308	5
奥内村農会	33年	870	847	5,209	7
後潟村農会	37年	652	605	3,586	4
逢田村農会	33年	570	677	4,139	7
蟹田村農会	33年	617	891	5,574	8
平館村農会	大正6年	600	729	4,925	7
一本木村農会	5年	275	396	2,587	1
今別村農会	明治33年	450	541	3,298	4
三厩村農会	34年	200	662	4,285	3
横内村農会	33年	681	468	2,784	9
筒井村農会	33年	600	634	5,030	4
濱館村農会	37年	708	575	3,360	8
原別村農会	33年	579	454	2,791	11
東嶽村農会	33年	483	371	2,438	5
野内村農会	33年	602	1,066	5,910	3
西平内村農会	33年	438	450	3,070	9
東平内村農会	34年	519	488	3,246	6
計		13,466	13,409 [*2]	90,589	134

出典：『系統農会発達史』（青森県東津軽郡農会・東津軽郡各町村農会、昭和16年）pp.18-19。
＊1 会員数は昭和15年調査、世帯数、人口、大字数は昭和10年国勢調査数字。
＊2 町村世帯数合計は油川町を除く。

になる。

　さて、農会間の系統関係を明らかにするために、東津軽郡郡農会の経費収支（予算）内訳を見ておこう。はじめに、郡農会の「経費分賦収入方法」（昭和15年度）は、町村農会から徴収する分賦金について次のように定めている[27]。すなわち、

　　一　耕地反別割　田畑一反に付三銭六厘
　　二　地租割　田畑賃貸価格一円に付五厘六毛弱
　　三　会員割　会員一人に付拾銭
　　四　平均割　一農会に付十円六十銭

　これに対し、事業支出について「東津軽郡農会事業方法書」（昭和15年）が以下の12事業項目を掲げている。すなわち、

　　1. 専任技術員設置、2. 農会事務研究会、3. 仲介斡旋、4. 青物市場経営、5. 農会事業助成、6. 蔬菜の改良、7. 集団苗代共進会、8. 農業経営調査、9. 農事奨励、10. 農村経済更正、11. 表彰、12. 銃後対策。

　このうち、1. 専任技術員は「本会事業の計画遂行は勿論町村農会の指導及其連絡を密接ならしめ且つ農事経営、農政経済に関する適切なる指導奨励を為す」ものであり、2. 農会事務研究会はイ. 町村農会職員事務研究会、ロ. 町村農会長会議、ハ. 農事奨励委員会議の会議費であった。また、3. 仲介斡旋はイ. 共同購買（肥料、薬剤、種苗、農具、必需品）販売（農産物、副業品）斡旋、ロ. 集団労働力調整斡旋からなり、ロは町村農会と協力して進める田植え労働力の調整、分配の調査、貧富賃金の査定をその任とするものであった。これら1～3の事業支出の大方が町村農会へ向けられたものであったが、5. 農会事業助成は県および郡農会と下級＝町村農会、農事改良団体との系統的関係を強く反映した内容となってい

る。すなわち、イ．町村農会技術員設置に対する農林省並県よりの交付金、ロ．軍需農産物の供出を主とする町村農会活動の時局動動助成、ハ．農事改良組合の指定、県、郡、町村農会による共同耕作・軍需特産物供出指導、ニ．時局による労働不足に備えた農模範共同農作業の指導、ホ．農会活動補助、部落内団体的農事指導及活動促進機関としての農事改良組合設立助成、である。各級農会、団体間の組織的連携に基づく資金交付・助成であり、また、時局（軍事、軍需）を反映して連携が一層強化されていく様子が看て取れる。7．集団苗代共進会は農事改良組合による良苗育成および早植奨励、9．農事奨励は、イ．町村農会並びに各種団体主催品評会補助、ロ．郡農会農務所、町村農会による早植奨励、ハ．芋果奨励（苗木配付、各村講習会開催）、ニ．馬鈴薯採種畑、ホ．病虫害防除督励から成り、10．農村経済更正は、イ．農事改良組合を対象に養鶏・豚奨励、ロ．各村農会による稲乾燥奨励、ハ．各村農会による農産加工講習会開催、ニ．副業品展覧即売会、ホ．耕種法座談会を内容とした。11．表彰は郡農会会費完納町村農会への褒章を、また12．銃後対策は、時局（戦時）に備えた応召家族・戦病死者対策、農村教育、農業保険、時局対策農会惣代懇談会、皇紀2600年記念事業を内容としていた。

　郡農会の事業経費の多くは、町村農会、各種農事改良組合活動費に充当されていたことが判明するが、いま、その経費（総額、費目別支出）の推移を収入総額、各費目とともに、各大正7年〜昭和15年について示せば表5-7（1）のようである。大きな変節は大正12年および昭和13年に見られているが、前者については改正「農会法」（農会費の強制徴収、補助金の増額）の施行、農事改良組合設立助成が、また後者については、時局関連の交付金下付が影響したものと思われる。

　表5-8（1）、表5-8（2）は、東津軽郡野内村を例に、大正12〜昭和15年における町村農会の収支の推移を見たものである。収入面では、県もしくは郡農会からの年々の補助金（昭和10年代に入って増額）のほか、昭和7年からは寄付金が、さらに昭和13年からは交付金が計上されている。一方支出面では、ほぼ一定額の県農会への負担金以外では、事業費支出が

表 5-7 (1)　東津軽郡農会収入の推移

(円)

	収入	会費	補助金	補助金		交付金
				県農会	県	
大正7年	3,723	507	2,548			
12年	14,385	10,900		2,300	300	
13年	12,660	10,866		795	300	
14年	12,276	10,266		700	300	
昭和元年	12,107	9,870		750	300	
2年	12,392	9,870		750	300	
3年	12,237	9,770		750		
4年	12,574	9,770		750		
11年	11,863	8,613	1,330			
12年	13,994	9,313	1,030			
13年	21,494	11,358	932			7,410
14年	22,394	11,183	1,597			7,770
15年	22,267	11,300	1,403			7,770

資料：『系統農会発達史』（青森県東津軽郡農会・東津軽郡各町村農会、昭和16年）pp.45-47。
(注) 銭は切り捨て、また、一部合計数字の誤りがあるが、資料のまま計上した。

表 5-7 (2)　東津軽郡農会支出の推移

(円)

	大正7年	12年	昭和元年	4年	11年	15年
事務費	183	1,320	1,680	2,010	1,448	2,436
会議費	61	277	454	608	810	810
事業費 （農会補助）	2,702 (648)	8,640 (2,950)	6,875 (1,010)	7,085 (1,675)	8,391 (690)	16,270 (6,778)
負担金	507	2,957	2,361	2,289	435	1,992
雑支出	58	1,022	537	532	679	618
予備費	210	219	200	50	99	139
計	3,723	14,385	12,107	12,574	11,863	22,267

資料：『系統農会発達史』（青森県東津軽郡農会・東津軽郡各町村農会、昭和16年）pp.45-47。
(注) 表中の（　）内は町村農会補助（助成）費を示す。銭は切り捨て、また、一部合計数字に誤りがあるが、
資料のまま計上した。

表 5 - 8 (1)　東津軽郡野内村農会収入の推移

(円)

	会費	補助金	交付金	寄付金	雑収入	繰越金	計
大正 12 年	813	388			5	5	1,211
13 年	1,003	320			5	50	1,378
14 年	571	300			5	279	1,151
15 年	713	300			1	224	1,238
昭和 2 年	640	185			1	100	926
3 年	740	200			1	57	998
4 年	740	254			1	165	1,160
5 年	740	150			1	92	982
6 年	580	150				40	770
7 年	508	450		360	97	3	1,418
8 年	506	560		360	101	8	1,535
9 年	140	250			151	45	585
10 年	377	200			154	11	742
11 年	393	615		120	232	225	1,585
12 年	525	660		120	205	15	1,525
13 年	673	704	200		100	5	1,682
14 年	991	710	212		43	5	1,960
15 年	758	1,227	264		25	5	2,279

資料：『系統農会発達史』（青森県東津軽郡農会・東津軽郡各町村農会、昭和 16 年）pp.869 - 870。

表 5 - 8 (2)　東津軽郡野内村農会支出の推移

(円)

	事務費	会議費	選挙費	事業費	県農会負担金	予備費	計
大正 12 年				364	343		1,211
13 年				423	357		1,378
14 年				311	338		1,151
15 年				537	322		1,238
昭和 2 年				175	322		925
3 年				324	321		998
4 年				489	319		1,160
5 年				345	320		983
6 年				270	278		770
7 年				10,120	156		1,418
8 年				1,140	222		1,535
9 年				158	259		586
10 年				238	259		742
11 年				970	265		1,585
12 年				991	285		1,525
13 年				887	384		1,682
14 年				1,300	369		1,960

資料：『系統農会発達史』（青森県東津軽郡農会・東津軽郡各町村農会、昭和 16 年）pp.869 - 870。

その主だったものとなる。昭和9、10年の東北大冷害による落込みなど起伏はあるものの、その推移は、基本的には、昭和7、8年の「農山漁村経済更正計画助成規則」の公布や昭和11年以降の時局に伴う事業支出の急増を含め、町村＝末端段階での農会活動の全般的拡大を反映したものであった。いま、**表5-9**により野内村農会の昭和8〜15年の事業内容を一覧すると、苗代をはじめ農作物病虫害駆除、菜果栽培の奨励のための薬剤配布、賞品投与、稲作立毛品評会開催、正常植の指導、凶作防止のための早植奨励等の一般農事のほかに、町村農会の下級農会となる農事改良組合の増設に伴う生産増強と農村指導・教育対策、さらには、銃後農家・農村の労力調整といった時局に向けた対策事業が強化されている点も見受けられる。

　野内村農会は、経済更生事業の一環として行政官庁および上級農会の指示の下、生産増殖に関する事業＝所属農事改良団体（組合）指導計画書を作成した。このうち、米穀に関する概要を示せば**表5-10**のようである。村内地区毎の改善基準と数量目標の設定、苗代および本田各作業工程における木目細かな指導・奨励、調査・試験の実施等系統組織を通じた国の勧農方針の末端団体への徹底振りが窺える。

　以上の事例観察を通じ、第1に、農会は、明治10年代から20年代にかけて、各地に伝わる在来農業の継承とその改良および普及目的に結成された自生的な農事団体を母体として形成されたことがわかる。第2に、農会の活動の大半は、播種より収穫・調整に至る各耕種（工程）の調査・研究と個々の農事指導および奨励に当てられていた。だが第3に、農会が、生産活動以外にも、農作物の販売、肥料等の購入、競進会での表彰、保険、互助など農村生活全般に関わる事業も行い、昭和に入ってからは、時局（農村不況、戦時）に応じ、農村における更正運動の実施母体や統制団体としての機能を併せ持っていたことも看過できない。第4に、制度面では、農会は、それ自体単一組織としては存立せず、法令（「農会法」）に基づき、郡、市町村制の枠組に沿って行政的に系統・組織化されていたことが特徴である。明治政府は、帝国農会を頂点とするこの系統農会、すなわち府県

表5-9 東津軽郡野内村農会事業一覧

昭和8年	苗代病虫害駆除予防薬剤配付、馬鈴薯病虫害一斉駆除、蔬菜奨励種子交付、稲作立毛品評会
9年	裏作技術員設置、菜果栽培苗木配布、苗代病虫害駆除薬剤配布、蔬菜馬鈴薯一般作物害病駆除薬剤配布、早植奨励賞品投与
10年	菜果栽植用苗木補助、苗代病虫害駆除薬剤配布、蔬菜馬鈴薯其の他畑作物病虫害一斉駆除、蔬菜奨励種子配布、早植奨励賞品投与
11年	苗代病虫害駆除予防薬剤配布、蔬菜奨励種子配布、馬鈴薯病虫害防止一斉駆除凶作防止早植奨励並賞品投与、稲作立毛品評会、農事改良組合組織
12年	苗代病虫害駆除予防薬剤配布、蔬菜奨励種子配布、馬鈴薯病虫害駆除、凶作防止早植奨励並賞品投与、野鼠チブス菌配布
13年	苗代病虫害駆除予防薬剤配布、蔬菜奨励種子交付、馬鈴薯病虫害一斉駆除、早植奨励並賞品投与、野鼠投菌剤交付、銃後対策農事労力奉仕班設置
14年	苗代病虫害駆除予防薬剤配布、馬鈴薯、胡瓜病虫害駆除、早植正常植奨励賞品投与、芋果栽培薬剤補助金交付、農作物被害野鼠駆除チブス菌交付、凶作防止研究会設置、農事改良組合増設
15年	苗代病虫害駆除予防、蔬菜奨励種子配給、馬鈴薯病虫害駆除、早植正常植奨励並賞品投与、凶作防止実地指導田畑設置、芋果指導園設置、苗代跡作用試験苗代設置

資料:『系統農会発達史』(青森県東津軽郡農会・東津軽郡各町村農会、昭和16年) pp.871-872。

表5-10 東津軽郡野内村経済更生計画(米穀)

米穀増産に関する事項	イ.部落別耕種法改善基準の設定 ロ.増産数量の割当
特別指導要綱	(1) 苗代 イ.冷温床苗代の増設 ロ.泥負虫防除薬剤の交付 ハ.苗代腐敗病防除薬剤交付 ニ.苗代示標の設置 ホ.苗代跡作試験田設置 (2) 本田 イ.施肥基準の設立 ロ.正常植奨励 ハ.稗夾生防除 ニ.稲熱病防除 ホ.螟虫被害茎抜取り ヘ.稲架材料の斡旋 ト.棒掛乾燥の奨励 チ.代掻馬の斡旋 リ.採種田の設置 ヌ.共同作業の励行 ル.労働賃金の協定 (3) 其の他 イ.凶作防止実地田の設置 ロ.耕種法改善実践成績競進会の開催 ハ.生産数量調査 ニ.米穀配給統制及管理の指導 ホ.土性調査原地試験田の設置 ヘ.米穀増産奨励金の交付

資料:『系統農会発達史』(青森県東津軽郡農会・東津軽郡各町村農会、昭和16年) pp.872-873。

農会―郡市農会―町村農会―農事改良実行組合、を通じて、自らが掲げた勧農方針（在来農業・農法の再編）の実現を図ったのである。

3　農会組織、活動の事例分析：愛知県東春日井郡農会

1　在来農法の改良・普及と農会

　明治28年に設立された愛知県東春日井郡農会は、当初は有志によって設立された私設組合であった。『愛知縣東春日井郡農会史』（愛知県東春日井郡農会、昭和4年）は、同農会の設立主意が「各種農談会（地主、篤農家懇談会）、視察、精農家表彰及び講習講和会等を主催し、以って聊かの農業教育の一斑を窺わしめ、（中略）一般農事の鼓吹をなし、重ねて農業革新の必要とその責任者たることを自覚せしめ（中略）農業的進歩発達の気運促進」にあり、また、その活動方針として農事教育、啓蒙および普及事業を掲げていたことを伝えている[28]。一方、郡農会設立直後から相次いで設立を見た同郡町村農会――設立当初は40余に上り、町村合併（明治39年）後は15ヶ町村農会となった――は、末端における農事改良をその設立の主意とし、併せて、農民の福利増進を図る農業団体であった。東春日井郡の「町村農会則標準」[29]はその活動指針を次のように定めている。

　　第一條　本会は農業の改良発達を図るを以って目的とす
　　第三條　本会は其の目的を達する為左の業務を行う
　　　一、農業の指導奨励に関する施設
　　　二、農業に従事する者の福利増進に関する施設
　　　三、農業に関する研究及調査
　　　四、農業に関する紛議の調停又は仲裁
　　　其他農業の改良発達を図るに必要な事業

　農事改良の気運が高まり、郡下で相次いで農会が設立された背景には、それぞれの地区における人々の在来農業を基軸とする改良農法に対する強

い期待があった点が指摘できよう。東春日井郡15ヶ町村農会の事業内容をさらに詳しく見ると、その点がいっそうはっきりする。すなわち、各経費は極めて微々たるものの、設立当初の事業概要は品評会、講和会、試作場設置、視察、あるいは、共同苗代奨励補助、害虫駆除奨励、産米改良奨励等多岐に亘り、事業の重点が既存農事の改良、奨励・普及に置かれていたことがわかる。後の大正期になると、各町村とも、桑園改良、副業奨励、牛馬耕奨励、米麦作改良、改良農具購入補助、米麦蔬菜種子配布・斡旋等事業数は増加、籾摺機購入補助、桑園改植補助、改良農法指導、競技会、生産費調査など事業内容、規模はさらに拡張を見る。上記事業のうち、東春日井郡にとり牛馬耕奨励がやや異色とも言えるが、牛馬耕作もまた先進稲作地帯ではすでに旧藩時代から導入されていた農法であり、「改良農具購入・指導」（牛馬耕関係の農具＝犁の購入とその使用方法）、「視察」とともに当時の先進在来農法習得のための事業費支出であった。

　改良農法の再普及および先進的在来農法に関する情報の収集が農会事業の中心たりえたのは、各地それぞれの既存農業に改善の余地が多く残されていたこと、また、藩政時代の農業技術の地域格差が極めて大きかったことの反映であろう。とくに改良品種、栽培・肥培技術等農法に関する旧時代の情報格差は地域（国、郡）はもとより、ときには村落間、同一村内階層間においても存在した[30]。すでに本書序章で触れた天保年間の防長地方の史料集成（『防長風土注進案』）は、当時、防長両国には、地域（瀬戸内、日本海沿い）、地勢（平野、山間）によって著しい農業格差が存在していたことを伝えている。また、同地方の明治期の史料『初年以来米麦作沿革』（山口県農務局）は、当時、この地方の2つの有力稲品種であった「都」と「白玉」が、それぞれ、長門と周防とに主栽培地を異にしていたことを示している。両品種の伝播径路が異なっていたこととの関連が指摘できるが、一方、同史料は、1回しか記録に登場しない無数の弱小稲品種が淘汰されないまま各村に残存し続けていたことも教えてくれる[31]。同一地域内にあっても、地勢（山田・里田、水田・麦田）により播種、苗代期間、挿秧期、混納（＝収穫）期、生育期間等稲作の栽培条件が大きく異

なっていたことがその主要な原因であったろうが、それぞれの風土・地勢に適応する栽培技術情報の不足、偏在がそうした栽培品種の分立の理由であった点も併せて考えておく必要がある。かかる情報格差の存在こそ農会設立の主要な契機であったに違いない。各地に極限された利害や技術、情報の共通化による利益の増進が農事団体設立の主要な契機となったことは、愛知県農談会結成[32]の経緯を綴った以下の記述に端的に示されている。すなわち、「我が農業の如き昔時地方分立の境地に安住し、自給自足を本領とし、直接外部との交渉の影響を蒙る少く、交通不便にして彼此相渉らず、物質余りあれども甲乙相通ぜざるなり、されば一般経済の状況各地に局限せられ、個人の経済唯だ単位自活を支さうるに足る、（中略）而るに明治維新以後（中略）社会の制度忽ち革まり経済の情勢従って四方に通ずるに至る、是において（中略）村の経済は独り一村内の収支に任ぜず、一郡の利害は延びて他郡に跨る、是れ即ち（中略）各其の事業の改良進歩を共同に占め自他に潤沢せしめんとす、かくして各種団体其組織の起源をなせるものなり、抑も我農業団体勃興せしは縣下に於いて三河郡を始めとなす、明治十一年三河国北設楽郡稲橋村にては、近傍十二ヶ村の老農相集まりて農談会を組織し、農事改良及利益の増進を以て目的とし、毎年一回之を開会し其の目的を遂行実現に努むることとなせり」[33]。

　ところで、在来農業の「改良、普及」を図る農会にとり、既往の団体や人材を活用することが目標達成のためには都合がよかったに違いない。老農による「農談会」が契機となって農会制度はスタートしたが、この点、東春日井郡郡農会規則は、その第一章「総則」[34]において、「老農ヲ招聘シ農談会ヲ開設スルコト」を明記している（第五條・第九）。老農は、正しく、在来農業の体現者である。また、第三章「会員」[35]では、「名誉会員」として「学識名望ヲ有シ」者を挙げている（第八條）。「一時金拾円以上ヲ寄附シ」者を含め、地域の古くからの名望家、すなわち、村落指導者も農会の有力な構成員であったことがわかる。さらに、農会の組織面において重要な役割を担った層に次第に発言力を強め、農村におけるその政治的、社会・経済的地位を高めつつあった地主勢力があった。各地方、地区

における農会結成には、多くの場合、生産増益の確保や小作料の引上げを目論む地主層が参画していたのである。そうした地主側の思惑が既存農業の改良を柱とした国の食糧増産政策の方針と重なったところに、この時期の農会設立運動の高揚があったと言えよう。農会結成時の人員面に関し『東春日井郡農会史』は次のように記述している[36]。すなわち、「本郡農談会の開設を見たるは実に明治16年のことなりき、当時の会員は何れも地主にして勧農努力の人なりしが、（中略）、而して会の目的は農事改良は素より之れが進歩発達に基づく増収益を旨とし、互いに実験を鑑み批判、発表及農事上の新知識の交換をなせり」と。他方、組織面に関しても、既存農業を改良するためには、新しく組織を立ち上げるよりは、すでに開設されていた品評会や種苗交換会、講習会を制度化することの方が得策であり、効果的であったろう。従来より、各種農業団体は、試作、種子の配布、種苗育成の指導等末端での農事改良、奨励・普及の面で重要な役割を担ってきたが、東春日井郡町村各農会の記述は、「郡より交付を受けて町村若しくは町村の自ら経営するか、又は採種組合、苗代組合、其他の団体をして経営せる……」[37] として、既設団体を農会組織に取り込み、その活用を図っていた様子を伝えている。

2　農会の系統組織化：在来農法の改良と普及組織の国家的再編

　伝来農業・農法の再編への貢献と並ぶ農会のもう1つの特色、すなわち、農会が組織形態上極めて系統化された団体であった点について東春日井郡下の状況はどうであったか。農会が帝国農会を頂点とした系統組織化されるのは明治末年のことだが、各地に散在する優良な農法と品種の収集と改良、その再普及、また、それに伴う栽培・肥培技術の伝達という農会設立の主意から見て、各下級組織とより広域を管轄する上級組織との連携が不可欠であった。農会は、その点で、設立当初から系統組織化を方向付けられていたものと考えられる。純然たる農事講究機関であった大日本農会[38]が全国農会の中央本部に担ぎ出され、また、井上馨の系統農会創設の方針が打ち出されるや直ちに「中央農会」設立の声が高まり、やがて「全国農

事会」結成への運びとなったのは[39]、設立当初より各農業団体が有した、より上級団体との連携志向に起因したものと考える。それは又、官（国、県および郡・市）による民間団体の集権的な組織化を容易にし、後の国主導の農業再編＝"官製農業"構築を可能にしたのである。
　官主導による農業団体の系統組織化への動きは、愛知県の場合、早くも、明治11年に民間より抜擢した農事通信員の管内各郡配置の方針に現われていた。いま、通信者の業務について「仮規則」[40]より抜粋すれば、次の通りである。
第一條　各通信者に於いては、其区内の農事の景況と本人農事経験の始末を記載し、之を第二課に通信すべし、第二課に於いては右通信の要件を撰び或は本課の意見を加え之を勧農局へ申報すべし。
第二條　通信の部を分かちて　臨時報、月報、年報の三種とす、第二課より勧農局への申報も亦之に同じ、……。
第三條　臨時報とは、気象節を失い冷熱俄かに至り、或は風雨水旱等の異になりて農産を妨ぐるの類。植物の害虫或は家禽の伝染病兆候ある類。
第四條　月報とは、物産の生長及び豊凶を報ずること。試験せる植物生長の景況及び後来其地に適して民益となるべきや否やの見込等、但し勧農局並に第二課より頒布の種子苗木類等も之に準ず。耕作の方法を改良し、或は農具を改正して労費を省くの類。山野を開き原野を起し、新たに物産を繁殖する等の類。農業上便利の器械を用い或は水力、火力、牛馬力等によりて大いに労費を節減せる事。
　通信者の県農談会への参加が各郡農談会の定期（年2回）開催を促し、農事会開設、やがては、県農会（明治27年）、郡農会（同28年）創設へ

と発展していく様子が記されている。農事情報の吸い上げと農事改良情報の発信を通じ、通信員制度が郡農事団体が県勧農局の下に吸収、組織されていくきっかけになっていた点が看取される。中央（国）を頂点とする集権的行政の枠組＝県、郡・市町村制度に則して各級農会が制度として正式に発足を見るのは「農会法」制定（明治32年）以降のことであるが、系統化への素地は、県によっては、農事団体設立当初から敷かれていたと言えよう。

　全国農事会（後の明治43年に、呼称を帝国農会に改める）を中央農会とし、府県農会、郡・市農会、町村農会を系統組織化したのが明治32年制定の「農会法」であった。東春日井郡では、当初有志＝私設組合としてスタートした郡農会が法令（「農会法」、「勅令」、「農会令」、「農商務省令」）に基づき改めて「東春日井郡農会」として認可されている。同郡の場合、すでに郡内にあった町村農会が相次いで先に法人組織＝「町村農会」として認可・設立され、「町村農会」が主導して郡農会設立の議を起こしている。その意味では、「其の施設目的を達成し、能く町村農会の指導奨励に努め、且つ其の成績の向上に寄与する」[41] 郡農会の主意は当初から定められていたと言える。町村農会の郡農会への参画（「議員」選出）、郡農会の県農会への参画（「議員及予備議員」選出）の「会則」が示す通り[42]、組織面での県―郡―町村の系統化が図られていた様子が看て取れる。やや後年（昭和10年代半ば）のものとなるが、農会の系統図を図5-1を掲げよう。各級農会が最下位の町村農会から郡・市農会、県農会、最上位の帝國農会へと系統立て位置づけられている。ここには図示されていないが、これに、部落＝大字単位に組織された農事改良実行組合が町村農会の下位に加わる。東春日井郡の農事改良実行組合は大正末年〜昭和初年にかけて急速にその設置数を伸ばしたが[43]、同組合は、正しく、末端での農事改良に当たる実行組織に他ならない。一方、図最上位＝帝國農会を構成する「特別議員は行政官庁が農業に関する学識経験あるものより任命したるもの也」[44] としており、ここに、政府＝農商務省（農事試験場）による農事指針が下位農会、実行組合に伝達される仕組が制度的にも完了したの

図 5-1　系統農会組織図

帝国農会、道府県、郡各農会の総会は、それぞれ、議員（特別議員）をもって構成される。市および町村農会の総会は、以下のように、代議員によって構成される。

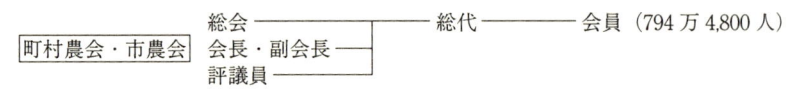

出典：『系統農会発達史』（青森県東津軽農会、東津軽郡各町村農会、昭和16年）p.57。

である。

　農商務省『主要作物改良奨励概要』（明治43年）は、試験場による種類試験に基づく優良品種および優良農法の決定、農会頒布の種子の増殖と優良農法の普及活動、道府県による補助金交付等農事試験場、府県、農会の連携の下に、農事改良が推し進められていた様子を伝えている。一例を掲げよう[45]。

　　　改良奨励事項
　　　　種類改良：種類試験、採取田、講習講和　　**選種**：塩水選、唐箕選
　　　　輪作：輪作試験、講習
　　　　和、施肥：肥料試験、堆肥厩肥の製造　　**病虫害駆除予防**：駆除予防
　　　　励行、講習講和、種類改良：調査、採種苗
　　　方法
　　　　農事試験場による決定、郡農会による種類試験、道府県農会優良品種の町村農会採種圃での増殖
　　　経費の出所区分
　　　　一般試験場費、県補助金等

　一方、かかる連繋を地方＝東春日井郡農会の側から眺めると、同農会はその「奨励施設事業」として以下の14項目[46]を掲げている。すなわち、

1. 普通農事（米麦品種改良、苗代改良、米麦増収研究、肥料改良、試作地設置、病虫害駆除予防、米乾燥改良）
2. 蚕業
3. 畜産
4. 副業及び園芸
5. 農事教育
6. 奨励補助
7. 記念事業
8. 地主及び小作関係
9. 農政及び経済
10. 農業経営
11. 仲介斡旋
12. 表彰
13. 建議及び陳情
14. 其他

　また、上記 1. 普通農事の「米麦品種改良」に関する事業内容の記述は、県農事試験場精選の優良米麦原種が郡農会および町村農会設置の採種圃を通じて増殖、町村一般農家へ頒布される様子を伝えている。いま、大正 8 年についてそれを示せば、「郡直営水稲採種圃 4 反歩、此れより採種する原種約 10 石、此の原種を町村農会経営の採種圃 40 町歩余りの原種に充て、町村は 1,200 石の種子を得、之れを郡内耕地約 6,000 町歩の稲作反別に反当 2 升宛を交付するときは、農家は毎年栽培用種子を更新することを得……」[47]。採種圃の管理経営を一層周到ならしめるために、採種圃経営の概要、種子配布方法を定めた「採種圃事業計画」を作成、さらには、浸種、播種期・播種量、苗代肥料、本田整地、挿秧等「耕種標準」を示していた[48]。
　こうした農業試験場、郡、町村農会の系統的関係は農事指導員派遣制度

に強く現われていた。農事指導員の歴史は、既述の通り、愛知県の場合明治11年の「農事通信員」設置に遡るが、系統農会間（郡農会—町村農会）の農事指導体制は、農事改良に対する奨励を目的に県内篤農家にそれを嘱託して発足した「農事指導員派遣制度」（明治42年）において正式に制度化された。東春日井郡農会は、その趣旨に基づいて大正2年に郡農会より農事指導員を町村農会へ各1名派遣し、同5年には「農事指導員設置規定」を設けて、町村農会への指導を強化、米麦改良に限らず農事全般に亘る振興に当たらせている。また、郡農会との連絡統一を期するため、毎月例会を郡農会に招集し、事業の遂行に努めている[49]。とくに大正5、6年には、町村農会に対し補助金を交付し、指導員の設置認可を申請させ、郡農会農事奨励員に嘱託し、郡・町村農会の連絡を図るよう制度を改正している。「指導員設置規程」[50] によれば、「農業指導員ハ町村農会ニ勤務シ町村農会長ト協力シ各担任町村ノ農事ヲシ同奨励シ其ノ発展ヲ計ルモノ」とし、また、「農業指導員ハ郡農会長之ヲ任免ス」とある。農事面での郡農会、町村農会の連携振りが窺える。農業指導員制は大正7年に廃止されたが、その後、農業指導以外にもその職務を拡大する形で、補助金支出の任に当たる郡農会選出の町村農会専任幹事制度および農法に関しては、町村農会への情報伝達を促進するための技術員制度（大正13年）が設けられた。技術員制度は、農事の発達を促進し、農村振興を実現する上で農業改善を技術面で直接支援する人員を各町村農会に常設する必要から設けられたものである。一方、町村農会から郡農会への補助金交付の申請は、県農事試験場練習生の課程を修了もしくは「農業学校卒業者ニシテ農業技術に熟達セシモノ」に当たらせた。試験場、農学校、各級農会の連携がここにも窺える。

　かくて、下級農会たる町村農会は農事試験場や上級農会との系列化を強めつつ、農事改良の下部団体としての活動を促進させていたが、その事業が本格化したのは、農会の歳出入規模から見て（後出の表5-20を参照）、大正後半以降、とくに昭和に入ってからのことであった[51]。実際、『東春

日井郡農会史』は農会設立から10数年間は「機未だ熟せざりしか一般事業としては遅々として振るわず」[52]、各町村農会の「施設事業の概況」も、「本会創立当時より大正元年迄は、殆んど事業として見るべきものなく」、「唯だ農会事業の名目を保持するのみの状況なり」し点を伝えている[53]。こうした不振打開策のひとつが先述した郡農会による農事指導員の派遣（大正2年）、専任幹事の設置（同7年）による上級農会との連携強化であり、町村農会内の組織強化のため設置を見た町村農会部（大正2年）であった。「町村農会部設置規程準則」[54] によれば、「本町村農会ハ系統農会ノ基礎ヲ堅固ニシ、各種施設ノ普及ヲ図ランガ為メ部ヲ置キ会員ニ部属ヲ定ムル者トス」とし、「本町村農会地域ヲ分チテ部トス」とある。同制度は町村内を区分し、各部に部長、組長を置いて農事改良を監督・奨励する、言わば、町村内における普及組織の系統化を企図したものである。町村農会は最終＝下級農会として位置付けられるとは言え、実際の農事実行単位は村落を構成する各地区（字）であった。農会系統化の動きは、上部団体との繋がりの強化を図る一方、他方では、町村農会内末端の農業単位の組織化にも向けられた点に留意したい。町村農会総代制（大正12年）の採用も、また、とりわけ、後年、町村末端における実質上の農事および農村生活の実行団体として大いに機能した農事改良実行組合の結成（同13年）は、こうした下部に向けた農会系統組織化の延長線上の動きとして捉えることができよう。農会制度は、ここに、中央本部としての帝国農会を頂点に、県農会、郡農会、町村農会、町村農会の部局化、そして、末端部落農会＝農事改良組合に至る文字通りの"系統化"を達成したのである。

　末端組織としての農事改良実行組合は、東春日井郡では、当初（大正12年）6組合の設立に止まったが、県の奨励および町村農会の指導があって、昭和3年には319組合の設置を見るに至った[55]。町村によって設置数は区々であった。1村当たり最小組合数は7、最大は34組合に及んでいる。実行組合の事業内容は、表5-11の通りである。末端の実行機関のためその内容は生産面に限らず、経済面、生活、教育等多岐に及んでいた。もとよりこうした農事改良事業は以前から個別団体（共同採種組合、米穀受検

表 5−11　東春日井郡農事改良実行組合事業内容

生産方面事業	経済方面事業	教育方面事業
優良品種ノ栽培	農業経営組織ノ改善	農談会・修養会・講習会開催
採種圃ノ経営	農業労力ノ利用調整	農事視察員ノ派遣
栽培法ノ改良	畜力機械力ノ利用	時間ノ励行
奨励米ノ交付	種子肥料農具ノ共同購入	農事掲示板ノ設置
米穀ノ改良	肥料ノ共同配合	其他
米穀受検準備	農産物ノ共同販売	
堆肥舎建設及堆肥ノ増殖	改良農具ノ共同使用	
緑肥ノ栽培	冗費ノ節約	
品評会競技会ノ開催	資金ノ蓄積並貯金ノ励行	
其他改良事業	適切ナル副業ノ経営	
	其他	

資料：『東春日井郡農会史』（愛知縣東春日井郡農会、昭和4年）p.1315。

組合、貯金組合、納税組合、農業研究会、園芸研究会等）において実施されていたが[56]、「此種組合の組織に就いては、部落単位の小規模なるものにして」[57]、そのため、農事改良実行組合がそれら諸団体を部落単位に統合し、「農事改良組合規約」をもって法人組織化したのである。農事改良実行組合は、奨励金交付を通して、上級農会との関わりを有していた。県は組合を中心とし農村の改善農家の福利に「補助規定」[58]を制定して（大正13年）補助金を交付、また、昭和3年には「農事改良実行組合奨励規程」[59]を定め、郡農会、町村農会を通じて奨励金を交付している。各町村「事業概要」によれば、「農事改良実行組合の設置せらるるや、益々農会の意義を発揮せしむるの必要を認め、昭和2年に至り技術員を設置し、農事の改善指導に努むると共に農事改良実行組合の経営上之が指導誘撫に専ら力を注ぐこととなり、漸くにして農会の面目を改むるに至れり」[60]と、同組合設置以来、農会活動は、他の奨励策と相俟って、農業発達上大いに成果を挙げることとなった。

　なお、農事改良実行組合は、「農事改良実行組合規約準則」第二條「目的ヲ達スル為ノ事業（乙）」に掲げられた諸項目：「農業労力ノ利用調節」、

「種子肥料農具ノ共同購入」、「肥料ノ共同配合」、「農産物ノ共同販売」、
「改良農具ノ共同使用」、「資金ノ蓄積並貯金ノ励行」からも窺い知るよう
に[61]、「隣保相助」、「共存共栄」をその根本精神とし、農家の「一致団結」、
地主小作の「親善融和」を強く意識して農事改良、農村改善に当たる、言
わば、時局を色濃く反映した農業団体であった[62]。組合の設置目的が農
事改良それ自体（「準則」第二條（甲）「生産面ノ事業」）よりも、それに
臨む農民の団結、協力の心構えの方に力点が置かれていた節さえ窺える。
さらに、組合の主要事業の一つである競技会に関する「東春日井郡農会農
事改良実行組合共進会規程」[63]は、会員参加を「本郡内ニ設置シタル農事
改良実行組合ハ必ズ本会ニ参加スルノ義務アルモノトス」とし、褒賞授与
を通じて組合間の事業成績を競わせ、農民の団結と農村の発達を鼓舞する
など、事業遂行を「規程」をもって会員に活動を強制する、統制色の濃い
農業団体であった点を伝えている。こうして、農事改良実行組合は、伝統
的な部落共同体を単位に農民の精神的規範をも包摂する実行団体として、
在来農業再編を企図する国家事業末端に位置付けられたのである。戦時統
制が強まる昭和 16 年の「水陸稲ノ地域別耕種改善規準」（農林省農政局）
によれば、「郡ノ委員会ニ附議スベキ町村別耕種改善規準」は道府県の委
員会において決定される耕種改善規準に基づき郡農会が案を立て、所在の
農事試験場分場、農産物検査支所等で審査し、また、「市町村ノ委員会ニ
附議スベキ部落別耕種改善規準」は、郡の委員会で決定された耕種規準に
基づき市町村農会において案を立て、郡農会技術員・道府県の駐在技術員
の参画の下、市町村・農会技術員、青年学校職員、農産物検査員、農家組
合長、篤農家によってこれを決定する、としている[64]。部落最末端に至
る系統組織化された農会を軸に、農業・農村に対する国家統制が強力に押
し進められたと言えよう。

3　農会予算と農会活動

　農林省農務局「農会ニ関スル調査」（昭和 8 年、以下、農務局「調査」
と略記）によれば、昭和 7 年現在の全国 47 道府県、郡、市、町村におけ

る農会数は**表5-12**の通りである。全国の行政区画数（＝郡・市町村数）の9割に近い数の農会があったことになる。とくに村農会は、ほぼ1村に1農会の割合で存在していた。また、表示はしていないが、昭和6年末時点の農家総戸数6,590,757戸に対し農会員は6,683,511人を数えた。数字上は全農家が農会に加入していた勘定である。農会組織は、この時までに、全国農村・農家を隈なくカバーする巨大組織に成長していたと言える。また、これら数字の、大正3年からの経年変化は、**表5-13**の通りである。郡農会は微増、市農会は大正9年から13年にかけて急増、一方、町村農会は大正9年を境に減少に転じている[65]。

　さて、「農会法」は、農業の改良発達を図るため行う農会の業務として次の5つを定めている。

　　一、農業ノ指導奨励ニ関スル施設
　　二、農業ニ従事スル者ノ福利ニ関スル施設
　　三、農業ニ関スル研究及調査
　　四、農業ニ関スル紛議調停又ハ仲裁
　　五、其ノ他農業ノ改良発達ヲ図ルニ必要ナル事業

　農務局「調査」（第十七章：事業）によれば、**表5-14**に示した通り、道府県農会以下、各級農会とも経費の大半（72.9％）を「農業ノ指導・奨励ニ関スル施設」に充てていた。「農業ノ改良発達ヲ図ル目的トセル為指導奨励ハ農会事業ノ重要ナル地位ヲ占メ居ル」様子がはっきり確認できる[66]。

　表5-15は、その「指導奨励施設」費を構成する5費目（生産、経済、社会、教育、其ノ他）の内訳を道府県農会について示したものである。品種改良、普通農事、養蚕、畜産、園芸等から成る「生産的施設」は文字通り農業生産経費の要であったが、この「生産的施設」を含め、5費目への各級農会別支出割合を見た**表5-16**により、「生産的施設」への支出割合は上級農会で低く、下級農会で高かったことが判る。「生産的施設」の支

表 5-12　全国 47 道府県、郡・市町村農会数（昭和 7 年）

	帝国農会	道府県農会	郡（島）農会	市農会	町農会	村農会
農会数	1	47	560	92	1,505	9,866
行政区画数		47	635	109	1,702	9,980
行政区画数との差	–	–	75	17	197	114
対行政区画数比率	100.0	100.0	88.2	84.4	88.4	98.9

資料：農林省農務局「農会ニ関スル調査」（昭和 8 年）pp.3-4。

表 5-13　農会数の推移

	大正 3 年	大正 6 年	大正 9 年	大正 13 年	昭和 2 年	昭和 7 年
帝国農会	1	1	1	1	1	1
道府県農会	46	46	46	47	47	47
郡（島）農会	553	557	557	561	560	560
市農会	38	48	51	78	85	92
町村農会	11,347	11,573	11,609	11,544	11,478	11,371
合計	11,985	12,225	12,264	12,231	12,171	12,071

資料：農林省農務局「農会ニ関スル調査」（昭和 8 年）p.4。

表 5-14　各級農会の事業費内訳

	道府県農会	郡農会	市農会	町村農会	事業費合計	同比
指導・奨励	1,853,385	2,542,735	108,796	2,728,097	7,232,013	72.9
福利増進	56,706	303,927	9,173	447,293	817,099	8.2
研究・調査	30,902	48,920	10,006	118,552	208,380	2.1
調停・仲裁及其ノ他	162,342	301,237	39,108	1,161,752	1,664,439	16.8
合計	2,102,335	3,196,819	167,083	4,455,694	9,921,931	100.0

資料：農林省農務局「農会ニ関スル調査」（昭和 8 年）pp.85-86。

出割合が 1 割未満であった道府県農会に対し、郡農会のそれは 45%、農業生産を実際に与る末端＝下級農会：市農会、町村農会のそれは、それぞれ、75%、78% にも及んでいた。農会事業費全体の 7 割以上が「指導奨励施設」に当てられていたことはすでに述べたが、さらにその過半が「生産的施設」への支出であったのである。上級組織である道府県農会の場合、

表5-15 「農業ノ指導奨励施設」費内訳（道府県農会）

生産的施設	147,340 （8.0%）	1. 品種改良、2. 普通農事奨励、3. 園芸及特用作物奨励、4. 養蚕奨励、5. 畜産業奨励、6. 副業奨励、7. 肥料改良増殖奨励、8. 耕地改良、9. 農具改良奨励、10. 病虫害駆除予防、11. 其ノ他
経済的施設	398,798 （21.6%）	1. 農業経営改善指導奨励施設、2. 農業組合並共同施設奨励、3. 配給改善指導奨励施設
社会的施設	16,796 （0.9%）	農事協議会、農事研究会、農事懇談会、農政研究会、農村研究会、篤農家懇談会、農村計画奨励、農村開発奨励、農村改善、生活改善、農村運輸改善、農家設備改善、農家住宅改善、託児所奨励、青年会事研
教育施設	1,134 （0.0%）	婦人農事講習会補助、農村青年指導
其ノ他ノ施設	1,288,317 （69.5%）	下級農会技術員設置奨励、下級農会事業補助、郡農会特殊施設奨励、特殊町村農会事業奨励、郡市町村農会督励、町村農会奨励、指導農会補助、農会振興事業、農会経営研究会、農会経営改善指導、下級農会技術員育成、各級農会役職員会、技術員協議会、農会総代懇談会、総代大会補助、総代大会、農会記念大会、町村農会是設定指導、嘱託員手当
合計	1,852,385	

資料：農林省農務局「農会ニ関スル調査」（昭和8年）pp.97-105。
（注）（ ）内は、各級農会施設費目の「指導奨励」費合計に対する割合を示す。

表5-16 各級農会「農業ノ指導奨励」費

	道府県農会	郡農会	市農会	町村農会
生産的施設	147,340 （8.0）	1,148,485 （45.3）	81,166 （74.6）	2,128,208 （78.0）
経済的施設	398,798 （21.6）	310,118 （12.3）	23,175 （21.3）	548,533 （20.1）
社会的施設	16,796 （0.9）	14,775 （0.6）	2,648 （2.4）	22,801 （0.8）
教育施設	1.134 （0.0）	2,939 （0.1）	57 （0.1）	7,676 （0.3）
其ノ他ノ施設	1,288,317 （69.5）	1,056,418 （41.7）	1,750 （1.6）	20,879 （0.8）
合計	1,852,385 （100.0）	2,532,735 （100.0）	108,796 （100.0）	2,728,097 （100.0）

資料：農林省農務局「農会ニ関スル調査」（昭和8年）pp.97-105。
（注）（ ）内は、各級農会施設費目の「指導奨励」費合計に対する割合を示す。

同費目への支出は僅か（指導奨励費全体の8%）に止まり、一方、下級農会への事業補助、下級農会技術員育成や下級農会督励、総代会補助等郡、市町村農会の事業や農会運営に関する交付金が支出全体の7割近く（表中の「其ノ他ノ施設」）に及んでいた。上級組織としての道府県農会の立場

が経費費目にはっきりと示されたと言えよう。

「生産的施設」11項目（**表5-18参照**）のうち本章の関心事項の1つである「品種改良施設」について一瞥しておこう。**表5-17**によれば、「品種改良施設」費のうち文字通り品種改良に充当されたケースはさほど多くはなく（11,371町村農会中595農会）、その大半は、採種圃、原種圃の設置や種苗・育苗の買上げや関連事業の奨励、補助に当てられていた。農会が品種改良事業に直接携わることは少なく、むしろ、事業の中心は国立農事試験場及び支場、道府県農事試験場より配付された品種を原種圃、採種圃を通じて増殖、農民にその種苗を給付する普及活動にあったことがわかる。

　この「品種改良施設」費の「生産的施設」費に占める割合は道府県農会で2.6%、郡農会、市農会で6〜8%、最も高い町村農会で14%弱であった。具体的、実践的作業である「品種改良施設」面での道府県農会の関与はとくに少なかった。指導・奨励に事業の重点を置いた上級農会としての道府県農会の立場がここにも窺え、農事の改良とその普及面での各級農会の役割の分化に農会組織の系統化された断面を垣間見る。なお、農会組織の頂点に立つ中央＝帝国農会の業務内容を農務局「調査」により示せば、**表5-18**の通りである。道府県農会をはじめとする下級農会の知識向上を図るための講和・講習会の開催および会報の刊行、農会活動の促進奨励のための役職員と各級農会の表彰、農家・農村経済および農事機関に関する各種実態調査、農政に関する建議・答申等農会与論を代表する帝国農会の中央農会としての事業活動が並ぶ。

　さて、農会事業費支出に関する以上の全国数値に対し、再度、個別事例として、東春日井郡農会の事業費内容の推移を掲げよう。事業費支出内容から明らかとなった農会の一般的事業内容、農会組織のあり方が個別事例においても確認できる。**表5-19**は、東春日井郡農会の事業費支出について、農会設立（明治33年）以来昭和3年に至る推移を項目別に見たものである。設立当初の郡農会の支出額は小さく、また、支出項目も大会開催費（共進会、農談会、種苗品評会等）、試験費、視察・調査費、懸賞金支出（螟虫駆除懸賞費、稚蚕共同飼育）等純然たる農事改良費に限られたも

表 5 - 17　各級農会「品種改良施設」内訳

府県農会	採種圃設置 (6)、同奨励 (7)、同監督 (2)、種苗改良 (1)	47,519 (2.6%)
郡農会	各種品種改良 (11)、米麦品種改良 (21)、採種圃設置 (143) 米麦採種圃設置 (34)、蘿蔔採種圃設置 (1)、採種圃奨励補助 (62)、共同採種圃奨励 (20)、紫雲英採種圃奨励 (2)、米麦原種圃経営 (3)、委託種育場設置 (1)、米麦選種奨励 (1)、稲新品種育成 (1)、苗圃設置 (8)、蔬菜苗圃設置 (1)、優良種子普及 (6)、原種配付 (4)、種苗配付 (33)、種苗交換会 (7)、種苗改良 (12)	198,863 (7.9%)
市農会	各種品種改良 (8)、採種圃設置 (16)、採種圃設置奨励 (3)、共同採種圃設置奨励 (5)、米麦採種圃設置 (6)、選種 (3)、優良品種普及 (4)、優良種子普及 (4)、種苗改良 (11)、種苗配付 (1)、種苗採種養成 (1)、種苗購入 (3)	6,823 (6.3%)
町村農会	各種品種改良 (595)、小麦品種統一 (1)、各種採種圃設置 (2,671)、原種田設置 (2)、米麦採種圃設置 (805)、各種採種圃奨励 (194)、水稲採種圃奨励 (4)、団体採種助成 (1)、紫雲英採種奨励 (1)、苗圃ノ設置 (44)、改良苗圃奨励 (1)、種苗育成 (36)、種苗管理 (1)、育苗事業奨励 (23)、種苗改良 (97)、種苗配付 (716)、種苗配付奨励補助 (39)、優良種苗普及 (52)、種子買上 (1)、種苗購入補助 (220)、種苗交換事業 (7)、種苗交換補助 (1)、米麦原種買上 (3)、米麦原種代補助 (3)、籾種買入 (2)、撰種 (355)、撰種補助 (3)	374,790 (13.7%)

資料：農林省農務局「農会ニ関スル調査」（昭和 8 年）pp.97 - 98、111 - 117、140 - 141、151 - 153。
(注) 内訳欄 (　) は各級農会数を、また、支出欄 (　) は「生産的施設」費に対する「品種改良施設」支出の割合を示す。

表 5 - 18　帝国農会の業務内容

講習講和	地方講演、郡農会職員講習会、農産物配給改善指導会、副業品取引改善指導会
	調査部調査：農家負債調査、農家公課負債調査、頼母子講調査、地租改正調査、生産・価格調査、小作地返還調査、小作法調査、養蚕特約組合調査、農村生活改善調査、各級農会事業調査、各級農会予算調査、郡市近郊農業調査、各種産業団体連絡統制調査、農政時事問題調査
	農業経営部調査：農業経営集計調査、農業生産費調査、農産物配給調査、青果物市況・作況調査、農家生産物価格調査、農産物配給費調査、農家生産物海外販路調査、中央卸売市場調査
印刷物	帝国農会報、帝国農会時報、市況通報、農家経済調査書、帝国農会関係諸規則、農会関係法規集、農産物配給調査報告、農村生産物海外販路調査報告、その他（翻訳書）
農業経営改善指導	下級農会技術員養成
表彰	帝国農会、道府県農会役職員並郡市町村農会ノ表彰
販売購買斡旋	農産物並必需品販売購買斡旋、その他
協議会	販売斡旋所長協議会、道府県農会配給改善主任者協議会、蚕業委員会、道府県農会幹事主任技師協議会、道府県農会長協議会、全国温州蜜柑互評会、副業品取引改善協議会、蠹苔販売改善協議会、地租改正調査委員会、小作法案調査委員会、全国農会長大会
建議答申	新地租法制定ニ関スル件、米価政策ニ関スル件、農家負債ニ関スル件、養蚕業基礎確立ニ関スル件、小麦、大豆、及澱粉ノ輸入税引上ニ関スル件、農村負債整理ニ関スル件、中央卸売市場卸買人ニ関スル件、農家生産物輸出検査規則ニ関スル件、その他

資料：農林省農務局「農会ニ関スル調査」（昭和 8 年）pp.199 - 200。

表 5-19　東春日井郡農会事業費内訳　（円）

	農談会・品評会・他	研究・視察・調査	農具・農事改良一般	懸賞・表彰	講習会	奨励金	補助金	諸手当	其の他	合計
明治33	255	40								295
34	400									400
35	629	130								759
36	549	150								699
37	63	70								133
38	183		50	180						413
39	243		60	180	40		50			573
40	239	50	250	50	130	50	260			1,029
41	330	70	400	50	200	180	260			1,490
42	370	270	300	50	200	170	220			1,580
43	350	170	300	50	200	250	250			1570
44	200	175	275	50	200	490				1390
大正元	80	105	225	50	200	720				1380
2	50	75	275	20	100	180	200	2016		2,916
3	50	100	325	20	120	410		2431		3,456
4	30	210	515	20	80	765		2431		4,051
5	225	70	485	20	80	865	50	2232		4,027
6	280	80	1450	20	80	800	120	2592		5,422
7	50	170	1530	20	150	817	640	900		4,277
8	400	220	285	30	200	1088	190	1172		3,585
9	500	170	490	80	250	700	850	2534	170	5,744
10	750	180	610	80	500	650	1700	2670	636	7,776
11	500	430	1035		750	780	5500	1326	586	10,907
12	350	430	845		600	2000	3280	3290	600	11395
13	750	610	730		450	1900	7155	4390	480	16465
14	550	310	500		250	5650	3850	4900	480	16490
昭和元	650	610	500		350	5050	3950	7430	530	19070
2	700	660	500		100	3550	7650	5506	1030	19696
3	700	510	350		100	3000	7900	4552	830	17942

資料：『東春日井郡農会史』（愛知縣東春日井郡農会、昭和 4 年）pp.395-403。

208

のとなっていた。その後支出規模は次第に増え、大正10年代に入ると急速に拡大する。また、支出項目数も増え、農事改良のための直接の経費のほか、多岐に亘った。中でも、奨励費（稚蚕共同飼育奨励補助、農桑会奨励、産業組合奨励、耕牛奨励、堆肥奨励、品評会奨励、園芸奨励、養蚕奨励、桑園改良奨励、共同苗代奨励、養鶏奨励、自給肥料奨励、養豚奨励、改良農具奨励）、諸手当（農事奨励員手当、町村指導員費、技術員費、町村農会専任幹事補助）、農業諸団体への補助金支出（当初からの蚕病予防消毒組合補助、産業組合郡部会補助に加え、養蚕教師設置補助、農業倉庫補助、米麦共同販売補助、養蚕組合補助、養蚕組合連合会補助、耕牛組合補助、畜産組合補助、町村技術員設置補助、農事改良実行経営共進会、養蚕同業組合補助、農業教育研究補助）の伸張が著しかったことがわかる。いずれも官内農事諸団体もしくは下級農会を組織する郡農会の上級農会としての立場を反映した交付金であり、その合計額は、多くの年で、支出全体の7〜8割に及んでいた。

　次に、表5-20および表5-21は、下級農会である東春日井郡15ヶ町村の歳出入の規模および各内訳の推移を大正8〜昭和3年について見たものである。この間の農会活動の活発さを反映して歳出入規模が短期間のうちに倍増している。歳出の内訳を見ると、其他を除く各費目（事務費、会議費、事業費、負担金）とも増加しているが、事業費の増加のテンポが幾分速くなっている。その結果、歳出に占める事業費の割合は、当初の20％台、30％台から40％以上の水準にまで上昇している。農会活動の全般的強化、なかんづく、大正12年の農事改良実行組合の発足を背景としたものであろう。事業費支出を中心に増え続ける歳出に対して歳入では、会員数の増加に伴う会費収入の増加と上級農会からの補助金の増額がこれに対応した。このうち会費収入は歳入全体の過半を占め、当初その割合は7割以上にも及んでいた。農会活動を支えたのは、基本的には、会員であったことが改めて確認できる。会費収入は観察期間中増え続け、昭和3年には当初（大正8年）の3倍近くまでになった。しかし、これを対歳入比率で見ると、大正13年以降は低下に転じ、昭和に入ると50％台にまで落ち込んでいた

表 5 - 20　東春日井郡 15 ヶ町村農会歳入内訳

() 内は対歳入
総額（比率）

	会費	補助金	其他	総額
大正 8 年	12,477 （37.1）	9002 （21.8）	12067	33,559
9 年	18,501 （68.2）	4905 （18.0）	3711	27,109
10 年	19,910 （72.7）	4052 （14.8）	3413	27,378
11 年	19,463 （72.2）	4003 （14.8）	3,456	26,924
12 年	25,042 （79.1）	4924 （15.5）	1628	31,628
13 年	30,139 （51.2）	5681 （8.6）	2759	58,852
14 年	31,405 （68.6）	10,696 （23.3）	4634	45,731
昭和元年	31,896 （53.7）	16,069 （27.0）	11334	59,301
2 年	32,498 （56.2）	19,265 （33.6）	6142	57,268
3 年	34,715 （58.0）	17,482 （29.2）	7636	59,832

資料：『東春日井郡農会史』（愛知縣東春日井郡農会、昭和 4 年）p.1024 - 1073。

表 5 - 21　東春日井郡 15 ヶ町村農会歳出内訳

	事務費	会議費	事業費	負担金	其他	総額
大正 8 年	3933	305	22,172	5454	1694	33,559
9 年	5,900	473	9935	8513	2281	27,109
10 年	6451	496	9,269	8747	2407	27,378
11 年	3327	430	6712	12,239	4215	26,924
12 年	6,550	1164	8454	12,507	3010	31,628
13 年	8,098	1332	11,237	15,526	2672	38,852
14 年	9,400	1382	16,782	15,651	2512	45,731
昭和元年	19,310	1442	37,638	18,709	2180	59,301
2 年	11,662	1567	23,221	20,096	1714	57,278
3 年	9052	1489	24,757	21,997	1110	59,832

資料：『東春日井郡農会史』（愛知縣東春日井郡農会、昭和 4 年）p .1026。

ことが判明する。代わって、その額においても比率においても上昇著しかったのが補助金である。大正末年以降補助金収入は、金額において 3 倍〜4 倍強、比率において当初の 10% 台から 30% 前後にまで上昇した。この時代の農会活動は、財政面では、基本部分は会員からの会費徴収で賄いつつ、膨らむ不足部分を補助金の増額によって補う構造になっていた。

4 結 語

　東春日井郡農会をはじめ各地の農会の事業内容およびその組織形態の検討を通じ、わが国近代農業の発展と農会制度の展開に関し、以下の諸点が示唆される。

　町村農会や郡農会などの地方農会は、多くの場合、明治維新以来の、農事改良の気運の高まりを背景に各地で設立された既往の農事団体を母体として結成された。また、その活動内容（各地農業の耕種の調査・研究、農事指導および奨励等）から見て、農会設立の目的が、在来農業の改良とその普及にあったことを知る。

　農会は短期間のうちに急速にその組織を拡大させたが、それは、一面では、法令（明治32年「農会法」公布）と「町村制」に基づき既設団体の町村農会への編入という、国の勧農政策＝在来農業の国家的再編の反映でもあった。すなわち、食糧需給が次第に逼迫する中、政府は勧農方針の力点を在来農業・農法の継承とその改良・普及に置き、既往の人材（老農、篤農家）と各種農事団体（農談会、共進会、品評会等）を統合する形でその法人組織化＝農会の設立を図ったのである。この点、民間の農事改良への気運の高まりとも合致し、このことが農会組織の拡大を促すことにもなった。明治農政の際立った特色は、こうした国による農会組織の管理を通じて勧農方針実現を図った点にあったと言えよう。「農会法」の翌年に発布された「農会令」が中央組織として地主の連合組織である全国農事会を認めず、府県知事、郡・市長、町村長を各級農会の会長に据えたことは、そうした政府の姿勢＝「官製」農政確立への意気込みを強く印象づける。

　農会組織の系統化は、政府の勧農政策の浸透を一段と強めるものであった。系統化が確立を見るのは「農会法」改正（明治43年）による中央農会たる帝国農会の創設をもってだが、府県農会、市・郡農会および下級農会たる町村農会の系統的関係は農会設立時からのことであった。中央集権的統治機構である府県制、市・郡制、町村制がそれを後押しした。国立農

事試験場および帝国農会の立案による農事方針、改良農法、農事指導、奨励金・補助金は、順次、上級農会（府県農会、市・郡農会）を介して末端の下級農会（町村農会）に伝達、交付されたのである。

　農会の系統組織化は、大正末期より昭和初年にかけて農事改良実行組合が成立することにより最終段階を迎えることとなった、同組合は、町村農会の下部組織として末端＝部落単位に設けられた、農事改良の実行機関であった。東春日井郡農会の例は、実行組合の活動により町村農会がはじめて活性化した点を伝えている。同組合の活動は又、農事を越えて、青年団、農村婦人会なども包摂する、生活互助組織の側面も有していた。時局に応じて、農事改良実行組合は、農村救済・経済更生運動および戦時における農村統制の実施団体ともなったのである。

　前章（第4章）で用いた資料『水稲及陸稲耕作種要綱』（昭和11年）は、農林省が各地の農事試験場に依頼して「斯業関係者ノ参考」のために取りまとめた耕種＝稲作作業工程の指針であった。「斯業関係者」がこの時期までに系統組織化された農業普及組織＝農会を指すことは言うまでもないが、試験場の長年の調査・研究と、同系統組織（国立農試・支場・府県農試制度）挙げての、集大成とも言うべきこの作業指針が農会組織の系統化が完了したこの時期に打ち出されたところに、戦前期の農事研究・普及活動が、制度的にも技術的にも、1つの到達点を迎えたことを知る。

注
(1) 速水佑次郎・神門善久『農業経済論　新版』（岩波書店、2002年）pp. 105-107。
(2) 穐本洋哉「我が国近代における農業水利秩序の再検討」東洋大学経済研究会『経済論集』第29巻2号（2004年2月）、穐本洋哉「新潟県蒲原平野における農業水利秩序の考察」東洋大学経済研究会『経済論集』第30巻2号（2005年3月）。
(3) ここでは京都府農会、兵庫県農会、三重県農会、栃木県農会、青森県東津軽農会、愛知県東春日井郡農会を事例として取り上げる。
(4) 例えば、服部真人『明治農政と技術革新』（吉川弘文館、2002年）p. 50。
(5) 「交換分合」論、「分散制解消」論についてはすでに、梶井功「農業経営に関する諸政策の展開」金沢夏樹編『農業経営と政策』（地球社、1985年）所収および荒幡克己「井上馨の「大農論」を巡って」『農業経済研究』68巻3号（1996年12月）において、それ

ぞれ、言及がある。

（6）小倉倉一「明治前期農政の動向と農会の成立」農業発達史調査会『日本農業発達史3』（中央公論社、1978年）第10章　p. 352。

（7）小倉、上掲論文 p. 347。

（8）『京都府百年の資料　三　農林水産編』（京都府立総合資料館、1972年）p. 145。

（9）上掲書 p. 147。

（10）上掲書 pp. 142-143。

（11）小倉、前掲論文 p. 347。

（12）『兵庫県農会誌』（兵庫縣農会、昭和5年）pp. 3、5。

（13）同上誌 p. 6。

（14）同上誌 p. 41。

（15）小林平左ェ門『新潟県農会史』（新潟県農会史刊行会、1971年）p. 31。

（16）小林、上掲書 pp. 46-47。

（17）『栃木県農業団体史』（栃木県農務部、1954年）pp. 19-20。

（18）上掲書 pp. 17-19。

（19）『三重縣農会要覧』（三重縣農会、明治38年）pp. 1-2。

（20）「三重縣農会規則」、同上書 p. 4。

（21）「三重縣令第三二号」、同上書 p. 6。

（22）同上書 pp. 268-269。

（23）同上書 p. 273。

（24）同上書 pp. 132-134。

（25）同上書 p. 137。

（26）『系統農会発達史』（青森県東津軽郡農会・東津軽郡各町村農会、昭和16年）pp. 25-26。

（27）上掲書 p. 40。

（28）『東春日井郡農会史』（愛知縣東春日井郡農会、昭和4年）p. 404。

（29）『東春日井郡農会史』p. 1014。

（30）穐本洋哉『前工業化時代の経済』（ミネルヴァ書房、1987年）第2～4章を参照。

（31）穐本洋哉「防長地方の稲作」速水融他編『徳川社会からの展望』（同文館、1989年）、穐本洋哉「近代移行期山口県地方における稲品種の変遷」東洋大学経済研究所『経済研究年報』14号（1989年）。

（32）同上書。

（33）『東春日井郡農会史』p. 325。

（34）同上書 p. 330。

（35）同上書 p. 331。

（36）同上書 p. 328。

（37）同上書 p. 433。

（38）明治14年に結成された大日本農会は、『月報』の発刊と年間2回の品評会を主催する

農事機関にすぎなかった。

(39) 小倉倉一「明治前期農政の動向と農会の成立」第 4 節（系統農会の成立過程）参照。

(40) 『東春日井郡農会史』pp. 326、327。

(41) 『東春日井郡農会史』p. 354。

(42) 同上書 p. 356。

(43) 同上書 p. 1317。

(44) 『系統農会発達史』（青森県東津軽郡農会・同町村農会、昭和 16 年）p. 57。

(45) 『道府県主要作物　改良奨励方法概要』（明治 43 年　農商務省農務局調査）。

(46) 『東春日井郡農会史』目次 pp. 3-7。

(47) 同上書 p. 433。

(48) 同上書 pp. 426-429。

(49) 同上書 p. 674。

(50) 同上書 p. 674。

(51) 昭和 3 年における県および郡の町村農会に対する補助金交付額は、町村農会の収入全体の 25％に上っていた（『東春日井郡農会史』p. 1022）。

(52) 『東春日井郡農会』p. 1024。

(53) 同上書 pp. 1024-1073。

(54) 同上書 p. 675。

(55) 同上書 p. 1317。

(56) 同上書 p. 1313。

(57) 同上書 p. 1313。

(58) 同上書 p. 1314。

(59) 同上書 p. 1319。

(60) 同上書 p. 1038。

(61) 同上書 pp. 1314-1316。

(62) 同上書 p. 1313-1314。

(63) 同上書 pp. 1330-1331。

(64) 農林省農政局『水陸稲ノ地域別耕種改善規準　第一編』（昭和 16 年）p. 3。

(65) 大正 10 年の「郡制廃止」がこれらの異動に少なからず影響したものと思われる。

(66) 農林省農務局「農会ニ関スル調査」（昭和 8 年）p. 83。

第6章　近代朝鮮半島の稲作と日本の農業近代化政策
——日本型集約農業の"再版"——

1　はじめに

　シベリア出兵と米の買占めに端を発する「米騒動」は第1次大戦ブーム
に沸く大正7（1918）年に起こった出来事であったが、食糧不足に対する
懸念は、すでにそれより以前から予想されたことであった。需要面での人
口増加、就中、工業化に伴なう都市人口の増加と、一方、供給面における
農業成長率の鈍化といった構造的な要因が顕在化し始めていたのである。
かかる"食糧危機"回避のために採られたのが、大正9年の朝鮮における
「産米増殖計画」の実施であった。日本政府は、周到にも、すでにそれ以
前の「韓国統監府時代」（明治38〜43年）から、予想される危機に備え
て韓国半島全土に亘る日本稲の栽培を命じ、産米の増殖に努めたのである。
朝鮮統監府は、朝鮮農業の改良、とくに米増産政策遂行のために、京畿道
水原に勧業模範場（本場）を、また各道（13道）に種苗場を設け、各種
の「品種試験」を実施している。「品種比較試験」の目的は、「内地種中既
ニ本道ノ風土ニ好適セリト認メラレタルモノヲ栽培シテ在来種トノ収量品
質ノ優劣ヲ比較シ且ツ採種配付シ以テ広ク改良種ノ普及ヲ図ラントス」[1]
とあるように、各地方それぞれに適応する日本稲を在来種との比較の上選
定、その採種・配付を通じて優良品種の普及に努めることにあった。この
ような各地方試験場での木目細かな品種試験や試作の積み重ねがその後の
「産米増殖計画」の実施に繋がったのである。表6-1に示された、ごく短

表6-1　水稲優良品種作付面積、同割合の推移

	大正4年	同9年	同14年	昭和5年	同10年	同12年
優良品種	323,172	883,396	1,115,359	1,195,037	1,361,708	1,353,703
水稲合計	1,480,342	1,537,616	1,556,599	1,623,513	1,656,130	1,604,820
割合（%）	21.8	57.5	71.7	73.7	82.2	84.4

資料：菱本長次『朝鮮米の研究』（千倉書房、昭和10年）pp.140-141。

期間での朝鮮在来稲から優良品種＝日本稲[2]への切換えの速さに総督府の、「増殖計画」実施への周到さと意気込みが窺えよう。20年余の間に、日本稲の普及率は当初の2割から8割を超えるまでに至ったのである。

　朝鮮における日本の稲作改良政策は、多肥多収性品種＝日本稲の急速な普及に象徴され　るように、明治政府が自国の勧農方針の要として掲げた日本型「集約農業」の国家的再編政策の朝鮮における"再版"に他ならなかった。朝鮮に対するそうした日本の農業・食糧政策の"強制"が植民地支配の下ではじめて可能となったことは言うまでもないが、同時にそれは、"強制"を伴なわずしては埋め尽くし難い、朝鮮と日本の農法の違い、より根本的には、両地域の農法成立の客体的条件の隔たりの表れでもあった。農法のタイプとそれを規定する客体的条件の関わりを重視する本書の立場は、農法の差異を技術の垂直的な進歩の序列としてではなく、農法の成立の背景にはそれぞれの時代や地域固有の要因が存在することを強く意識する、言わば農法の「類型論」的理解に沿うものである。こうした立場から、近代期におけるわが国農業・食糧政策に深く関わりを持った朝鮮半島の稲作を取り上げ、本章では以下、次の第2節で先ず、総督府が施政当初に行なった朝鮮在来稲調査をはじめ、総督府勧業模範場・同種苗場が明治末年から大正期にかけて行った品種試験成績結果を資料として用い、日本農業が移植される前後の朝鮮在来稲の特性および朝鮮農法の特質を明らかにする。続く第3節では、農業・農法上の技術的特質はそれぞれの地域の客体的条件に大きく左右されるとの観点に立ち、当時現地に赴いた模範場技師の見聞記事に基づいて、日本に比べて半島が相対的に人口希薄であったことが、朝鮮農業の粗放性の高さ（もしくは低い集約性）に結びついていた

点を明らかにする。彼我の稲品種の特性上の差異はそうした粗放性（もしくは集約性）の反映であった点が指摘される。第4節は、総督府の手による勧業模範場制度の創設、系統農会の設立および水利団体の結成に触れ、客体的条件を本質的に異にする朝鮮への日本型農業・制度の移植は政策上効率を欠いたものとなった点に言及する。最終の補節は、総督府の朝鮮全土に及ぶ膨大な稲品種調査資料『朝鮮稲品種一覧』のうち京畿道の観察結果を示したものである。稲品種に関する本章での考察の補強としたい。

2　朝鮮在来稲品種の特性

　朝鮮総督府農事試験場『弐拾五周年記念誌』は、同場が半島各道府郡に委嘱して収集した在来品種（3,331種）を京畿道水原にて試作した結果として、在来水稲品種の特徴6点を挙げている[3]。すなわち、①有芒種が多い、②概して早熟である、③分蘖稍々少なく、長稈にて倒伏しやすい、④熱病に弱い、⑤大粒種少ない、⑥一穂粒数概して多いこと、である。また、異常生態下での栽培特性としてさらに3点：⑦耐旱力に優れた稲がある、⑧出穂〜成熟日数は概して少ない、⑨水分欠乏せる土壌に発芽力が強い、を掲げている。これら特性のうち、①より、朝鮮半島で栽培された稲の多くが日本で藩政時代にしばしば見られた、長芒を有する、古いタイプの稲であったこと、③および④より、耐肥性に欠け、多肥条件下には不向きな稲であったこと、反面、⑦および⑨からは、劣悪な水利条件下でも安定した収量が確保できる稲であったこと、を知る。本章補節でも詳述するが、そもそも稲種の多さが朝鮮稲の雑駁さを物語ること、総じて朝鮮稲は粗放的で、日本稲のような集約栽培よりも、むしろ無肥ないし少肥下、また、灌漑・排水が十分整わない栽培環境下でも一定の成果を発揮する特性を持つ品種が多かった点を指摘できる。②および⑧は、栽培地に寒冷の地が多かったことの反映であろう。

　上記特性調査ではその対象から外されたが、朝鮮稲の"雑駁・粗放"さを端的に示すのが赤米の存在である。一般に、赤米は、収量や食味に劣る

ものの、劣悪な栽培環境への適応性に優れているとされる。赤米のうち印度型赤米は耐旱性に富み、開田地等の水利不良環境への適応度が高いとされている。また、日本型赤米は、白米種に比べ土中での越冬力、低温発芽力および幼穂生育力に優れ、冷水田に向いているという[4]。日本の場合、印度型赤米は中世期に西南地方に多く分布したものの、近世期に入ると分布範囲を急速に狭め、他方、日本型赤米も、近代に入ると、山間地を除いて、施肥条件の改善や灌漑条件の整備が進むにつれ次第に減少した。これに対して朝鮮半島では、赤米は近代に入ってもなお多く残存していたようで、大正15年に総督府が全鮮から取り寄せた赤米は240種に及んだという[5]。収集された赤米が日本型か印度型かは詳らかにされていないが、少なくとも、耐寒性が要求される半島北部ではその多くは日本型赤米であったものと判断される。半島南部では、古い時代に印度型赤米が多く栽培されていたものの、日本同様、近代に入ってからは（昭和5年調査では）、栽培されていたとの報告はない[6]。赤米は、脱粒し易い性質を有し、その旺盛な分蘖力と相俟って、他の稲品種に容易に混入したという[7]。総督府が、朝鮮米の名声を上げるために種子交換の徹底を呼びかけ赤米除去に躍起となったこと自体、朝鮮米に大量の赤米が混入していた事実を物語る[8]。

　赤米を含め、朝鮮において数多くの特性を持つ在来稲が存在したのは、暖地から極寒冷地に至る半島の置かれた稲の生育環境と、無肥に等しい施肥条件や不十分な水利条件を含め当時の稲作が極めて多様な栽培環境に置かれていたためであろう。日本では、すでに藩政時代より金肥施用を含む多肥栽培が盛んに行なわれ、そのために多肥性品種の育成、肥培法の確立、治水工事（「御開作仕法」、「地下普請」）および灌漑・排水施設の整備とその維持・管理組織（「水組」、「江組」）の結成が公儀・村方双方によって進められて来たのである。日本の近代初期における地主による田区改良事業や後年の政府・府県による水利事業、耕地整理事業は、こうした前代を踏襲してのことであった。大部分が天水田に依存した朝鮮における稲の栽培環境との違いは歴然としている。日本より朝鮮に赴く多くの農事官の目に施肥条件の改善こそ「米改良上緊急の必要」[9]と映ったのは、そうした半

島の稲作事情を述べたものである。同様に、水利条件についても、朝鮮における灌漑整備の遅れが度々指摘されている。水利に恵まれないところでは、

「甚だしく用水の不足せるところに対し適応せる優良品種の選出を為すが如きは頗る困難なるを以て今後といえども在来稲の栽培を為さざるべからさる地域甚だ廣し」[10]

と、日本稲よりもかえって、耐旱性に富む朝鮮在来稲の栽培が望まれたほどであった。施政開始以降の朝鮮における日本稲普及の速さに植民政策の徹底振りを改めて知るが、日本稲（＝「優良品種」）の普及が130万町歩を超え、またその作付面積比率が8割にも及ばんとする昭和8年時点でさえ、地方によっては「在来稲にあらざれば栽培の見込なき畓が多き[11]」としている。この点は、稲の耐冷性についても同様であり、日本稲が進出し難い極冷の地、とりわけ、平安道や江原道などの半島北・東部や山間地では、在来種が多かったという[12]。

　これら各地風土固有＝適応種を含む朝鮮在来稲については　総督府実施の「品種比較試験」成績、特性調査結果等に基づいてさらに立ち入った分析が可能である。はじめに、**表6-2**は、明治38年より大正15年の『勧業模範場報告』および各道『種苗場報告』に「品種試験」供用品種として記載のあった朝鮮在来稲の道別一覧である。これら在来稲は、後述するように、内地優良品種（＝日本稲）に比して「収量品質」で劣るものが大方であったが、長年に亘り朝鮮各地で栽培され続けて来た、各地方（道）を代表する"優良"品種であったものと考えられる[13]。この時代の朝鮮稲の特性を探る上で、大いに参考になる。

　表より、先ず、登場する在来稲種のうち、総督府の勧業模範場（本場）以外の2ヶ所以上の支場ないし各道種苗場で供用された在来種は僅か5種に止まっていたことから、複数の地方（＝道）に跨って栽培される広域の稲が、一部を除き、ほとんど見られていなかったことが判明する。有力品種が少なく、地域間の品種交流の機会が不十分で、品種改良への関心がそれだけ小さかったことの現われと思われる。

　そうした中で、「多々租」、「倭租」、「趙同知」、「麦租」および「粘租」（糯）の5種は複数の道に亘って供用された稲であった。このうち「多々租」は、勧業模範場（京畿道水原）のほか、京畿道、黄海道、慶尚南道の各種苗場で供用され、半島全体をカバーする、言わば、この時代の数少ない"普及品種"であった。「趙同知」は模範場以外では京畿道と中清北道で、また「麦租」は江原道と京畿道で供用されており、半島中部の主要な在来種であったことを窺わせる。一方、かつて日本より伝来したとされる「倭租」は、模範場のほか、慶尚北道、慶尚南道および全羅北道に登場しており、こちらの方は、半島中・南部の代表的稲であった。これに対して半島北部には、共通して栽培された稲は見当たらない。各道、品種に関する情報の交換もなく、それぞれ異なる稲が作付けられていた恰好である。極冷な気象条件下では、稲の生育そのものが困難を極めたためであろうか。耐冷品種とも思われる「冷租」（黄海道）の登場を見るものの、広域品種になるまでには至らなかったようである。そもそも半島北部では畑に較べて田の面積が小さく、田畑比は黄街道で 31：69、咸鏡南道で 17：83 と、半島南部（慶尚南道 67：33、全羅北道 77：23）[14] と比べて著しく低い。田が耕作地の2割にも及ばない咸鏡南道で稲作への関心（選種、品種育成・交換）が薄らいだとしても不思議はない。

　「品種試験」[15] は、勧業模範場、各道種苗場とによって、また実施年代によってもその試験内容の精粗は様々であるが、これを、明治42年勧業模範場「種類比較」について見ると [16]、作付け面積5畝歩に、同一条件：「播種は五月二日にして同六日に至り一斉に発芽し生育何れも佳良にして六月十一日に移植す」、の下で栽培された各稲種（12品種：日本稲10種、朝鮮在来稲2種）の特性調査（収穫時分蘖数、稈剛軟、藁長、穂長、粒着粗密、一穂粒数、芒ノ有無、脱粒難易および粒ノ大小）、試験成績（出穂期、成熟期、収量、1升ノ重量、藁量、籾摺歩合および精白歩合）の結果が示されている。そのうち、収量上位5種の日本稲と朝鮮在来稲2種を比較したものが**表6-3**および**表6-4**である。

　両表より、朝鮮稲は芒を有し、日本稲に比して稲質は柔軟で、藁、穂と

表6-2　勧業模範場および各道種苗場『報告』に記載された朝鮮在来稲種一覧

黄海道	多々租	白租	冷租	正租	京租
咸鏡南道	チャチャー	ダイコルベー	黄租		
京畿道	多々租	趙同知	麦租	八升租	
勧業模範場	多々租	倭租	趙同知	紅租	定金租	豆租
	黄州	ヤンブン粘租	トーテツ粘租	サルベー	チョートンジー	バツベージー
	モリベー	ハエナンベー	チョングムベー	赤租		
江原道	金化中生	山多多起	居昌	メトトキベー	麦租	風雨稲
	老人租	緑豆稲	白川素禾	野衝		
忠清北道	趙同知	紅租	水原租			
忠清南道	ツンテキ					
全羅北道	倭租	朝米租	石山租	倭租	趙同知	
全羅南道						
慶尚北道	倭租					
慶尚南道	多々租	倭租	清租	法丸	オワルイベー	南米
	玉山租	青山租				

資料：各年朝鮮総督府『勧業模範場報告』、各道『種苗場報告』。

表6-3　勧業模範場特性調査（明治42年）

	分蘖数本	稈剛軟	藁長尺	穂長寸	粒着粗密	一穂粒数　粒	芒の有無	脱粒難易	粒の大小
早神力	16.0	剛	3.25	5.8	粗	71	微有	難	小
穀良都	22.6	剛	3.65	6.0	密	81	無	難	大
石白	17.2	ヤヤ剛	3.35	6.3	粗	72	微有	最難	小
多摩錦	17.2	剛	3.79	6.3	密	92	有	難	中
農場光	19.8	剛	3.50	6.4	ヤヤ密	70	微有	難	大
趙同知	18.4	柔	3.75	7.0	密	70	微有	易	中
粘租*	16.4	柔	3.79	6.8	粗	73	微有	易	小

資料：朝鮮総督府『勧業模範場報告』第4号（明治42年）。
＊粘租は「トーテツ粘租」を指す。分蘖数は収穫時の数値。

もに長い。これらから、背丈の高い軟弱な朝鮮稲の形状を窺い知る。その分倒伏性が強く、対肥性に欠けるものと想像する。また、脱粒し易く、さらに、粃の混入が極めて多かった。これらの諸点、熟期が早生であった点も含め、先に（前節で）述べた朝鮮在来稲の一般的特性と合致する。なお、在来稲の収量水準は、「趙同知」の場合（反当 2.057 石）、供用された全 12 種の平均（2.066 石）に近く、日本稲と比べても見劣りはしない。もっとも、「早神力」（2.407 石）、「穀良都」（2.404 石）、「石白」（2.359 石）等優良日本稲との隔たりはなお大きかった。

「趙同知」と並ぶもう一つの "優良" 朝鮮在来稲「多々租」は大正 2 年の勧業模範場の「品種比較」試験に供用品種として登場する。試験項目は明治 42 年のものとほとんど変わらない。「多々租」の試験結果を表 6-5 および表 6-6 に掲げておこう。

　芒を有すること、稲質は柔軟であること、脱粒し易いことなど、「趙同知」と類似する形状、特性を確認できる。収量は「趙同知」より低く、1.517 石であった。この年は天候不順が言われているが、同報告によれば、「趙同知」は供用 12 品種中第 9 位、第 1 位の日本稲「早神力」（2.212 石）の 7 割にも届かなかった。多々租は遥かに下位に属し、「品質亦劣れり」稲であった。一方、日本稲「早神力は水掛かり良き畓にありては其成績常に優良にして其良性美質は既に広く世の知るところ」であった。「早神力」の多肥多収性についてはすでに触れたが、「水掛かり良き畓で」も高収量を約束する、日本型集約品種「早神力」と朝鮮在来種との間には、たとえそれが半島で優良な在来稲であったにせよ、量質両面において大きな開差があったと言えよう。『模範農場報告』第 3 号（明治 41 年）に「選種田」で栽培された供用日本稲 5 種、朝鮮在来稲 5 種の生育記録である表 6-7 もそうした開差を物語る。

　次に、半島中・南部の代表的在来稲「倭租」を含む日本、朝鮮 10 種の「品種比較」（慶尚南道種苗場、大正 6 年）の結果を表 6-8 および表 6-9 に示そう。「比較」は 11 項目に亘っている。

　慶尚南道の朝鮮在来稲 3 種のうち「多々租」は有（長）芒種で穂長、藁

表 6-4　勧業模範場「試験成績」（明治 42 年）

供用種	出穂	成熟	収量		1升の重量		ヒ	藁量	籾摺歩合	精白歩合
			玄米	籾	玄米	籾				
	月／日	月／日	石	石	匁	匁	合	貫	割	割
早神力	9／4	10／20	2.407	4.488	397	249	34	170	5.36	9.50
穀良都	8／30	10／13	2.404	4.290	391	298	40	172	5.60	9.39
石白	8／28	10／7	2.359	4.290	392	252	30	148	5.40	9.39
多摩錦	9／3	10／22	2.324	5.074	397	215	30	188	4.59	9.45
農場光	9／1	10／13	2.296	4.086	396	252	36	138	5.62	9.35
趙同知	9／3	10／6	2.057	3.694	388	267	90	125	5.57	9.20
粘租＊	8／29	10／10	1.586	3.172	388	244	40	107	5.00	9.30
平均	8／23	10／5	2.066	3.852	393	251	47	133	5.39	9.40

資料：朝鮮総督府『勧業模範場報告』第4号（明治42年）。
＊粘租は「トーテツ粘租」を指す。

表 6-5　勧業模範場「多々租」の特性調査結果（大正 2 年）

	分蘖数	稈剛軟	藁長	穂長	粒着粗密	一穂粒数	芒の有無	脱粒難易	粒の大小
	本		尺	寸		粒			
多々租	15.4	柔	2.85	6.2	密	83	長芒	易	中

資料：『朝鮮総督府勧業模範場報告』第8号（大正3年）。

表 6-6　勧業模範場「多々租」の「試験成績」（大正 2 年）

供用種	出穂	成熟	収量		1升の重量		ヒ	藁量	籾摺歩合	精白歩合
			玄米	籾	玄米	籾				
	月／日	月／日	石	石	匁	匁	合	貫	割	割
多々租	8／30	10／12	1.517	3.228	395	234	140	105	4.70	9.00

資料：『朝鮮総督府勧業模範場報告』第7号（大正2年）。

表 6-7　日本稲および朝鮮在来稲の生育状況

日本稲	摘　　　記	朝鮮在来稲	摘　　　記
日の出	熟期早く出穂成熟整一にして穂大きく充実佳良にして病虫の被害なきもヤや軟かなり	紅租	稲熱病及螟虫の害あり熟期に至り倒靡するもの多く穂中○（不祥）多し
農場の光	各種中殊に強健常に偉観を呈せり出穂の状亦整美にして多肥に耐え旱魃に強し	定金租	長芒を有し一見剛強なるが如きも割合に弱く後れ穂多し
錦	出穂穂揃共に整一優美にして熟色亦佳良なり	豆租	晩稲なるを以って当地方に適せず結実不良なり
荒木	晩稲なるを以て当地方においては結実充分なりと云い難し穂中点々不成実を見る	黄州	白色の有芒種にして稈はやや長大なり大暑当時稲熱病の害重く茎質柔弱なり
御前糯	草丈長く穂は長大にして穂折れ多く風には弱く螟虫被害は多く分蘖少なし	ヤンブン粘租	大暑当時の生育は不良なりしも出穂に至りヤや好況を呈せり

資料：『朝鮮総督府勧業模範場報告』第3号（明治41年）。

表6-8　生育状況（慶尚南道、大正6年）

品種名	分蘗数 （本）	出穂期 （月／日）	成熟期 （月／日）	収量 （石）
早神力	18	9／1	10／1	2.441
穀良都	11	8／30	10／10	2.455
多々租	10	9／2	10／13	2.047
多摩錦	13	9／2	10／13	2.485
福山	10	9／2	10／18	2.488
清租	9	9／8	10／22	2.530
小八坊	12	9／8	10／22	2.722
都	13	9／9	10／25	2.660
倭租	14	9／9	10／25	2.359
中神力	14	9／10	10／27	2.143
平均全　10種	12.4	9／5.0	10／18.4	2.433
日本稲7種	13.0	9／4.4	10／17.7	2.485

資料：『大正六年慶尚南道種苗場報告』第7号、大正2年。

表6-9　日本稲の特性（慶尚南道、大正6年）

	草丈 尺	穂長 尺	一穂粒数	芒の有無	粒付疎密	脱粒難易	藁剛柔
早神力	3.78	0.70	135	微芒	密	易	剛
穀良都	4.25	0.75	130	無芒	密	難	剛
多々租	3.85	0.72	124	長芒	疎	易	軟
多摩錦	4.15	0.68	128	長芒	密	難	剛
福山	4.25	0.68	152	短芒	密	難	軟
清租	4.15	0.71	124	無芒	密	難	剛
小八坊	3.80	0.67	112	無芒	密	易	ヤヤ剛
都	4.25	0.75	142	無芒	疎	難	剛
倭租	4.10	0.72	126	無芒	疎	難	剛
中神力	3.65	0.68	102	無芒	疎	易	ヤヤ剛
平均　全10種	4.02	0.706	127.5				
日本稲7種	4.02	0.701	128.7				

資料：『大正六年慶尚南道種苗場報告』第7号、大正2年。

表6-10　全羅北道の朝鮮在来稲と日本稲収量「比較試験」成績

	品種名	明治42年 石	明治43年 石	明治44年 石	明治45年 石	4ヵ年平均 石
朝鮮在来稲	倭租	2.735	2.062	2.435	1.773	2.151
	朝米租	-	-	2.349	2.356	2.353
	石山租	-	-	-	2.664	2.664
	平均	2.735	2.060	2.392	2.264	2.363
日本稲	早神力	3.150	2.608	2.634	2.659	2.763
	高千穂	3.437	2.859	2.866	2.823	2.996
	穀良都	3.478	2.835	3.100	3.017	3.108
	石白	3.744	2.947	3.464	3.082	3.309
	平均	3.452	2.812	3.016	2.895	3.044

資料：明治45年『全羅北道種苗場事蹟概要』（明治42年）。

は柔軟で粒付は疎、脱硫し易く、収量は供用 10 種中最下位と低収、早生の稲であった。これらの形状、性質は、いずれも、勧業模範場における「品種試験」結果に示された朝鮮稲の特性に合致する。「朝鮮在来種は極めて貧弱な分蘖（中略）幾ら穂が多きくっても収量においては、到底内地種の敵ではな」かったのである[17]。これに対して「倭租」、「清租」は、いくつかの点において、日本稲に近い特性を有する稲であった。すなわち、無芒で脱粒しにくく、藁は剛、晩生の稲であったこと、収量水準はとくに「清租」で高かった（「倭租」は日本稲平均にほぼ匹敵）。「倭租」が日本起源の稲であった可能性については既述したが、半島南部には、一部に限られてはいるが、こうした集約型の、日本稲に近い稲も出現していた点が窺え、注目される。

　数値は収量と米価に限られるが、同じく半島南部に位置する全羅北道の朝鮮在来稲と内地品種との「比較試験」結果を表6-10および表6-11で見ておこう。供用された朝鮮稲は同地方でも“優良”と目される「倭租」、「朝米租」、「石山租」の３種、収量は内地品種の４分の３には届かなかったが、価格差は数％に過ぎず、米質面では大差なかったことが推察される。

　表6-12は、半島北部に位置する黄海道、大正６年の「品種比較」のうち「収穫（反当）」について見たものである。もともと最低気温が 10 月には１度、11 月に入ると氷点下８度を下回るほどの早冷であることに加え、この年は「稀有の旱魃ノ為メ約一箇月遅延シ且其後モ用水欠乏シ（中略）例年ニ比シ五割ノ減収」という気候不順の年であった[18]。したがって、表はそうした異常年の数値として理解すべきであるが、ここではむしろ、異常年にこそ顕れる品種の特徴に注目することとしたい。表から、平常年（前７年平均収量）反当収量上位を独占する日本稲のうち１位「日ノ出」、２位「豊後」がこの年の上位５位から脱落し、代わって、朝鮮在来稲「冷租」および「白租」が、それぞれ、１位、３位に昇格していることが注目される。また、平常年に対するこの年の減収率を見ると、日本稲の大幅な減収が指摘できる。減収の最大幅を記録したのは「豊後」の 49.1% で、次いで「日ノ出」48.9%、「金子」43.6%、「愛国」33.6% が続く。日本稲７種

表6-11　全羅北道における朝鮮在来稲と日本稲の価格

	品種名	明治42年 円	明治43年 円	明治44年 円	明治45年 円	平均 円
朝鮮在来稲	倭租	9.250	14.150	15.650	評価未定	13.020
	朝米租			15.400		
	石山租					
	平均	9.250	14.150	15.525		12.975
日本稲	早神力	9.700	14.420	15.900		13.340
	高千穂	9.600	14.500	16.000		13.367
	穀良都	9.400	14.420	16.000		13.270
	石白	9.350	14.500	15.600		13.150
	平均	9.513	14.460	15.875		13.183
日本稲／ 在来稲		(1.028)	(1.022)	(1.023)		(1.024)

資料：明治45年『全羅北道種苗場事蹟概要』p.4。

表6-12　黄海道における災害年の品種別稲反当収量と減収率（大正6年）

	品種名	収量玄米 （石）	前7年平均収量 （石）	減収率 （％）
日本稲	日ノ出	1.368	(1位) 2.678	48.9
	豊後	1.299	(2位) 2.552	49.1
	八ツ頭	(2位) 1.551	(4位) 2.254	31.1
	愛国	(5位) 1.420	(5位) 2.141	33.6
	関山	(4位) 1.444	1.636	11.7
	金子	1.290	(3位) 2.288	43.6
	石白	1.280	1.821	29.7
	亀ノ尾	0.533	-	-
朝鮮在来稲	白租	(3位) 1.470	1.708	13.9
	冷租	(1位) 1.655	1.804	8.2
	正租	0.734	1.185	38.0
	京租	1.196	1.742	31.3
	多々租	0.742	-	-

資料：『大正六年黄海道種苗場報告』第1号 pp.9-10。

中5種までが減収率30%を超えていた。これに対して、朝鮮在来稲の減収は30%台が2種（「正租」、「京租」）あったが、減収率は全体として日本稲に比して小幅で、「白租」は13.9%、「冷租」は僅か8.2%に止まっていたことがわかる。

『種苗場報告書』も「累年成績良好ナル日ノ出、豊後、等ノ反ツテ在来種、白租、冷租等ニ劣リタル（中略）概シテ有芒品種ハ無芒品種ニ比シテ多収ヲ見タリ」[19]と試験結果を結んでいる。対旱魃耐性等朝鮮在来種が元来有した特性が当該年の天候不順時に顕在化したものと推察する。こうしたことが、もともと稲作不適切地とされる冷涼、乾地の半島北部や中山間部で在来稲が後年に至るまで残存し続け、また、そうした稲の確保の必要から総督府や各種苗場が在来稲の特性調査を実施し続けた理由であったろう。今、黄海道種苗場が大正6年に行った「品種特性調査」から朝鮮在来種の「生育状況」および「収穫（一坪当）」を抜粋して掲げれば、**表6-13**の通りである。供用された稲はいずれも草丈は高く、早生且つ多くは有芒、また、脱粒し易く品質は概ね不良と朝鮮稲の特性、特色を備えたものばかりである。だが、これら9種中5種までが収量（一坪当籾重量）について日本稲平均を上回ったのは、上述通り、旱魃等劣悪条件に耐性を有する在来稲の特性がいかんなく発揮された結果と判断される。とくに「冷租（金川）」および「白租」の籾重量は群を抜いている。この点について、「同調査」「備考」の以下の記事が参考となろう。すなわち、

「冷租……ハ性状白租ニ似タルモ成熟期稍遅ク芒ノ色出穂期ハ白色ナルモ漸次赤褐色ニ変ジ籾色亦褐色トナル性最モ強ク冷湿及乾燥ニ堪ユル」[20]。

なお、平安南道に関してではあるが、上記表中（**表6-12**）の朝鮮在来稲のうち「龍租、大邸租の如きは主として乾畓に、また京租の如きは主として山間部の水田に適する品種なり」[21]との記事を見出す。

表6-14は、半島南部の朝鮮在来稲の増肥応答性を見たものである。全体として（平均的に）は、朝鮮在来種も肥料増投により収量増加は充分期待できた点が判明する。収量水準は2倍肥を頂点に、無肥から普通肥による収量増加率は45%（日本稲79%）、普通肥から2倍肥による増加率が

表 6-13　黄海道における朝鮮在来稲「品種特性調査」結果（大正 6 年）

	草丈 *1	分蘗数 *2	成熟期	籾重量	一穂粒数	芒	脱粒難易	玄米形状	品質
正租	2.70	6	10／01	164	101	無	甚易	大	ヤヤ不良
中租	2.73	6	10／17	214	167	白 0.9	易	中	ヤヤ良
金川冷租	3.10	4	10／17	279	151	赤褐色	易	中	ヤヤ不良
谷山冷租	2.73	8	10／21	190	144	濃赤褐	甚易	中	不良
白租	2.82	7	10／17	260	140	白	易	中	ヤヤ不良
京租	2.65	5	10／17	207	170	褐	易	中	不良
龍租	2.67	8	10／17	133	109	無	易	小	不良
多々租	2.43	14	10／11	177	-	-	-	-	-
大邱租	3.00	5	10／20	140	175	赤	易	大	不良
平均	2.76	7 (6)	10／15	196	144				
平均（日本稲）*3	1.99	7.9	10／21	187	137				

資料：『大正六年黄海道種苗場報告』第 1 号 pp.9-10。
＊1　草丈、分蘗数は、ともに、秋分時の数値。
＊2　分蘗数（ ）は、多々租を除いた平均値。
＊3　同調査に供用された日本稲 18 種の平均。一穂粒数については記載のある 6 種の平均。

18%（日本稲 7%）と、その肥効の程度は、普通肥→2 倍肥の局面では、かえって日本稲よりも大きかったことになる。このことは、朝鮮在来稲の普通肥下の収量水準は 1.782 石と日本稲のそれ（2.157 石）をなお大きく（2 割強）下回っていたものの、肥料増投によりその開差を大幅に縮小可能であったことを示すものとして興味深い。ただし、肥効は 2 倍肥が最高で、3 倍肥下では減少に転じていることから、一層の増収を望むのであれば、結局、耐肥性に富んだ品種の改良ないし導入が求められることになる。この点は、普通肥から 2 倍肥への増肥に伴ない減収に転じた稲のすべてが、普通肥下の収量水準が 2 石前後と朝鮮在来稲としては多収の稲であったことを見れば、明白である。増収が見込めても 2 石前後までが上限で、その意味では、朝鮮在来稲はやはり、耐肥性に欠けていたことになる。日本稲の導入が望まれた所以である。また、増肥による稲の倒伏（難→易、極易）問題についても、同様の指摘ができる。草丈の高い朝鮮稲は、形状面

表6-14　朝鮮南部＊1の在来稲の増肥と収量変化

	無肥料	普通肥料	2倍肥料	3倍肥料	無肥料	普通肥料	2倍肥料	3倍肥料	普通肥料反収（石）
アグベ	63	100	99	107	極難	難	難	易	1.904
タンベ	69	100	95	42	極難	極難	極難	難	1.860
山稲	62	100	104	117	極難	難	難	易	1.937
ロットベ	57	100	117	82	極難	難	易	極易	1.772
オクチョッベ	82	100	156	136	極難	難	易	極易	1.267
黄稲	97	100	131	137	極難	難	易	極易	1.273
ヤンチョンベ	57	100	83	49	極難	難	極易	極易	2.310
チョンジョンベ	57	100	79	77	極難	難	易	極易	2.195
ケーベ	94	100	210	167	極難	難	易	極易	1.234
水王練	55	100	114	67	極難	極難	中	極易	2.140
サルベ	70	100	115	60	極難	極難	中	極易	1.712
平均＊2	69	100	118 (109)	94 (87)					1.782
日本稲平均	56	100	107	72					2.157

資料：朝鮮総督府『農事試験場南鮮支場事業報告』（昭和9年）pp.21-23。
＊1　朝鮮南部6道：忠清北道、忠清南道、全羅北道、全羅南道、慶尚北道、慶尚南道。
＊2　（　）内数値は「ケーベ」を除いた平均値。
(注)　なお、供用22品種のうち「早大関3号」はデータ未記載のため、また「神徳」は収量水準が不自然に低いために、平均値算出の計算から除外してある。

表6-15　朝鮮および日本の人口・土地比率（明治42年）

	農業人口	全人口	田	畑	他＊	耕地面積合計	人口・土地比率	土地装備率
	人	人	町	町	町	町	人／町	反／人
朝鮮	9,496,696	1,200	781,097	1,266,462	254,715	2,302,274	5.212	1.918
日本	14,039,000	5,000	2,927,800	2,559,500		5,487,300	9.111	1.097

資料：朝鮮については『朝鮮農会報』第5巻第4号（明治43年）「明治42年朝鮮農業統計」を、また、日本については梅村又次他『長期経済統計　農林業』および『同　人口と労働力』（東洋経済新報社、1966年）より計算。
＊耕地面積（他）には休閑地および焼畑を含む。

230

においても、改良が必要とされていた。

3　朝鮮農業の特質

1　要素賦存と農法

　一国（ないし地域）の農業・農法のあり方を人口と土地の賦存状態の違いと結びつけて考えることは、同じ東アジア稲作地帯に位置しながらその農法のタイプにおいても、またその生産性においても大きな隔たりが見られた日本と朝鮮半島の稲作の特質を理解する場合に有効と思われる。土地に対する人口圧力の差が土地の効率利用（＝農法）の違いに大きく影響すると考えるからである。そもそも「米騒動」（大正7年）を機に日本政府が「産米増殖計画」の下で朝鮮半島に日本型農業・農法の移植を"強制"したのは、人口稠密な内地での「集約農業」の限界を克服するためには、当時集約化になお余地のあった半島へ日本型農法を移植するのが得策との認識があったためであろう。そのことは、総督府農事担当者の以下の論説より明らかである。すなわち、

　　　人口の増加に対し、現在に於てすら不足しつつある食糧特に米を如何にすべきか（中略）。内地に於ては未耕地の開墾、既耕地の整理、耕種法の改善等を奨励実行しつつあるも、古来農本国として殆んど余すところなきまでに耕作し来りたるを以って余地幾許も無く、又耕地整理に依る土地の増加も多からざる（中略）。耕作方法も既に改良に改良を重ねて今日に至りたるものにしても早その余地も少かるべく、従って漸く集約的耕作の限界に達せんとしつつ内地において、今後米穀問題を解決する事は不可能である（中略）。翻て我が朝鮮を見る時は未開墾地並に天水畓等の耕地にして改善拡張の余裕あるもの甚だ多く、之に相当の改良施設を為すに於ては良田と化する事は敢て至難ではない。[22]

　　朝鮮は内地の米の不足を補うに幾分の余力を有しておるものだと

（中略）。内地は（中略）肥培に、耕耘に、又土地改良、（中略）地力の維持、増進ということに努め、又それ相当の収穫をあげておる状態でありますけれども、我朝鮮は耕耘も充分でなければ肥培も足りませんから、稲作改良の余地は充分存するということは疑を容れません[23]。

　これら2つの記述は、いずれも、土地の集約的利用において、内地と朝鮮との間に画然たる差異があること、内地の土地集約利用の程度は限度に到達しつつあること、また、日本と朝鮮の農業集約度の差異が彼我の土地と人口の相対的な賦存関係に基因していたことを伝えるものである。いま、両地域における当該時期のの人口と土地の賦存状況を掲げれば、**表6-15**の如くである。両地域間の人口・土地賦存比率（人口密度）ないしその逆数である土地・人口比率（土地装備率）の差は歴然としている。土地過不足、換言して、人口圧の相対的高低が双方の土地の効率＝集約利用の厚薄、すなわち、農法の差異となって顕れたものと考えることができる。

2　朝鮮農民と集約農法

　土地の効率利用が絶えず求められた内地と異なり、集約農法に対する朝鮮農民の関心の低さは、次の記述から読み取ることができる。すなわち、増加する朝鮮の人口の扶養のために稲作の改良を説く勧業模範場技師は、

　　　長煙管で煙草を吸いつつ仕事をするのを止めて俯いて脇見をせずに切々と働く様に仕込まねばならぬ[24]

と朝鮮農家の農作業の"怠慢"振りを戒めている。集約栽培に精を出す、勤勉なる日本農家に慣れ親しんだ農業技師の目に朝鮮農家が怠慢と映ったとしても不思議はない。同技師はさらに、

　　　朝鮮農家は充分内地稲の栽培に注意し、内地稲には相当の優遇を与えねばならぬのに、事実はそうではなく、常に内地稲を虐待して居ら

るる様に思われる、この虐待の結果は終に米質の劣変を来たし朝鮮米の声価を傷くる素因となるであろうと気遣います[25]

とし、内地集約栽培用稲の粗末な扱い（＝虐待：異品種苗の混入、少肥、刈取りの遅延、乾燥の不良、裸地での脱穀調整）を指摘し、それぞれの弊害の技術的ないし科学的根拠を詳説している。

稲作に限らず朝鮮の農作業全般が粗雑であったことは、咸鏡南道、同北道に関する記事[26]からも判明する。すなわち、

咸鏡北道に於ける重要な作物は粟、稗、大豆、水稲、燕麦、馬鈴薯等にして、就中粟、稗、燕麦は常食として用いられ年々産額に不足を告ぐるの状況にあり是れ等穀物の生産少量なるは一は耕地面積の狭小なるにも依れども農業経営方法の粗放なること亦其の原因の一たり長津郡の如きは燕麦を耕作するに撒播をなすもの多く其の除草の如き草を摘取るに非らずして七月上旬頃鎌にて丈高く伸長せる雑草の上部を取るに過ぎ

ない有様であった。記事はさらに、

水稲は咸鏡南道に在りては作付反別の順位に於て粟、稗に亜ぎ第三位を咸鏡南道に在りては粟、大豆、大麦、稗に亜ぎ第五位を占む思うに鮮人の生活程度上進と共に米の需用を増加するは疑を容れざる所なり（中略）咸鏡北道と雖稲作に就ては絶望すべきに非ざるなり唯注意を要するは同道は秋季寒気の早く襲来するを常とするが故に早熟種の優良なるものを選択することと施肥を加減すること是なり今夏視察せる所に依れば将来灌漑の便を開き稲田を開拓するの利益なる地方少なからざるが如し

と、半島最北西部に位置する当道の粗放な稲作の実態と、今後、米需要の

増加が見込まれる中、集約栽培への期待が示されている。

　朝鮮農民の稲への無関心振りは、施肥事情にも影響している。模範場の技師は、

　　　勿論自給肥料として、堆肥、緑肥等の少量と近頃は大豆粕、硫酸アンモニア等の販売肥料多少使用する者はないでもないが、到底収穫物の生産に要する肥料成分を償うに足らないものである（中略）現在鮮内の施用する販売肥料（中略）反当り拾壱銭余に過ぎない

と、内地における販売肥料消費額（四万円乃至五万円）[27]との差異を憂い、また別の所で[28]で、

　　　朝鮮の農家は今年甲の水田に肥料を施す時は明年は乙の水田に施肥し明後年又甲の水田に肥料を与えると云う慣習

に言及し、「肥料施用のすくなきこと」が朝鮮での内地種の収量低下、米質劣変に繋がることに懸念を伝えている。さらに同技官が説話[29]で、

　　　朝鮮の農家も肥料は毎年遣りたいが、不足だから仕方がないと云うて居る。是れは肥料が無いのでない肥料を拵えぬのである

と述べ、朝鮮農家の集約栽培への志向の欠如を指摘し、稲作に必要な肥料成分（窒素、燐酸、加里）の配合を示した上で、

　　　「是れ迄通り藁を牛に踏ませ夫れを堆積したものが肥料であるとか、人糞に灰を混じたりのものを施用せねばならぬとか思うて居るから、不足するのです」と農家の無知と怠惰を戒め、「然らば稲作の肥料として何を用いたらよい」と云うに、夫れは農家が毎年生産する大豆を肥料とするのです

として、窒素肥料である大豆を混合した堆肥の施用を奨め、農事改善に対する正しい知識と創意工夫の必要を喚起している。別の農事技官もその講演[30]の中で、「朝鮮における施肥の改良すべき点」として糞灰の使用、藁・雑草の有機物燃焼による窒素の飛散と土壌改良に有効な有機物の消失を挙げ、農民の無知と「農民の土地を愛する念慮乏しきもの、其の原因の一たるべし」としている。これら二人の技官の話は、ともに、日本に比した集約栽培の遅れの背景に、朝鮮農民の稲作改良への関心の稀薄さ、経営意欲の欠如があったことを伝えている。

　少肥栽培とともに、朝鮮における稲の栽培環境を特色付けたのは用水不足の問題であった。このことを最も象徴的に示すのが平安南道・北道の平野部に広がるこの地方固有の稲田＝「乾畓」の存在である。当時、朝鮮では、「田」は畑を意味し、わが国で一般に云う「水田」（＝「田んぼ」）には「畓」の字を当てていたが[31]、平安各道に見られた「乾畓」とは、この「畓」のうち、「播種期より雨期に至る期間は水利の便なきが為に、陸稲と同様なる耕作をなし雨期（７月）に入りて始めて田面に多量の水を湛え水田の形をなすに至る土地」を言う。朝鮮半島では稲作期間（４〜10月）の降雨量が少なく、とくに播種より挿秧期の降雨量はわが国の６割にしか達せず[32]、半島の北部ほど用水不足は深刻だった。また、北部は秋冷が早く、収穫をそれまでに終えるには、挿秧を雨期まで遅延することは出来なかったのである。

　ところで、気象ないし地勢条件による用水の便と水利の良し悪しは必ずしも同義ではない。水利には人為による改善が加わる。ところが、昭和に入ってもなお、朝鮮全道の150万町部の畓のうち、「水利の便あるものは三割にも満たないと云う有様」であった[33]。「水利の便なき」乾畓のほか、畓の多くも天水田だったのである[34]。明治期の水利施設の多くが近代以前にその起源が由来するわが国とは対照的である。「産米増殖計画」更新に際し、改めて灌漑事業40万町歩を含む80万町歩の土地改良事業が企図された所以である。

　水利整備を進めるには治水工事と堤の築造、溝の敷設等莫大な費用負担と水をめぐる地区間の利害対立を調整する広域統治能力が不可欠であるが、李朝末期〜朝鮮統監府・総督府施政開始前後の時期は、まさしく、そうした要件を欠いた時代であった。いま、この間の土地改良事業の推移を一覧すると、李朝時代には各地方で「堰堤」（＝貯水池）の築造、「洑」（＝堰）開設により水利灌漑の改善が図られたが、その末期には農政弛緩してそれらの奨励・改善を怠り、あるいは、地方官の「洑」の廃止と跡地での小作料・租税徴収により、水田の多くは灌漑設備を欠く、天水田になったという。施政当初の調査によれば、李朝より受継いだ「堤堰」は6,200余ヶ所、「洑」2万600、水利灌漑の便を有する水田は、田総面積の僅か2割弱であった。しかも、機能を発揮するものは皆無の状態であったという。そこで、総督府はこれら「堤堰」、「洑」の修築復旧に努め、「産米増殖計画」実施（大正9年）前までに、「堤堰」1,531ヶ所（総数の2割5分）、「洑」411ヶ所（同2分弱）の改修を行なった。もっとも、これにより得た灌漑蒙利面積は5万3,000町歩余（総面積の3.4%）に過ぎなかった[35]。灌漑整備を含む土地改良事業が国家的規模で本格化するのは、したがって、「産米増殖計画」（大正9年以降）実施を待たねばならなかったことになる。先に述べた稲品種面での"在来"時代は、水利面においても、旧朝時代末期とさしたる変化もない、天水田を中心とした未整備の状況下にあったと言えよう。

　荒廃した田地の長期に亘る放置は、為政者ばかりか、農民の灌漑水利に対する関心の稀薄さの反映でもあったであろう。すでに述べたように、わが国藩政時代以来の幕藩府による治水工事と村落・集落単位での小規模灌漑（「地下普請」）、それら施設の維持・管理に当る水利団体（「江組」、「水組」）の結成、さらに、そうした在来水利と慣行を継承し、それらを国家的規模で組織的に再編（「河川法」、「水利組合法」、「耕地整理法」）を図ったわが国水利の"近代史"とは好対照をなす。半島では、統監時代に「水利組合法」（明治39年）を発布したものの、

　　朝鮮農民は水利事業の有利なるを知らず、又資力にも欠乏して、水
　利組合の成立を見るもの甚だ稀であった

という[36]。朝鮮総督府内務部によれば、

　朝鮮は（中略）往時は各地に堤堰又は洑を設け水利灌漑を計り相当設備
を為したりといえども、多年弊政の結果是等の設備は概ね頽廃に帰し且山
河荒廃し水源涵養悪水排泄途立たず農家の水害旱魃に遭遇するもの累年相
続き[37]、
　日露戦役後内地人農業経営者の移住頓に増加するに及び水利組合設立の
必要益急なるに至れり

も、組合成立に寄与したのは、専ら、日本からの移住者であったと言う。
　なお、「長煙管で煙草を吸いつつ仕事をするのを止めて俯いて脇見をせ
ずに切々と働く様に仕込まねばならぬ」と日本人技師の目に写った朝鮮農
家の"怠慢"振りや水利への関心の低さが彼我の人口・土地賦存条件の差
異だけに起因するものではなかったことに留意が必要であろう。"怠慢"
の一端が日本の朝鮮統治に対する抗議の意思表明＝サボタージュであった
ことは、後述する、全羅北道3郡に跨る一大水利組合「東津水利」に対す
る"暴徒"の襲撃事件の例からも容易に想像されるところである。このた
め、要素賦存条件の異なる地への日本型集約農法の移植は困難の度をいっ
そう高めたに違いなく、それ故に、日本農業"再販"の試みが、農業制度
整備を含め、総督府の手により"強制"されたのである。

4　日本型集約農法の再版：制度変革

　朝鮮総督府は、朝鮮稲作の日本型稲作への転換を図るために農業制度の
構築、すなわち①勧業模範場の創設＝優良品種の選定と普及、②農会の設
立＝農事・農法の刷新、③水利組織の形成＝水利施設の改善と運営・管理、

を急いだ。それは、明治農業制度（国立農事試験場、系統農会制度、水利・耕地整理組合制度）を範とした、近代日本農政の半島における"再版"に他ならなかった。

1　勧業模範場の設立：品種普及制度の確立

　統監府および総督府は、朝鮮における産米増殖を目的とし、朝鮮在来稲に代わる日本の「優良品種」普及の徹底を図った。制度的には、朝鮮各道適応の内地「優良品種」の選定と当該種子の配付・更新を押し進めるため、中央に勧業模範場（本場：水原）および支場を置き、地方には、各道に種苗場を設置して、種子普及組織の系統化を図った。

　勧業模範場および各道種苗場での数年の試験・試作を踏まえて、内地品種の「早神力」、「多摩錦」、「穀良都」、「日の出」が奨励品種として指定されたのは施政開始直後のことであった。奨励品種の指定に当たっては、その後大正2年の農業技術官会議において、

　　　　勧業模範場若くは道種苗場で三ヶ年以上試作し成績優良なるを要し、尚ほ之を奨励する前、予め道内風土を異にせる地域数方面で委託試験を行ひ、其の成績に依り道内各部で奨励すべき区域を確定し、之に対し適当と認める郡で委託採種田を設定すべき

と定められた[38]。一方、種子の配付・更新等普及組織については、各道の郡および面に系統採種田を設置し、道種苗場で育成した原種を栽培・採種し、一般農家に配付した。当初（大正6年から）は、3年ないし5年で優良品種普及および種子更新を行なう方針であったが、「産米増殖計画」下の大正11年からは、5ヶ年計画で全面積で指定された優良種子更新を行えるよう、各道は、各郡および面を単位としてそれを5区に分け、毎年1区内で各農家に配付するよう予め定めた種子を栽培し、種子を翌春の挿秧まで面で保管するという、栽培種子の統一を強制する、より徹底した普及・配付制度の確立へと方針変更がなされている[39]。本章冒頭で掲げた

表6-1「水稲優良品種作付面積の推移」に示された日本品種普及の徹底振りは、こうした種子の選定と普及制度の系統＝組織化の結果であった。

　総督府施政開始直後の勧業模範場の事業内容のあらましを水稲栽培について見ておこう[40]。品種試験の徹底振りをそこに窺える。すなわち、当場自ら栽培する畓区を「普通栽培畓、特種栽培畓の2種」とし、その耕種：苗代、生育、耕耘、肥料、管理（除草）、病虫害の梗概は、以下の通りである。

普通栽培畓

・原種田は其の種固有の特性を有する純良なる種子を選び配付用種子の原種に供するを目的とし、供用品種（「早神力」、「石白」）について、挿秧期日同一下、成熟期、籾収量、藁長、藁量比較を行う。

・一方、普通水田は朝鮮の現状に適応せる改良法により優良と認むる水稲を栽培し模範を示すを目的とする。改良法とは品種の改良（「早神力」）、種子の精選（水選）、播種量の減少（1坪5合播き）、苗代の改良（短冊形）、挿秧株数の増加（1坪56本）、灌水の節減（水深1寸内外）、除草回数の増加（4回）を指し、作付反別を8反6畝、6月5日より同18日に移植を終了の条件の下で、収量比較を行う。

特殊栽培畓

・**品種比較**：内地稲の良種を栽培して朝鮮の風土に適するや否やを判定し併せて在来種と収量の多寡品質の優劣を比較せんとするにあたり其の作付反別は5畝歩宛にして12区に12品種を栽培。播種は5月3日にして同7日に一斉に発芽何れも6月15日に移植、収穫時における各品種の状況：分蘖数、稈の剛柔、藁長、穂長、1歩粒数、粒付の粗密、芒の有無、脱粒の難易、粒の大小を比較する。また、各区の成績：出穂期、成熟期、収量（玄米、籾）、1升重量、粃、藁量、籾擂歩合、精白歩合、を調査する。

・**肥料残否比較**：供用品種：「石白」、について、作付反別を5畝歩宛にして、各種肥料（12種：荏油、大豆粕、骨粉、人糞尿等）を5

年施用した後の無肥料栽培との肥料遺効（収量比較）を調査する。

・**肥料用量比較**：肥料用量の増加（普通区、多量区、最多区）が収量に及ぼす影響（収量）を比較する。

・**追肥期比較**：荏油粕分施の得失判定および適当なる施用期を知らんとする

　朝鮮適応の内地品種の判定を行なう特殊栽培水田、優良と認められた内地品種を一定の耕種法の下で試作を行なう普通栽培田および配付用に各品種の特性を有する純良なる種子を栽培する原種水田と、稲品種の選定から試作、配付に至る各機能を有機的に連結させ、「優良品種」普及体制の組織化が図られている。業務は模範場（本場）、各道種苗場双方で毎年行なわれ、試験結果はそれぞれ『報告』として刊行された。かかる品種普及制度は日本国内の普及改良制度：国立農事試験場（明治26年設立）―同支場―各県農事試験場―郡立農事試験場に準ずるものであり、まさしく、日本の国内農業制度が、時空を隔てて、朝鮮において"再版"された恰好である。

2　朝鮮農会の組織化：農事・農法の刷新

　農会設立の目的は、品種および耕作法の刷新、施肥の増進、改良農具の普及、水利灌漑設備の改善等の啓発、奨励、支援に資することにあった。いま、その事業内容を昭和2年に改組された「系統農会」について見ると、以下の通りである[41]。すなわち、

　　講習会及講話会の開催
　　各種競作競進会の開催：田作多収穫競作会、米穀貯蔵競進会
　　農事に関する調査：農家経済調査、水利事業調査委員会の設置、優良営農調査
　　全鮮農業者大会の開催
　　農事改良の宣伝

　『朝鮮農会報』の発行

　共進会、品評会の助成

である。

　朝鮮農会のそもそもの前身は、統監府官制発布直後の、明治39年に設立を見た韓国中央農会である。これは、朝鮮農業振興のために朝鮮に赴く邦人営農者を対象にした調査研究および会報発行の機関であった[42]。その後漸く朝鮮人会員も増え支会の設立、会報への韓文記事の掲載も行われるようになった。

　韓国中央農会は総督府施政が開始された明治43年に名称を朝鮮農会と改め、総督府より「朝鮮農会報」発刊費用の助成を受け、また、京城市内の官有建物の利用を許可されて農産物、農具の陳列、講習所の開設等活動に対する中央府からの便宜が与えられるようになった。さらに大正2年には、統監府時代設立の勧業模範場、農林学校のある水原に事業本部を移転した。朝鮮人会員もいっそう増加し、韓文による会報が別途発行され、また大正4年には、李完用伯爵が会頭に就任している。農産物品評会開催、模範果樹園開設、農業伝習所開設、蚕業講習、農業試作場開設、畜牛預託事業、改良種鶏奨励、各種講演、副業品共進会開催等が韓国中央農会時代も含む、初期の主たる事業内容となっていた[43]。

　施政以来、農会を含め、農事改良の関連諸団体は極めて多数に上った。全鮮に亘る団体：朝鮮農会、朝鮮畜産協会、朝鮮蚕糸会、道を区域とする団体：道農会、畜産同業組合連合会、棉作組合連合会等、郡島を単位とする団体：郡島農会、畜産同業組合、農事奨励会、勧農会、棉作会、地主会などその数580余、その会員数340万人に達したという[44]。これら各種農業団体は「事業上に於て連絡統制を欠き又団体員たる資格並に経費負担について重複を生じ種々の煩雑を感ずるに至った、茲に本府は之等各種の団体を整理統一して之に法の根拠を与え」[45]、大正15年に「朝鮮農会令」を発布し、本府主導の下、法令に基づく行政区域を単位とした系統農会：朝鮮農会1、道農会13、郡農会220が成立した。

　表6-16は、郡島農会会員（13道集計）の地主、自・小作別内訳を示している。会員総数は295万3,000人余、この時の農家戸数301.3万戸であるから、ほとんど全農民（家）が系統的に組織化された朝鮮農会の末端機構＝郡島農会に属していたことなる。会員の階層別内訳は地主が28万4,000人余（9.6%）、自作農57万5,000人余（19.5%）、自・小作82万2,000人余（27.9%）、小作119万1,000人余（40.3%）であった。系統農会行政への移行に関する道知事の記事を以下に掲げよう。それは、明治末年から昭和初期に至る極めて短期間の内に朝鮮農業、農事慣行・農民意識を"日本農業"へ方向付け、行政区を単位とした農会へ系統組織化されていった様子を伝えてくれる。なお、日本国内で系統農会が組織化されたのは、県農会、郡・市町村農会が設立される明治36年、また、中央農会である帝国農会の設立は明治43年であった。朝鮮における系統農会発足はその僅か20余年後のことになる。

　　由来朝鮮の農村には部落民の申合に由て成る種々の契が組織せられ、各契は種々の目的に利用せられ甚だしきに至っては同一地域内に同一目的を有する契が数個存在し、（中略）諸事の弊害が生じた時代もあったが、最近に至り漸次整理せられつつある実況である。而して近年別に各種の農事改良団体が組織せられたるも任意団体なるが為に事業の実行に支障を生じ、実績を挙げ難き状態であって、夫れが為南鮮地方に在っては道庁管理の下に是等小農事団体を統一して農会を組織し、農事の改良発達に貢献せんとして居るという次第であるが、是等は何れも新令の発布に依って組織を変更し茲に一新生面を開くことになるのである。[46]

3　水利組織の形成：水利施設の改善と管理・運営

　統監時代直前までの施政の頽廃下において灌漑水利の荒廃が深刻化したとはいえ、李朝時代以来の多数の「堤堰」や「洑」を所有し、末端においてそれを維持・管理した水利団体（個人）が皆無であったとは到底考え難

表6-16　郡島農会（下級農会）会員内訳（昭和9年）

	地主	自作	自・小作	小作	その他	合計
人数	284,782	575,153	822,636	1,191,440	79,454	2,953,445

資料：朝鮮農会『朝鮮農会の沿革と授業』（昭和10年）pp.114-115。

表6-17　施政開始前後設立の水利組合概要

組合名	所在地	設置認可年	組合区域（町歩）	目的	起債工事費（円）
沃溝西部	全羅北道	明治42年	270	貯水池及灌漑水路の改善浚渫修補　防潮堤及樋管の築造補修	694 外に夫役930人
臨益	〃	明治41年	3,000	貯水池（810町歩）、堤の修復、及水路の築造	299,000
密陽	慶尚南道	明治42年	633	灌漑、防水及び排水工事、水路買収、並に防水排水工事施設、疎鑿開拓殖林・砂防築堤	120,000
連山	忠清南道	〃	272	頽廃せる貯水池の復旧及び水路の開設、拡張工事	52,000
全益	全羅北道	明治43年	1,000	用水路買収・改修、水路の延長、灌漑水路の完成	15,000
臨益南部	〃	明治43年	2,384	土地買収、分水設備及灌漑水路新設防潮堤及樋管の修補	250,000
臨沃	〃	明治44年	3,300	堤防築造、植林用水、水路の掘鑿及潴水及防潮堤の修築	未着工

資料：「朝鮮の水利組合」『大正2年　朝鮮農会報』第8巻第5号 pp.14-16。

い。これら旧来の水利組織がその後どのように統監府・総督府の水利行政に組込まれていったかが注目される。朝鮮農家が、統監府・総督府の進める水利行政に反発したことは充分考えられる。事実、明治42年に起案され、その後大正14年になって漸く起工した全羅北道3郡に跨る一大水利組合「東津水利」（蒙利面積1万8,000町歩、工事費1,020万円）の場合、その当初には暴徒の蜂起に度々遭い、組合は武装憲兵の派遣を仰いでいる[(47)]。しかし、大部分の在来の水利組織は、内地同様、「水利組合法」（明治43年公布）の下に再編されたのである。**表6-17**は施政開始当初組織された大規模水利組合の設立経緯の概要を示しているが、新規の灌漑施設築造のケースは稀で、多くは、先ずは旧水利施設を買収し、その改修・補

修に着手することから事業活動をスタートさせていたことがわかる。在来
の水利組織は、末端水利の担い手として新たに総督府水利行政の中に再編
されたものと考える。

「産米増殖計画」実施の大正9年に制定された「土地改良補助規則」（事
業助成範囲の拡大、補助率の増率）により水利組合の組織化は本格化する
こととなった。同年より大正14年までに設立された水利組合数は51組合、
その蒙利面積は7万2,450余町歩に及んだ[48]。さらに「産米増殖計画」を
更新した「産米増殖更新計画」が大正15年より実施されたが、昭和6年
の大豊作のため「米価の惨落は甚だしく事業の進捗を阻害し、本計画の実
施上多大の困難を来し」[49]たという。土地改良熱は減速したものの、それ
でも計画の75％の実績を上げていた。いま、同計画による昭和8年まで
の実績を「竣工」分について示せば、表6-18の通りである。灌漑実績は
8万6,418町歩（達成割合は80％）であった。また、昭和8年現在の水利
組合数、事業費および蒙利面積を示すと、表6-19表の通りである。

　その後昭和8年には、組合数は196組合、その蒙利面積は22万7,000町
歩となった。大正9年（組合数51、蒙利面積7万2,000町歩余）に比べ、
短期間のうちに組合数においても、その蒙利面積についても、大幅な拡張
を見ている。表6-20は、「産米増殖更新計画」期間の水利組合による土
地改良（作付面積、収穫および反当収量）の経年変化を追ったものである。
参加組合数および改良下の作付面積の著増、土地改良事業の高い増収効果
が見て取れる。

　わが国の近代水利行政は、既存の慣行水利を地方行政機構に事実上組み
入れた明治23年の「水利組合条例」制定に始まったと考えるが、その後
明治41年の「水利組合法」を経て、同43年には、「普通水利組合法」、「耕
地整理法」（改正）が制定され、灌漑整備を基軸とした土地改良事業（区
画整理事業と個別水利事業）を通じ、伝来の集約農法に基づく小規模家族
農業の近代的再編が国家的規模で進められることとなった。その点で、同
じ年（明治43年）における総督府公布の「水利組合法」は、日本型の水
利・土地改良行政の朝鮮における"再版"を企図した法令として捉えるこ

表6-18 「産米増殖更新計画」による土地改良面積の事業別実績（単位は町歩）

	灌漑	地目変換	開墾	干拓	合計
計画	107,500	48,000	14,170	18,930	188,600
実績	86,418	37,320	8,706	9,651	142,095
実績／計画	80%	78%	61%	51%	75%

資料：菱本長次『朝鮮米の研究』（千倉書房、昭和13年）p.57。

表6-19 水利組合数、蒙利面積および工事費（昭和8年）

	組合数	蒙利面積	工事費		組合数	蒙利面積	工事費
京畿道	14	14,283	8,312,741	黄海道	11	44,149	26,169,417
忠清北道	13	2,445	1,137,469	平安南道	11	11,072	6,405659
忠清南道	14	9,482	5,185,057	平安北道	21	27,116	12,860,752
全羅北道	14	41,078	16,827,200	江原道	11	14,948	8,498,264
全羅南道	18	7,979	4,587,640	咸鏡南道	12	20,300	6,067,769
慶尚北道	14	7,227	3,149,863	咸鏡北道	10	6,468	2,256,691
慶尚南道	33	20,245	12,501,556	合計	196	226,793	113,996,585

資料：菱本長次『朝鮮米の研究』（千倉書房、昭和13年）p.55。

表6-20 「産米増殖更新計画」による水利組合土地改良事業の成果

	組合数	作付面積（施行前）	作付面積（施行後）	差引増	収穫量（施行前）	収穫量（施行後）	差引増	反当収量（施行前）	反当収量（施行後）	差引増
大正15年	9	1,850	2,457	607	16,771	32,405	15,654	0.680	1.320	0.640
昭和2年	25	4,139	6,080	1,941	29,763	75,959	46,196	0.490	1.250	0.760
3年	37	26,139	30,033	3,895	211,092	351,405	140,313	0.700	1.170	0.470
4年	62	35,127	43,680	8,553	289,313	681,300	391,987	0.660	1.560	0.900
5年	85	43,984	60,633	16,649	354,068	934,773	580,705	0.580	1.540	0.960
6年	114	58,775	85,024	26,249	486,773	1,093,805	607,032	0.570	1.290	0.720
7年	133	66,762	99,387	32,625	561,673	1,450,277	888,604	0.570	1.460	0.890
8年	140	84,304	119,134	34,830	658,820	1,771,795	1,112,975	0.550	1.490	0.940

資料：菱本長次『朝鮮米の研究』（千倉書房、昭和13年）p.60。

とができよう。

5　結　語

　前節までの観察を通じ、朝鮮在来稲は総じて低収で、その多くが有芒種であった。また、一般に穂長は長く有色で、分蘖が少ない特徴を有し、耐旱性に富む稲を含むなど、集約栽培の進んだ近代期日本の稲と比べると、粗放的で、相対的に劣位な稲作環境の下で栽培される稲特有の様相を示していたことが判明する。こうした稲の特徴は、かつてわが国で中世期から藩政時代初頭にかけて栽培されていた稲に認められたものと似通っていた。半島とは異なりわが国の場合、その後も続いた人口増加が土地の効率利用とそれに応じた農法および多肥・多収を基軸とした品種の改良を必然化し、やがて集約栽培向きの近代品種として結実することになった。農業の技術タイプは要素賦存を含む農業環境に大きく左右されるというのが本書の一貫した分析視角であるが、朝鮮稲の特性に関するここでの観察結果は、人口・土地賦存に基因するそうした農業・農法の類型論的接近に強い支持を与えてくれる。

　朝鮮在来稲の多くは、その低収性のために、「産米増殖計画」に寄与することはほとんどなかった。確かに在来稲は一定の耐肥性を有していたが、増肥の効果には限度があった。在来稲が「計画」に寄与する余地があるとすれば、それは日本稲では対応不能な限界地（＝天水田や寒冷地）での栽培においてであったであろう。それ以外のところでは、結局、日本稲の導入が必要であった。

　朝鮮農業を改良し、日本型集約農業実現に相応しい環境へ転換するには、農業制度の整備が求められた。集約栽培農法徹底のための農事指導・支援機関として農会制度が、また、水利事業推進のための機関として水利組合制度が設けられたのである。それは、わが国明治以来の国家主導の農業近代化政策の“再版”に他ならなかったが、日本と大きく異なったのは、わが国が在来農業を継承し、それを再編することに力を注いだのに対し朝鮮

246

では、朝鮮の在来農法を、基本的には、否定することからスタートした点にある。植民地政策だからこそその「計画」であり、"強制"なくして達成不可能な政策であった。

　要素（人口、土地、資本）の賦存状況に規定される生産技術タイプ（農法）とその時々の生産形態（農業経営規模、生産・水利組織、土地制度）がうまく適合したときに生産効率は最大となると考えられる[50]。そうした観点に立つならば、半島における"再版"制度は朝鮮農業本来の生産技術タイプ（「粗放農業」）には馴染まず、朝鮮農民に制度の"押付け"と化していた点は否めない。導入された制度が円滑に機能したとは思えず、朝鮮に赴任した日本人農業技師の目に映った朝鮮農民の"怠惰"や内地稲への"虐待"は"強制"に対する抵抗の顕れであったと捉えることが妥当であろう。

注
(1) 『明治四十五年全羅南道種苗場事業報告』（全羅南道種苗場、明治45年）p. 3。
(2) 朝鮮半島で普及を見た主要品種として「穀良都」、「石白」、「多摩錦」、「早神力」、「日の出」等があった。
(3) 朝鮮総督府農事試験場『弐十五周年記念誌　上巻』p. 28。
(4) 嵐嘉一『日本赤米考』（雄山閣、1974年）pp. 119-140。
(5) 同上書p. 249。
(6) 同上書p. 249。
(7) 大正初年の記録には1合の米に1,200粒（約20%）もの赤米が含まれ、また、米穀移出検査規則制定当初、600粒まで合格としていたほどであったという（嵐、同上書p. 245）。
(8) 当時、大阪市場では、赤米の混入のないものは朝鮮米ではないというほどであった（嵐、同上書p. 245）。
(9) 「朝鮮の農家は一般に施肥に対する観念頗る幼稚にして（中略）施肥を為さざるか若は二年又は三年目に施肥するを普通と為せり。故に肥料の施用は米作改良上緊急の必要。先ず以て堆肥、人糞尿、緑肥等自給肥……」（『大正15年　京畿道種苗場報告』（京畿道種苗場、大正15年）p. 22）。
(10) 同上書p. 21。
(11) 鮮米協会『鮮米研究十年誌』（昭和10年）p. 80。
(12) 平安南・北道に亘る乾栽培法が行なわれていた地における「牟租」、「大グ稲」、「瀧川」や江原道の「老人租」、「緑豆租」などはその代表的な在来稲であった（同上書p. 95）。

(13)「本比較ハ（中略）目下本道ニオイテ奨励普及中ノ各品種ト奨励ノ見込アル優良種及
　　在来種中優良ト認ムルモノヲ栽培シ其ノ生育収量ヲ調査シ以テ当地方ニオケル適種ヲ選
　　定セントス」（『大正十五年度京畿道種苗場事業報告』p. 11）のように、奨励品種として
　　選定される場合もしばしばあった。

(14)　資料：「明治四十二年朝鮮農業統計　２耕地面積」『朝鮮農会報』第 5 巻第 4 号（田畑
　　合計には休閑地および焼畑は含まれない）。

(15)　その呼称は「品種比較」、「種類比較」、「稲坪刈試験」等、様々であった。

(16)　『勧業模範場報告』第 4 号。

(17)　『大正 3 年　朝鮮農会報』第 9 巻 p. 22。

(18)　黄海道『大正 7 年　種苗場報告』第 1 号 p. 10。

(19)　同上報告書 p. 10。

(20)　同上報告書 p. 27。

(21)　「平安道の稲作」『大正 2 年　朝鮮農会報』第 8 巻第 10 号 p. 10。

(22)　「更新せる朝鮮産米増殖計画」『昭和 2 年　朝鮮農会報』第 22 巻 6 号 p. 10。

(23)　「稲作改造論」『大正 2 年　朝鮮農会法』第 8 巻第 12 号 p. 2。

(24)　「稲作の改良に就いて」『明治 43 年　朝鮮農会報』第 5 巻第 1 号 p. 33（1）。

(25)　「米質の劣変を防げ」『大正 5 年　朝鮮農会報』第 11 巻第 12 号 p. 5。

(26)　「咸鏡南北道農業所見」『大正元年　朝鮮農会報』第 7 巻第 12 号 pp. 6-8。

(27)　「朝鮮農業の特色に就て」『昭和 2 年　朝鮮農会報』第 9 巻 2 号 p. 26。

(28)　「米質の劣変を防げ」『大正 5 年　朝鮮農会報』第 12 巻 4 号 p. 7。

(29)　「米作の改良に就て（二）」『明治 43 年　朝鮮農会報』第 5 巻第 4 号 p. 31。

(30)　「朝鮮在来肥料の改善に就て」『大正 2 年　朝鮮農会報』第 8 巻第 11 号 p. 43。

(31)　かつて朝鮮では、「田」は耕地を総称し、「水田」が田を、また「旱田」が畑を指した
　　（『大正二年　朝鮮農会報』第 8 巻 2 号 pp. 18-19）。

(32)　菱本長次『朝鮮米の研究』（千倉書房、昭和 13 年）p. 28。

(33)　『昭和 2 年　朝鮮農会報』第 22 巻第 7 号 p. 21。

(34)　同上書 p. 10。

(35)　菱本、前掲書 pp. 49-50。

(36)　菱本、前掲書 p. 50。

(37)　「朝鮮の水利組合」『大正 2 年　朝鮮農会報』第 8 巻第 5 号 p. 14。

(38)　菱本、前掲書 p. 163。

(39)　菱本、前掲書 p. 154。

(40)　『朝鮮総督府勧業模範場報告』（第 7 号）pp. 7-23 および pp. 239-245。

(41)　朝鮮農会『朝鮮農会の事業と沿革』昭和 10 年 pp. 17-63。

(42)　同上書 pp. 1-2。

(43)　同上書 pp. 18-23。

(44)　同上書 p. 15。

(45)　同上書 p. 15。

(46) 「農会令及蚕業組合令の実施に就て」『昭和二年　朝鮮農会報』pp. 20-21。

(47) 「東津水利の由来」『昭和五年　朝鮮農会報』第 25 巻第 2 号　pp. 60-64。

(48) 菱本、前掲書 p. 54。

(49) 菱本、前掲書 p. 55。

(50) 穐本洋哉「日本の社会経済システムの史的展開」植草益編『社会経済システムとその改革』（NTT 出版、2003 年）p. 357。

補節　資料『朝鮮稲品種一覧』（京畿道）に見る朝鮮在来稲

　補節では、本 6 章でも一部利用した朝鮮総督府の調査資料『朝鮮稲品種一覧』（朝鮮総督府勧業模範場　大正 2 年）に基づいて行なった朝鮮在来稲の特性に関する観察結果を紹介しよう。この『朝鮮稲品種一覧』（以下、『一覧』）は、「産米増殖計画」に資する目的の下に朝鮮総督府によって実施された、「各道府郡ニ委嘱シテ蒐集シタル朝鮮産在来水陸稲品種」の特性に関する一斉調査であった。調査は、各道府郡毎の水稲（粳、糯）・陸稲（同）数の別、各稲の熟期、芒ノ有無、芒ノ色、稃ノ色、粒付、粒ノ大小、耐旱力、作付歩合の項目に亘ってなされた。調査が朝鮮全土に亘り、その面積作付が僅少の稲に至るまで全稲品種について統一規準の下でなされた点で、「優良品種」（＝日本品種）導入直前の朝鮮在来稲の特性を知る上での貴重な情報源となる。ここでは、『一覧』記載 13 道のうち、とくに、朝鮮半島西岸中央部に位置する主要な稲作地帯京畿道 38 府郡を取上げ、朝鮮在来稲（水稲粳種 350 種）の特性分析結果を紹介し、本章での考察の補強としよう。

1　京畿道における在来稲一覧

　はじめに、資料『一覧』より京畿道を含む朝鮮全道（13 道）に登場の朝鮮在来稲数を示しておけば、表補-1 の通り、延べ（各道・郡登場の同名稲をも含めて勘定）3,792 種であった。このうち、水稲は 3,486 種で、全稲数の 9 割強（92％）を占めていた。陸稲は、全稲数の 1 割（8％）であった。

表補-1　稲の種類一覧（道別）

	水稲粳	水稲糯	陸稲粳	陸稲糯	合計
京畿道	350 （56.7）	179 （29.0）	61 （9.9）	27 （4.4）	617 （100）
忠清北道	187 （64.9）	91 （31.6）	6 （2.1）	4 （1.4）	288 （100）
忠清南道	358 （66.4）	155 （28.8）	15 （2.8）	11 （2.0）	539 （100）
全羅北道	196 （62.2）	107 （33.8）	10 （3.1）	3 （0.9）	316 （100）
全羅南道	264 （65.5）	92 （22.8）	32 （8.0）	15 （3.7）	403 （100）
慶尚北道	294 （61.9）	151 （31.8）	20 （4.2）	10 （2.1）	475 （100）
慶尚南道	190 （65.7）	84 （29.1）	11 （3.8）	4 （1.4）	289 （100）
江原道	153 （65.7）	74 （31.7）	2 （0.9）	4 （1.7）	233 （100）
黄海道	83 （64.3）	40 （31.0）	5 （3.9）	1 （0.8）	129 （100）
平安南道	123 （58.6）	40 （19.0）	31 （14.8）	16 （7.6）	210 （100）
平安北道	123 （71.9）	35 （20.5）	7 （4.1）	6 （3.5）	171 （100）
咸鏡南道	64 （72.7）	19 （21.6）	3 （3.4）	2 （2.3）	88 （100）
咸鏡北道	28 （82.4）	6 （17.6）			34 （100）
合計	2,413 （63.6）	1,073 （28.3）	203 （5.4）	103 （2.7）	3,792 （100）

資料：『朝鮮稲品種一覧』（朝鮮総督府勧業模範場、大正2年）。
（注）（　）内は百分比

2　稲名に見る京畿道在来稲の特徴

　『一覧』（京畿道38府郡）に登場する稲数は延べ617種（水稲粳350種、同糯179種、陸稲粳61種、同糯27種）に及んだ。この中には複数の郡に共通して登場する同一の稲が数多く含まれており、また、異名同種の稲も相当数に及んでいたから、実際の稲種数はこれよりも少ないはずであるが、それでも、1地域の稲数としてはかなりの数である。当時、朝鮮では、極めて多種雑多な稲が栽培されていたことになる。いま、この点を水稲粳種について示すと、**表補-2**の如くである。こうした多数の稲の存在は、この時代の稲が品種面においても未分化・不統一・未整理の状態に置かれていたことを物語る。こうした多数の稲の存在は、わが国藩政時代の稲に酷似していると言えよう。

ア：地名を冠した稲名の多さ

　稲名の多さは、稲の統一的な分類基準が当時存在していなかったことに

表補-2　資料登場の水稲粳種一覧および出現頻度（京畿道）

稲名	出現回数	稲名	出現回数	稲名	出現回数	稲名	出現回数	稲名	出現回数
肖同知稲	27	倭山稲	2	次早稲	1	老郎稲	1	難稲	1
老人稲	20	堤過稲	2	毛患稲	1	壮士稲	1	西禾稲	1
多多稲	20	毛農稲	2	徳石稲	1	山月里稲	1	髻紅稲	1
麦稲	20	銀稲	2	座上稲	1	ブユンオペ	1	早禾	1
豆稲	11	火稲	2	毎患稲	1	暮稲	1	黒月稲	1
野充稲	11	順稲	2	白大占今	1	中稲	1	玉精稲	1
紅稲	9	縮項稲	3	山頭稲	1	項長稲	1	在来稲	1
精根稲	8	水稲	2	ヌシンモリ	1	玉老人稲	1	小麦稲	1
玉山稲	7	猪稲	2	北青稲	1	原州石稲	1	妙心稲	1
白稲	6	紫光稲	2	三変稲	1	倭野充稲	1	紅精稲	1
時不知稲	5	晩稲	2	倭山豆稲	1	豪實稲	1	四時稲	1
銀多多稲	5	毛化稲	2	甫銀稲	1	冷稲	1	雑稲	1
荒稲	4	早稲	2	玉字杭稲	1	白山稲	1	旺充稲	1
七升稲	4	山多多稲	2	央分橋稲	1	荒充稲	1	山櫻稲	1
斗充稲	4	白石稲	1	山五例稲	1	僧稲	1	毛理稲	1
戊戌稲	4	中租	1	加摘稲	1	十稲	1	白川素稲	1
粳糯稲	4	晩稲	1	忠清稲	1	早稲	1	石麦素稲	1
象毛稲	3	水原稲	1	新種稲	1	外大稲	1	春川素稲	1
旺達稲	3	正稲	1	雉稲	1	始興稲	1	江陵稲	1
束稲	3	山狗	1	痕多稲	1	仰増稲	1	項不出稲	1
宗禾稲	3	鉄原稲	1	半荒稲	1	密多利稲	1	栗稲	1
呂實	3	背稲	1	妙鉢稲	1	端赤稲	1	雇稲	1
斗陵稲	3	宗穿稲	1	白荒稲	1	氷多多稲	1	仁稲	1
大関稲	3	雌精根稲	1	赤稲	1	王月白稲	1	山多多稲	1
紅豆稲	3	黄岱稲	1	骨文稲	1	多毛白稲	1	クイタリ	1
好爛稲	3	称察稲	1	三穂稲	1	青白稲	1	短項稲	1
倭稲	3	作達稲	1	石稲	1	毛緑稲	1	銕早稲	1
紫来稲	3	葱々稲	1	黄慶稲	1	白川小末	1	雇傭稲	1
青稲	2	淳昌稲	1	一茎稲	1	白川黍稲	1	黒稲	1
慶尚稲	2	山早稲	1	白達稲	1	一稲	1		
白川稲	2	ヌクタイ	1	山多利稲	1	丁升稲	1		
黄稲	2	ヌナニ打	1	西海月利	1	長毛稲	1		

資料：『朝鮮稲品種一覧』（朝鮮総督府勧業模範場、大正2年）。

一因があると考えられる。品種としての確たる基準の欠如が、同種もしくは同系にありながら、地区（道・府郡）によってその呼称を異にして記録される結果をもたらすこととなる。地名をその呼称に冠した稲の多さは、かかる分類基準の欠如の現れである。いま、『一覧』（京畿道38府郡）で確認できる地名稲種を挙げれば、以下のようである。

> 水原稲、始興稲（京畿道）、忠清稲、淳昌稲（全羅北道）、白川稲（黄海道）、慶尚稲、春川素稲（江原道）、江陵稲（江原道）、原州石稲（江原道）。

　このほか、所在は特定できないが、玉山、斗陵、白石、蒙實、鉄原、徳石も地名品種の可能性が強い。当然のことながら、京畿道外の地名を冠した稲が多い。他道で栽培されていた優良な品種が伝わったのであろう。当時の品種の地域間交流の一端を伝えてくれる。なお地名稲種として、上記以外に、日本起源の稲と思われる「倭稲」が資料に散見される（4種：倭稲、倭山稲、倭山豆稲、倭野充稲）。伝来の経緯は不明だが、在来稲として記録されているところから、来歴の時期はかなり古いものと想像する。このほか、同じく日本稲と思われる「大関稲」が1例登場しているが、こちらの方は日本の近代以降の改良品種であることから、朝鮮に普及してまだ間もないものと考える。「水原稲」（京畿道水原には、統治下の勧業模範場の本場が置かれた）も、おそらく、「大関稲」同様、統監府施政開始前後の所謂「優良品種」（日本による普及のための選定品種）の"走り"であった可能性がある。

イ：稲の形状、色状に起因する稲名

　芒＝毛の有無、穂・禾・頃および稲の色状に関わる稲名が多く見られたことは、この時の稲にはなお様々な形状・色状を有するものが多かったこと、換言すれば、淘汰が十分進まず、品種特性上の分化は未だ不徹底であったことを物語る。『一覧』京畿道（38府道）登場の該当する稲名を掲げておこう。

形状に起因する稲名：

　毛：象毛稲、毛農稲、毛化稲、毛患稲、多毛白稲、毛緑稲、長毛稲、髯紅稲、毛理稲

　禾：宗禾稲、早禾稲、西禾稲

　項・茎：縮項稲、項長稲、項不出稲、短項稲、一茎稲

色状に起因する稲名：

　紅豆稲、髯紅稲、紅精稲、白稲、白荒稲、白達稲、白山稲、多毛白稲、紫来稲、紫光稲、青稲、青白稲、黄稲、黄岱稲、銀稲、甫銀稲、黄慶稲、赤稲、端赤稲、毛緑稲、黒稲、黒月稲、

ウ：稲の特性に起因する稲名

　地名や稲の形状のほか、稲の早晩、耐性の程度、稲の品位を窺わせる稲名も見受けられる。形状や色状による区分けに比べ、稲の特性をより直接的に伝える参考基準となる。

　早晩：早稲、山早稲、次早稲、早禾稲、銕早稲、中稲、中租、晩稲、暮稲、

　耐冷性：冷稲

　耐病虫害：難稲、痕：痕多稲、患：毎患稲、

　耐湿地：水稲

　印度型：僧、占

　その他：時不知

3　主要品種の登場と品種群＝系統種成立への動き

　多種・雑駁なる稲種にありながらも、一部の有力品種の登場に示される、品種上の分化と主力品種を中軸とした品種群成立への動きにも留意しておきたい。

ア：出現回数

　既述したように、『一覧』（京畿道）記載の水稲粳種の合計は350例に及んでいた。これは各郡毎に記載された稲数を単純に合計したものであり、したがって、複数の郡に跨って登場する稲も重複してカウントされていた。**表補-3**は、そうした稲（全稲名は既出の**表補-2**に掲示）のうち出現回数が5回以上（京畿道38郡府中5郡府以上に跨って登場する）の稲12種を取り出したものである。

　表中、最も出現回数の多い「趙同知稲」は、京畿道38郡府中27郡において作付けられていた。次いで20郡で栽培されていた「老人稲」、「多多稲」、「麦稲」が並ぶ。やや出現頻度を下げて11郡登場の「豆稲」、「野充稲」、その後に「紅稲」（9郡に登場）、「精根稲」（8郡に登場）、「玉山稲」（7郡に登場）が続く。これらの稲、とくに20郡府以上に亘って作付けられた上位4種は京畿道の代表的な品種であったことになる。

　ところで、稲名から判断して同系と思われる稲種を拾い出せば、**表補-4**の通りである。稲の早晩、形状、色、その他特性等から同一グループと考えられる系統種に相当すると見てよいであろう。多種の稲にも、有力稲種（出現回数が際立って多い）を軸に、いくつかの系統が存在していた様子が窺える。

　一方、『一覧』各稲特性記載欄備考には、勧業模範場による観察結果として、各道各郡府の稲につき、それに類似する稲がある場合には、その類似稲の名を掲げている。京畿道についてそれを示せば、**表補-5**の如くである。

　記載12例中、4種（中租、白稲、長毛稲、鋳早稲）は京畿道の主力稲種とされる「多多稲」に、また3種（豪實稲、在来稲、倭稲）は、同じく同道の有力稲種である「趙同知稲」に「類似ス」としている。このほか残り5例の稲の類似種として名を連ねた「玉山稲」、「野充稲」も含め、いずれも、京畿道の有力稲種である。

　同系の品種を多く有していたことを含め「趙同知稲」と「多多稲」は、繰り返し、この地域の中核品種として存在していたものと考える。「多多

表補-3　『一覧』（京畿道）5回以上出現の稲

稲名	趙同知稲	老人稲	多多稲	麦稲	豆稲	野充稲
出現回数	27	20	20	20	11	11
稲名	紅稲	精根稲	玉山稲	白稲	銀多多稲	時不知稲
出現回数	9*	8	7	6	5	5

資料：『朝鮮稲品種一覧』（朝鮮総督府勧業模範場、大正2年）。
＊「赤稲」（「紅稲」の別名を含めると10例）。

表補-4　同系統品種一覧（京畿道）

系統名				合計
野充稲（11）	倭野充（1）			12
多多稲（20）	銀多多（5）	山多多（3）	水多多（1）	29
紅稲（9）	赤稲（1）	髯紅（1）		11
倭稲（3）	倭山稲（2）	倭山豆（1）	倭野充（1）	7
紅精稲（1）	玉精稲（1）			2
宗禾稲（1）	西禾稲（1）	早禾稲（1）		3
豆稲（11）	紅豆（3）	倭山豆（1）		15
荒稲（4）	半荒（1）	白荒（1）		6
白稲（6）	王白（1）	多毛白（1）	青白（1）	9
白川稲（6）	白川小末（1）	白川黍（1）	白川素（1）	9
麦稲（20）	小麦（1）	石麦（1）		22

資料：『朝鮮稲品種一覧』（朝鮮総督府勧業模範場、大正2年）。

表補-5　類似品種（京畿道）

稲名	郡名	備　考
中租	京城府	多多稲ニ類似ス
白稲	楊州郡	多多稲ニ類似ス
倭山稲	水原郡	玉山稲ニ類似ス
蒙實稲	龍仁郡	肖同知ニ類似ス
山多多稲	〃	時不知稲ニ類似ス
荒溮充稲	〃	時不知稲ニ類似ス
長毛稲	始興郡	多多稲ニ類似ス
水稲	坡州郡	野充稲ニ類似ス
在来稲	豊徳郡	肖同知ニ類似ス
紅稲	高陽郡	別名赤稲ト云ウ
倭稲	金浦郡	肖同知稲ニ類似ス
銕早稲	陽川郡	多多稲ニ類似ス

資料：『朝鮮稲品種一覧』（朝鮮総督府勧業模範場、大正2年）。

稲」の場合、類似種、同系種を含めると 29 郡府で作付けされていたこと
になり、「趙同知稲」のケースでも、類似稲種を併せると 32 郡府での作付
となる。それぞれ、道内殆どすべての郡で栽培されていたことになる。僅
か 1 郡だけでしか栽培されていない 200 種（水稲粳 350 の 6 割弱）もの弱
小品種が淘汰されることなく残されていた点と好対照をなす。この時代の
品種構造の二面性もしくは過渡的な状態を示すものである。

イ：作付規模

　作付割合　　　『一覧』は、原則として、在来各稲の「作付歩合」を郡単
位に記録している。表補-6 は、この「作付歩合」の記載があった京畿道
19 府郡の主力品種（出現回数 5 回以上について、稲作面積全体の 10％以
上の作付を記録した稲を）取り出したものである。これによると、先に
『一覧』に出現する頻度が高いとして主力品種とした稲のうち、「多多稲」
と「麦稲」の 2 種（ともに 20 郡に亘って『一覧』に登場した普及品種）は、
作付割合から見ても、当時の主力品種であったことが判明する。すなわち、
「多多稲」については、61％（安山郡）を筆頭に、50％以上の作付割合を
記録する郡は 5 郡を数えた。また「麦稲」については、2 郡（豊徳郡、開
城）で 90％以上の作付比率を、また別の 2 郡でも、それぞれ、59％、40
％と高率を記録していた。

　ところが、主力品種と雖もすべてが突出した作付割合を記録しているわ
けではなかった。最も出現頻度が高かった「趙同知稲」（出現は京畿道 38
府郡中 27 郡に及んだ）の作付割合は 10 郡で 10％以上を記録したものの、
各郡で極端に高い割合で作付けられていたわけではかった。10 郡中 2 郡
で作付割合は、それぞれ、55％（驪州郡）、38％（陽知郡）と高かったが、
他の 8 郡では、20％（1 郡）、15％（3 郡）、12％（1 郡）、10％（1 郡）で
あった。また、京畿道の広域（20 郡）に亘って栽培されていた「老人稲」
は、10％以上の作付割合を記録する郡は僅か 3 郡に止まっていた。同じく
広域（20 郡）に亘って栽培された「野充稲」に至っては 10％以上の作付
を記録する郡は皆無であった。そもそも、作物の栽培において、それぞれ
の栽培ステージで発生する自然災害リスクを分散させるために作期や熟期、

表補-6　主力品種別作付面積比率（京畿道：同比率10%以上）

稲名	出現回数	作付面積比率（郡名）								
趙同知稲	27	20%（楊州）	10%（水原）	15%（広州）	55%（驪州）	10%（南陽）				
		10%（坡州）	12%（安山）	15%（高陽）	38%（陽知）	15%（陽城）				
老人稲	20	20%（楊州）	12%（安山）	21%（交河）						
多多稲	20	59%（水原）	50%（南陽）	61%（安山）	17%（陽知）	50%（陽城）				
麦稲	20	10%（楊州）	90%（開城）	91%（豊徳）	40%（通津）	13%（永平）				
		57%（交河）								
豆稲	11	15%（広州）	20%（南陽）	11%（安山）						
野充稲	11	―								
紅稲	9	―								
精根稲	8	―								
玉山稲	7	―								
白稲	6	33%（京城）	12%（積城）							
銀多多稲	5	10%（陽城）								
時不知稲	5	―								

資料：『朝鮮稲品種一覧』（朝鮮総督府勧業模範場、大正2年）。

表補-7　京畿道における早晩別水稲粳作付歩合　　　　　　　　　　（%）

	水稲粳数	水稲作付歩合記録数	早	中	晩	早晩不明	作付歩合合計	＊当該内訳における主たる稲種の作付歩合
京畿道	19	8	33	47＊	16	2	98	「白稲」33%
楊州	29	28	23	59＊	12		94	「老人稲」20%
水原	24	21		14	66＊	3	83	「多多稲」59%
開城	2	2		100＊				「麦稲」95%
広州	7	7		39＊	15	僅少	54	「銀」20%
楊平	25	25	6	25	60＊	1	92	「順稲」32%
驪州	8	8	2		82＊		84	「肖同知稲」55%、「順稲」26%
南陽	4	4		55＊	20	10	85	「多多稲」50%
坡州	11	11	12	47＊	5		64	「西禾稲」43%
豊徳	9	9		91＊			91	「麦稲」91%
安山	7	7	61＊	12	25		98	「多多稲」61%
高陽	6	6	23	22	28		73	
通津	4	4	7	90＊			97	「晩稲」50%、「麦稲」40%
永平	9	8		8	51＊		61	「粳糯稲」38%
麻田	1	1				100＊	100	「白川稲」100%
交河	3	3		82＊			82	「麦稲」57%、「老人稲」21%
積城	7	7	74＊	5	14		93	「白川小禾稲」65%
陽知	12	11	10	16	57＊		83	「肖同知稲」38%
陽城	3	3	10	65＊			75	「多多稲」50%

資料：『朝鮮稲品種一覧』（朝鮮総督府勧業模範場、大正2年）。
＊表中の＊は各府郡の中心作期（早、中、晩）を示す。
(注)最終欄には、それぞれの中心作期を構成する稲のうち、その第1位品種名およびその作付歩合を示してある。

特性の異なる品種を組み合わせて作付けることは極く一般的であった。リスク分散の必要性の程度は過去に遡るほど大きかったはずである。その意味では、「麦稲」や「多多稲」のような特定の品種へ全面的傾倒の方が異例であり、それだけ両種は有力品種であったと言うべきなのであろう。

早晩別作付比率　　　リスク回避のために熟期の異なる品種を組み合わせて栽培した点を考慮し、ここでは、特定の品種への栽培集中度を知るために、各稲の作付比率を早晩別に見ておこう。表補-7は、京畿道19府郡単位の早晩別作付面積の内訳を示している。表中＊印は、府郡それぞれの中心作期を示し、作期をリードする稲の作付比率は最終欄に掲げてある。

　表より、「早」（2郡）および「晩」（5郡）に栽培を特化した地域を一部含むものの、京畿道が基本的には、「中」稲を主体とした作付体系を採っていたことが判明する。また、各郡の特定熟期への傾斜が、備考に記したように、わずか1、2種類の特定稲種への強い傾斜＝集中的栽培によってもたらされていたことを知る。例えば、水原郡の「晩」稲の全稲作面積に対する作付歩合は66％であったが、そのほとんどは、わずか1種の稲＝「多多稲」（晩）の作付によるものであった。「多多稲」の作付歩合は59％であったから、「晩」稲の作付の9割方は「多多稲」が占めていたことになる。同様に、「中」稲作付地区＝開城郡（全稲作面積に対する「中」稲作付歩合は95％）では、「麦稲」（中）が「中」稲の作付面積の95％を占めていた。同じく、「晩」稲作付地区＝驪州郡では「趙同知稲」が、また、「中」稲作付地区＝南陽郡では「多多稲」（中）が、さらに、「早」稲作付地区＝安山郡では「多多稲」（早）が、それぞれ、地区の作付体系を支える主導品種であった。通津郡（「中」稲作付歩合90％）の場合は「晩稲」（中）および「麦稲」（中）の2種が、相半ばして（作付歩合は、それぞれ、50％、40％）、同地区の「中」稲作付を維持していた。稲の特性＝早晩に注視するならば、数多くの稲種がある中で、多くの郡で極めて限られた特定稲種への傾斜栽培が行なわれ、当該郡の作付体系をリードしていた実態が明らかとなった。

　この早晩別検討に関連し、先に言及した京畿道の中軸品種である「麦

稲」および「多多稲」についてさらに付言しておこう。「麦稲」は「中」
稲作付地帯＝4郡（開城、豊徳、通津、交河の各郡）における中心的稲種
であったが、各郡の「中」稲作付面積（全稲作付面積に対する作付歩合は、
それぞれ、100％、91％、90％、82％）のほとんど（それぞれ、95％、100
％、36％、70％）をこの「麦稲」1種で占めていたのである。「麦稲」は、
同種が「早」稲地帯および「晩」稲地帯に主要稲種として登場していない
ことから、当時の文字通り、中生品種であったと見て間違いないであろう。
一方、「多多稲」は、「中」稲作付地帯である南陽郡および陽城郡の中心的
な中生品種であると同時に、「早」稲作付地域（安山）と「晩」稲作付地
区（水原）にも、それぞれの代表的な、早生品種、晩生品種として登場し
ている。「多多稲」は、早、中、晩いずれの熟期にも適応できる、汎用性
の高い、広域性を備えた品種であったことがわかる。

　上記2種以外では、その重要度はやや落ちるが、「晩」稲作付地帯（驪
州郡および陽知郡）に名を連ねる「趙同知稲」（作付歩合は、それぞれ、
55％、38％）と、同じく「晩」稲作付地帯2郡（楊平および驪州郡）に登
場する「順稲」（作付歩合は、それぞれ、32％、26％）が目に付く。また、
「早」稲作付地（積城郡）では、1例ではあるが、その作付歩合を65％と
した「白川小禾稲」や、「中」稲作付地（坡州）の「西禾稲」（作付歩合
43％）なども、地域特化型の稲種として注目できる。

　表補-8は、この地域全体の特定品種栽培への集中の様子を探るために、
作付歩合の記録から、京畿道各郡稲種別作付面積上位8位までの作付歩合
を取り出し、1位から8位それぞれの作付歩合の平均を見たものである。
これによれば、作付面積1位の稲種の作付歩合は、平均48.7％であった。
京畿道では、押し並べて、作付面積の半分が特定の稲に傾斜して栽培を行
なっていたことがわかる。2位の稲の作付歩合の平均は1位の3分の1に
も届かない14.3％、それをさらに半減して3位（7.6％）、その後に4位
（4.3％）、5位（3.1％）、6位（1.1％）と続く。第1位品種への集中度は突
出している。また、1位、2位を合せて63％、上位3位までで70％と、稲
作面積の大方が1〜3位までの稲の栽培によっていたことが改めて明らか

表補-8　京畿道府郡の稲各種「作付歩合」の順位別平均

作付歩合順位	1位	2位	3位	4位	5位	6位	7位	8位
作付歩合平均	48.7%	14.3%	7.6%	4.3%	2.1%	1.1%	0.6%	0.0%

資料：『朝鮮稲品種一覧』（朝鮮総督府勧業模範場、大正2年）。

になる。その他の稲は多くても作付歩合が5％未満、大半の稲は2～3％の面積でしか栽培されない弱小品種もしくは作付歩合1％以下の「僅少」品種であった。

　これに徴じて京畿道全体を眺めれば、水稲、陸稲を含め38郡617種（延べ）のうち、平均的には、上位1位38種が作付面積の約半分を占め、これに2位、3位を加えた上位3位までの稲数114種が作付面積の7割で栽培されていたことになる。したがってまた、残りの500種余りが残る3割の作付面積で栽培されていた勘定である。

4　その他特性に見る京畿道の朝鮮在来稲

ア：耐旱力

「資料」に記載のあった京畿道各稲（264種）の耐旱力の「強弱」を京畿道38郡について集計すると、耐旱力を「強」とする稲数は104種（39.4％）、それを「弱」とするものは160種（60.6％）あった。耐旱力の強い稲は半数に及ばなかったものの、日本稲と較べると高い。耐旱性の強さは朝鮮在来稲の大きな特徴とされている[1]。

　栽培されていた稲の耐旱性の強弱には、地理・地勢条件、気象条件、水利（整備）条件が強く関わっていたと考えられる。このうち、気象条件に関しては、朝鮮半島の降雨量の少なさを指摘できよう。朝鮮半島では稲作期間中（4～10月）の降雨量が少なく、とくに播種より挿秧までの降雨量は日本の6割にも及ばなかった。耐旱力のある稲が広く分布した背景として半島の水利環境の不十分さを挙げることができる。昭和に入ってもなお、朝鮮全土の水田のうち水利の便あるものは3割にも満たなかったという。朝鮮独特の稲作法＝水利の便なき「乾畓」はもとより、水利の便ある畓でさえ、この時代、その多くが天水田化していたことはすでに述べた通

りである。

イ：芒の有無

　京畿道38府郡に登場した350種の稲の内、『一覧』は、313種について芒の有無を記録している。内訳は、芒を「有」とするもの251種（80.2%）、「無」とするもの62種（19.8%）であった。芒を有する稲が8割と、無芒種を圧倒している。すでに藩政時代後半には有芒種は少なくなっていたわが国と比べ、朝鮮半島の場合、事情は大きく異なっていたことになる。朝鮮の在来稲には野生稲の形跡を留めていた稲が多かった点が改めて指摘できる。白米種に比べてより劣悪な環境でも一定の収量を期待でき、耐旱性、耐寒性に優れた赤米がかつて朝鮮半島に数多く栽培され、近代に入っても白米種に混栽したことはよく知られているがこの点、同じ古いタイプの稲とされる有芒種はどうであったか。一般に芒を有する稲は劣悪な栽培条件に耐性を持つと考えられているが、ここでは、前項で示した耐旱性との関わりを検討して見よう。**表補-9**は、稲の耐旱力の相違を有芒、無芒別に示したものである。

　表より、有芒種では耐旱力の強：弱の比率は45：55と相半ばしていたのに対し、無芒種では、同比率は27：73であった。これをもって有芒種には耐旱力の強い稲が多かったと見做すならば、有芒種が8割にも及んだ背景として朝鮮における降雨量の少なさと水利整備の全般的立遅れを挙げることができるように思われる。

　耐旱性に欠ける無芒種には、上記とは正反対の理由で、恵まれた水利環境適応型の、言わば日本的な集約型稲品種が多かったものと想像する。この時の無芒種の稲種数はごく僅かで、無芒は言わば限られた品種の"特性"でさえあった。『一覧』（京畿道38郡）に登場した無芒種は延べ62種であったが、そのうち27は「趙同知稲」であった。このほか、「玉山稲」（5郡に登場）、「紫来稲」（3郡）、「七升稲」、「倭山稲」、「紅稲」（各2郡）、「倭野充稲」（1郡）の無芒種が記録されていた。「趙同知稲」は、当時、在来種の中では日本稲に匹敵する収量を記録した数少ない朝鮮稲であり、整備された水利環境下ではじめて適応可能な、日本型に近い稲種であった

ものと想像する。その意味では、無芒種の中に「倭山稲」、「倭稲」、「倭野充稲」等の日本伝来の稲と思われる稲種が含まれていたことも注視しておくべきであろう。そもそも、「倭稲」が「趙同知稲ニ類似ス」とあるように「趙同知稲」が日本起源の稲であったことも十分考えられるのである。なお、「趙同知稲」27種のうち、耐旱力を「強」とするものは7種に止まり、それを「弱」とするものは17種を数えたことを付記しておこう。

ウ：粒の大小、粒付

　表補-10に示したように、京畿道の在来稲には大粒種はほとんど見られず、中粒と小粒種が相半ばしていた。大粒種が主体であった藩政時代〜明治前半のわが国（西日本）とは様相を異にしていた。一方、粒付に関しては、表補-11に示した通り、「中」が6割強、これに「密」（3割弱）、「稍密」（6.7％）が続く。粒付を「粗」とする稲は314例中僅か9例（2.5％）にすぎなかった。「中」を基軸とし、「密」の方に強く傾斜した粒体系を採っていた。「密」ないし「稍密」はわが国在来種に多く見られた、所謂「穂重型」の稲と想定されるが、いま、この「密」（「稍密」を含む）の稲数を先に示した京畿道主要稲17種（『一覧』出現回数4回以上）について見ると、表補-12のようである。このうち『一覧』出現頻度第2位の「麦稲」と第5位の「豆稲」は、それぞれ、20例中15例、11例中11例と、そのほとんどが粒付「密」＝穂重型の稲であったことがわかる。こうした稲は、ほかに、「紅豆稲」（9例中7例）、「玉山稲」（7例中4例）、「象毛稲」（4例中4例）がある。一方、その他の稲は粒付を「密」とする事例は僅かであり、京畿道第1位品種「趙同知稲」は『一覧』に登場した27例に「密」のものは皆無であった。出現回数第2位の「老人稲」も同様であり、同じく2位品種「多多稲」についても、「密」の稲は20例中わずか2例に過ぎなかった。粒付を「密」とする稲数は京畿道全体で3割程であったが、上記の観察は、当時朝鮮において、穂重か否か、その状況は主要品種間で大きく異なっていた点を伝えている。また、粒付を「粗」（穂数型）とする稲数は、主要品種中僅か1例に止まった。穂重型から穂数型への転換が集約稲作化のパターンであったわが国の経験に照らし合わせるな

表補-9　芒の有無と耐旱力（京畿道）

	強	弱	合計
有芒種	91（45.0％）	111（55.0％）	202（100％）
無芒種	12（26.7％）	33（73.7％）	45（100％）
合計	103（41.7％）	144（58.3％）	247（100％）

資料：『朝鮮稲品種一覧』（朝鮮総督府勧業模範場、大正2年）。

表補-10　粒の大小（京畿道）

	大粒	中粒	小粒	極小	合計
事例数	1	155	154	4	314
百分比	0.3％	49.4％	49.0％	1.3％	100％

資料：『朝鮮稲品種一覧』（朝鮮総督府勧業模範場、大正2年）。

表補-11　粒付（京畿道）

	密	稍密	中	粗	合計
事例数	85	21	199	21	314
百分比	27.2％	6.7％	63.6％	2.5％	100％

資料：『朝鮮稲品種一覧』（朝鮮総督府勧業模範場、大正2年）。

表補-12　主要品種の粒付（京畿道）

稲名	出現回数	「密」*	稲名	出現回数	「密」*
趙同知稲	27	0	白稲	6	2
老人稲	20	0	時不知稲	5	2
多多稲	20	2	銀多多稲	5	1
麦稲	20	15	荒稲	4	1
豆稲	11	11	七升稲	4	0
野充稲	11	2	斗充稲	4	2
紅稲	9	7	戊戌稲	4	0
精根稲	8	0	粳糯稲	4	0
玉山稲	7	4	象毛稲	4	4

資料：『朝鮮稲品種一覧』（朝鮮総督府勧業模範場、大正2年）。
＊「稲密」を含む。

らば、朝鮮稲作においては、集約（穂数）型への移行はなお限定的であったことになる。

5　結　語

　朝鮮稲それ自体は、収量、形状、特性等多くの面で日本稲と異なったものであった。単位面積当たりの収量水準の全般的低さに加え、大半の稲が芒を有する粗放な、古いタイプの稲種であったこと、赤米の混入がめずらしくなかったこと、倒伏性の大きい穂の長い稲が多かったこと、「粒密」＝「穂重型」の稲が多数残ったことなど朝鮮在来稲は、集約栽培の観点からは、日本稲とは違った栽培環境に置かれた稲であった。

　無数、種々雑駁な稲の残存は朝鮮在来稲の特徴であった。また、芒を有する稲の多さも朝鮮稲の特色であった。有芒種は、粗放であるが故に劣位な稲作環境に適応できた面に留意すべきであろう。さらに、「耐旱力」に優れた有芒種こそは、日本に比して降雨量が少なく、水利施設未整備の状況の下では適応品種であったことが想像される。また、「穂重型」から「穂数型」への切換えはわが国の場合のように整備された耕地環境下での多肥栽培適応する栽培パターンであり、少肥下の半島においては分蘖が少なく、粒付が密な、穂重型の稲の方がかえって安定した収量を確保できたものと思われる。

　要素賦存状態を含め地域固有の状況に規定されて存立し続けて来たかかる朝鮮在来稲が「産米増殖計画」（大正 9 年実施）の下で日本稲に悉く置き換えられたのは、『一覧』の調査（明治 44 年〜大正元年）からわずか 10 年後のことであった。

注
(1)　菱本長次『朝鮮米の研究』（千倉書房、昭和 13 年）p. 138。

第7章　近代日本地主制再考

──稲作技術史論の立場から──

1　はじめに

　本章は、前章までの検討結果を踏まえ、稲作技術史論の立場から、近代日本の土地制度についての通説的見解に代わる新たな視座を提供しようとするものである。ここで言う通説的見解とは所謂寄生地主制論を指す。すなわち、この時代わが国では、資本制的大農経営がほとんど成立しなかったばかりか、幕末・維新期に展開を見た豪農の「手作り」経営すらも縮小に追い込まれ、代わって、少数の地主が集積した土地を高率小作料で零細小作農に耕作させる土地制度が支配的となった。この土地制度は、その小作経営の零細性、経済外強制に基づく小作料の高率性、さらに、小作料の現物納制（米納）故に、封建制に半ば“寄生”する地主制として特徴付けられたのである。また「高率小作料」は、一方で、製糸業、鉄道業等地主の農外投資を可能とするとともに、他方において、農民の生活水準を極度に押し下げた。その結果、農村は家計補助的な農家副業の場もしくは、生存賃金での日雇労働力および都市への出稼ぎ労働力の供給源と化し、日本資本主義構造の一端に組み込まれていくこととなった。「寄生地主制」に象徴されるかかる戦前期農業・農村の半封建性こそは近代日本資本主義の前近代性を構造的に規定した最大の要因であった、というのがその主張点である。

　この通説的見解に対しては、大きく、2つの問題点：歴史認識の問題と

事実関係の理解の仕方の問題、を指摘できる。前者（歴史認識）について通説的見解の最も特徴的なことは、西欧、とくにイギリスの封建制から資本制への移行過程を念頭に、それとの対比において近代日本の性格を規定しようとしている点である。こうした見方に立つ限り、西欧モデルからの逸脱ないし乖離は日本の特殊性もしくは後進性として認識されることとなる。通説的見解は、状況が整いさえすれば近代日本にも農業の「資本家的発展の展望も開けてくるはず」だが、そうならなかったのは、藩政府時代の不徹底な「農民層分解」に加えて、専制明治国家の半封建的貢租（高率地租）の収奪と半封建的地代（「高率小作料」）の重圧が上層農の手許の「萌芽的利潤」の形成を阻み、「下からの資本主義化のコースの可能性を奪い去」った結果である[1]とする。しかし、西欧モデルを普遍化し、これを一様に他の地域に適用することの妥当性の吟味は未だなされたことがない。逆に、イギリスの自生的な発展パターンこそ特殊であるとの議論もまた成り立つのである。従来の見解には、時時の国際環境のインパクトに対応しつつ、急速に近代化を成し遂げねばならなかった後発国の多様な発展パターンを認める類型論[2]的発想はない。まして、畑作を中心とする粗放的な西欧農法と異なり、わが国のような水田稲作経営に資本制的大農経営がそもそも成立するのか、といった地域風土論的発想[3]や農業技術史論的発想は望むべくもない。次の第2節では、これらの問題を、第3章で示した慣行的農業の理論的考察を踏まえ、とくに稲作経営の「規模の経済性」に的を絞り、明らかにしたい。

　後者（通説的見解の事実認識）の問題は次の通りである。すなわち、「高率小作料」とは、「生産力の上昇部分を含めた全剰余が地主の手中に奪われ」、小作農にギリギリの生活を強いるような小作料を指す。また、「低賃金」の労働供給に関しては、「寄生地主制」の存在が工業部門の低賃金労働力（日雇、出稼ぎ、農家副業）の吸引を可能にし、そのことがまた、小作農民の再生産を補強する役割を担い、「低賃金」が小作料の支払いにそのまま充てられることを通じ「寄生地主制」下の高率な小作料を保証する、というものである。「高率小作料と低賃金は、まさしく、相互規定の

関係にあった」のである[4]。第1の、同見解の歴史認識と併せ考えるなら
ば、イギリスに見られたような農業経営におけるブルジョア的発展が乏し
く、代わって「寄生地主制」が進行したことが日本資本主義「低賃金構
造」の"元凶"となった、ということになる。だが、小作料が高率だった
のは果たして「寄生地主制」に由来したのであろうか。大いに疑問が残る。
また、当時の過剰な農村人口の下では、「寄生地主制」基因の「高率小作
料」説成立の根拠は論理的に見て甚だ希薄なように思われる。さらに、小
作地比率が高まる中、明治後年以降小作料率が低下する事実をどのように
説明するのかなど、解明すべき点は多い。そこで、第3節では、主に理論
的見地から、戦前期における小作料の高率性と都市部門への低賃金労働供
給に関する従来の見解の妥当性を吟味する。第4節では、主に『大正十年
府県別小作慣行調査集成』記載の情報を用い、小作料全般に関して本章が
掲げた命題を実証的に検証する。

2　日本型集約稲作と「寄生地主制」

1　日本稲作小史

　アジアの中でもとくに東アジアで栽培されたジャポニカ（日本型）種は、
他の2つの稲：インディカ（印度型）種およびジャワ種に比べ、集約栽培
環境に適応度の強い品種であったとの指摘がある[5]。また、ジャポニカ種
の中でも白米種は、同種の赤米種に比べ、灌漑・排水の行き届いた熟田の
下で周到な水管理と肥培管理がなされると極めて高い土地生産力を発揮す
る多収品種であった。かつてわが国においても、中世から近世にかけて、
西南暖地を中心にインド型の稲（「赤米」）が広範囲に栽培されていたこと
があったが、主に田地基盤の未整備な開墾地で作付けされることの多かっ
たそれらの稲は、田地の乾田化、熟田化が進むにつれ次第に姿を消し、近
世後半期までに大部分が日本型の稲に置き換えられていった。また、イン
ド型赤米種が生育困難な東北地方のような寒冷地や山間高冷地では古くか
ら日本型の赤米種が盛んに栽培されたが、これもまた、品種改良による耐

冷性の強い白米種が登場したことで、一部の地域を除いて、明治後期までに姿を消すこととなった。わが国が東アジアでは稀に見るほど高い土地生産性を早くから実現できたのは[6]、田地基盤整備と集約栽培技術の進展に伴い、ジャポニカ種（白米種）が本来有したその特性＝多収性をいかんなく発揮できた結果であったと言えよう。

　ところで、わが国において稲作の集約栽培が本格化するのは、畿内等一部先進地域を除けば、漸く近世期になって、とくにその中・後期以降のことであった。集約化の最大の理由は中世期以来の人口増加が近世に入っても続き、他方、開墾の余地が次第に減少したことにある。外延的拡大が可能であった中世の「大開墾時代」とは対照的に、高まる人口圧力が、近世期農業を徹底した既耕地の効率＝集約利用の方向に仕向けたのである。不耕作地（「年荒」）や休閑地（「片荒し」）の消滅、田地の乾田化と多毛作化、犂耕の衰退と人力耕（鍬耕）の普及、肥料の多投化と金肥（＝魚肥をはじめとする購入肥料）の登場、勤勉で周到に管理された家族労働力の使用（肥料採取・運搬、犂込み、除草、緻密な肥培・栽培管理、水管理）等に特徴付けられた近世集約農業がここに成立することとなった。中世期の集団的な農業労働組織に代わり、幕藩体制下、大名の一円支配＝村落機構に深く組み込まれた「本百姓」とは、かかる「集約農業」を直接担う農民家族に他ならなかった。

　近代化当初におけるわが国の高い農業生産力は、したがって、幕末期までに展開を見た近世集約的稲作農業の到達点であったことになるが、その後の明治工業化を食糧供給面で支えた「明治農法」も又、こうした伝来農業を継承し、さらにそれに改良を加えたものであった。すなわち、維新政府は、在方の担い手＝「老農」を組織し、また、その後の一連の勧農事業（国立・県農事試験場および系統農会による研究・開発事業と普及活動、水利および耕地整備事業）を通じて、伝来の農業・農法のいっそうの前進を図ったのである。その間の「集約農業」の展開についてはこれまでの諸章で詳述した通りであるが、ここでは稲作改良の技術史的観点から、次の2点を強調しておこう。第1に、明治中期以降品種面で「神力」、「亀ノ尾」、

「愛国」、「旭」など多収性、耐肥性および寒冷地では耐冷性の強化を加え
た稲の選抜・改良が相次いだこと、その選抜・改良は、「陸羽132号」や
農林系統品種の登場に象徴される人工交配技術の導入によりいっそう徹底
されたこと、さらに、従来の魚肥（干鰯）に加え、北海道産の鰊類の大量
利用、中国産の輸入大豆粕の急増、過燐酸石灰・硫安等化学肥料（「人造
肥」）の増投が図られた――これらはいずれも、上記品種面での動向に沿
うものであった――ことである。強調すべき第2は、栽培面で選種の徹底
（塩水選）、短冊苗代の奨励、播種量・栽植密度（一坪株数・一株本数）の
低減、正条植の普及が進み、また肥培面でも在来知識に加え、外国人教師
による欧米農学（土壌学、肥料化学）に基づく成分（窒素、燐酸、カリ）
別施肥の実施や分肥（基肥、補肥・追肥）方法の向上が図られたことであ
る。いずれも、伝来の集約農業の生産効率を高める新たな技術展開として
捉えることができよう。なお、こうした近代に入ってからの品種改良およ
び肥培・栽培法の改善を中心とした稲作技術の急速な展開は、政策との関
わりからは、急速な人口増加、都市化、工業化を前に、これまでにも増し
て高まる人口圧回避を目論む政府の必死の食糧増産戦略の一環、と捉える
ことが可能である。

2 「集約農業」と「規模の中立性」（集約農法）

わが国の稲作が頗る資本節約的であったこと、したがって、労働集約的
であったことは、大型の農具が使用されることがなかった点に端的に示さ
れている。脱穀作業や揚水作業に一部労働節約的農具（近世期では千歯扱
き、踏車、近代に入ってからは大正期以降の自動脱穀機、揚水ポンプ）が
導入されていたものの、肝心の基幹作業である耕耘過程に労働代替的な農
具の大型化、機械化はほとんど見られなかった。また、明治期に全国的に
その普及が押し進められた「乾田馬耕法」は犂の導入を伴うものであった
が、「抱え持立犂」の呼称が示す如く、それは“一馬力”人・畜併用の農
具にすぎず、労働の節減効果よりはむしろ、多肥化に伴う追加的労働＝深
耕の必要から導入されたものであった[7]。

　人力耕を柱とする耕耘体系の下で小型農具（鍬、鎌）を使用し、しかも品種改良と多肥栽培化を主たる技術内容とする限り、わが国農業に「規模の経済性」が働く余地はほとんどなかった。投入要素は、肥料にせよ農具にしろ、細分化が可能であり、主要技術が品種改良と栽培管理・肥培管理等分割性の強いものであったため、経営規模を拡大させても生産上のメリット（単位当りの収量の増大もしくは収量当りの生産経費の低下）は発生しない（規模に関して「中立的」）。その理論的根拠についてはすでに第3章で論じてある。ここでは、以下に述べる理由から、「集約農業」のかかる技術的特性（"中立性"）こそが「寄生地主制」成立の主たる根拠であった点に触れておこう。すなわち、大規模化が有利であるという状況がほとんど見当たらず、加えて、それが絶え間ない緻密な農作業と長時間労働を要求する「多労型」農業であった点を考慮すれば、わが国農業にとり、家族労働を中心とする小農経営こそ最も有利な経営形態であった点が強調されるべきである。「集約農業」にとり小規模家族経営はいずれは他の経営形態に置き換えられる存在では決してなく、反対に、その「勤勉性」[8]に裏打ちされた家族労働の「優越性」[9]さえ指摘できるのである。

　経営規模に関する「集約農業」のかかる技術的特性はわが国における農業経営規模拡大のインセンティブを消失させ、したがってまた、地主によって集積された土地が小農家族＝小作農に貸し付ける土地所有形態＝所謂「寄生地主制」を必然化させる要因になったものと考える。通説的見解は「寄生地主制」が零細小作を生み出したとするが、因果関係は逆で、「集約農業」が有する特性が小農の一般的成立をもたらし、そのことが「寄生地主制」を必然化させたのである。歴史人口学研究の成果によれば、農民家族の平均世帯規模はすでに藩政時代から縮小に転じ、グラフ7-1に示した通り、藩政後期には世帯の大きさは一定規模（5人前後）へ収斂＝標準化する傾向が認められている。時代が進むにつれ、農業経営が単婚小家族によって営まれる、小農標準化傾向がはっきりと確認できる。

グラフ 7–1　近世期農民家族の世帯規模の分布

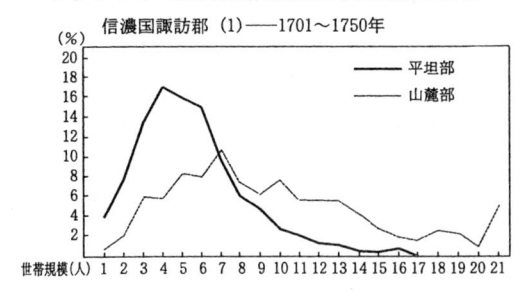

信濃国諏訪郡　(1)――1701〜1750年

平坦部
山麓部

世帯規模(人)

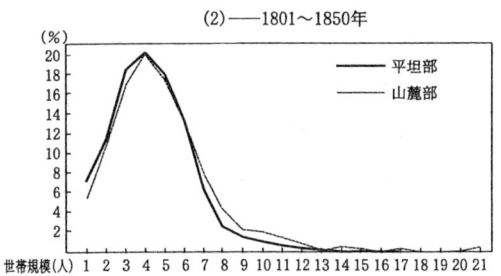

(2)――1801〜1850年

平坦部
山麓部

世帯規模(人)

出典：新保博・速水融・西川俊作『数量経済史入門』（日本評論社、1975 年）p.92（第 4 図）。

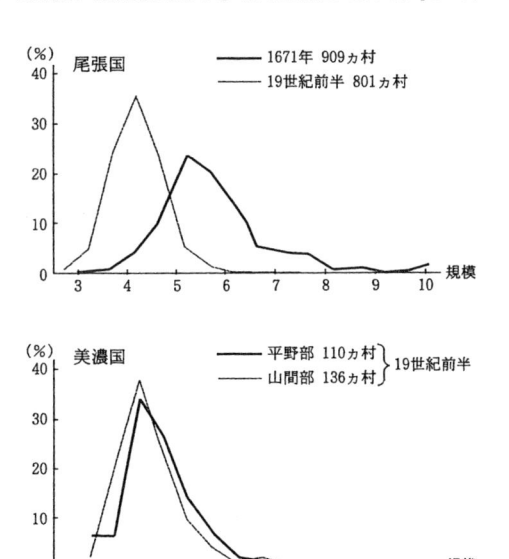

尾張国

1671年　909ヵ村
19世紀前半　801ヵ村

規模

美濃国

平野部　110ヵ村
山間部　136ヵ村　19世紀前半

規模

出典：速水融『近世濃尾地方の人口・経済・社会』（創文社、1992 年）p.17（第 1-6 図）。

3 「集約農業」と「規模の経済性」（田地基盤整備）

本節冒頭で触れたように、多肥・多収性の日本型稲（白米種）の栽培は行き届いた灌漑整備（乾田化）の下ではじめて稲の有する特性が十分発揮される。稲作の発展のためには、したがって、農法上の改善（品種改良と肥培・栽培技術の前進）と併行して灌漑・排水施設を伴う田地基盤整備が常に求められたのである。基盤整備には、当然、多額の費用と大量の労力の投入が必要とされる。また、各農家がそれぞれ個別に事業を行なうよりは大規模に事業を進める方がより効率的であったことが考えられる。この時代、わが国農業にもし「規模の経済性」が働く余地があるとすれば、それは、唯一、この田地整備事業においてであったろう。

実際、既出の長州藩の例によれば[10]、藩政時代、大型開作や治水工事は公儀（藩府）の手により、また、村方の灌漑事業や小規模な土地改良においては、事業主体は村落共同か、民間の一部上層農に限られていた。表7-1は、この天保期の調査を、さらにそれを80年余遡る宝暦年間の同藩（長州藩）史料（『地下上申』）に書上げられた「堤（溜池）」数と比較したものである。この地方の河川流域平坦部で早くから乾田化が進んでいたことはすでに述べた通りだが[11]、同表より、藩政後期には、地勢上河川灌漑に恵まれない島嶼部や山間部の宰判（郡）でも灌漑整備が急速に進んでいた様子を知る。

村方における田地基盤整備のうちどれだけが民間（「地下普請」、「百姓普請」）によったかは上記長州藩の史料では定かでないが、他地方の事例から、藩政期後半には各地で上層農や篤農家による整備事業が進められていたことがわかる[12]。例えば、乾田化などの農事改良を目指して行なわれた大原幽学の関東農村再興の活動も丁度この頃のことであった[13]。また、幕末期には、交換分合を含む区画整理も多くなり、嘉永期の岐阜地方の例に見られるように[14]、馬耕の導入に伴う区画整理も行なわれるようになった。「乾田馬耕」を西南暖地の先進農法として秋田県仙北郡農事試験場がその導入を図ったのはようやく明治中葉のことであったから（本書第8章参照）、岐阜地方のケースは、「明治農法」段階に先立つ時期の田区改正

表7-1　防長地方における堤（溜池）数の
宰判（郡）別増加率

宰判	堤数の増加率
大島	27.57
上関	7.1
熊毛	1.65
都濃	2.33
奥山代	-
前山代	1.39
徳地	-
山口	2.31
三田尻	1.26
小郡	7.02
舟木	2.98
吉田	2.25
美祢	-
先大津	6.12
前大津	4.31
当島	2.92
奥阿武	1.82
平均	4.38

出典：穐本洋哉『前工業化時代の経済』（ミネルヴァ書
房、1987年）p.192。

事業として注目してよい。

　明治期に入ると各地で、小規模な灌漑整備や区画整理を含め土地改良事
業はいっそう活発化した[15]。地租改正（明治6年）により土地に対する
私的所有権が確立し田区改正が自由に行なえるようになったこと、地租の
固定（明治17年）と米価の高騰による小作料収入増加が期待されたこと、
また、同20年代には、在来農業を基軸とする政府の勧農施策の本格化（国
立農事試験場の創設、農会および水利組合制度の確立）に伴い農事改良の
気運が高まったことなど地主に土地改良を促す誘因が多くなったことがそ
の理由として考えられよう。ところが、田区改正や灌漑敷設の範囲が広域

に及ぶにつれ事業は急速に個々の地主の手を離れ、明治32年には「耕地整理法」が制定されて事業形態は益々集団化するようになった。法令に基づき、地主・自作農の共同施工で計画地区の区画整理事業（土地の交換・分合、形状の変更、道路・溝等の変更、敷設）が着手され、さらに同42年の「耕地整理法」改正では、手厚い国庫補助と国の行政の監督・管理の下で、法人格を有する「耕地整理組合」が事業を担うようになったのである。この間の水利を含む土地改良行政の経緯については、新潟県西蒲原郡を事例に本書第2章で触れたところである。

　事業が大型化するにつれ事業形態は集団化・組合化し、事業主体も、行政の枠組（＝市町村制）の下で半ば公益法人化した。その背景として、次の3点：①事業の効率化（「規模の経済性」）、②新規事業に伴う既設水利との調整の回避（取引費用の軽減）、③公水主義に立つ近代水利の確立、が挙げられる。このうち、①の「規模の経済性」が水利を含む土地改良事業の大型化、集団化・組合化の背景にあったことに多言は要しまい。②（既設水利との調整問題）は、新潟県西蒲原地区における国営の水利改修計画（明治38年）に新川下郷の旧慣組合が反対し、計画を一部頓挫させた事例のように[16]、伝来水利を制度的に再編して成立したわが国近代水利の下では、新規事業が直面する不可避の問題であった。事業の集団化・組合化は地域間、域内成員間の水利問題の調整に大きな役割を果たしたに違いない。そもそも「耕地整理法」は、水をめぐる争いを想定し、その回避を図るために制定された法律であった（土地所有者一定割合の同意による事業の実施）。加えて、行政機構に深く組み込まれ、半ば公益法人格化した耕地整理組合の権威とその依法組合としての強い権限が調整問題の解決に役立ったことが考えられる。実際、西蒲原地区では耕地整理事業に関して事業に支障を来すようなことはなかった[17]。

　調整問題に費されたであろう膨大なコスト（取引費用）を回避できた意義は大きかったに違いない。③の公水主義に立つ近代水利の在り方とは、第2章で言及した通り、わが国近代水利が水利権を公法上の権利とし、また、「河川法」が定める慣行的水利権を地方長官が許可水利権として承認

した点を指す。

　近代に入り水利を含む土地改良事業が大型化、集団化・組合化について、「寄生地主制」との関連で、以下の2点に注目したい。第1に、土地改良事業の事業主体を耕地整理組合としたことで、事業大型化がもたらす"規模の利益"（工費削減の恩恵）が耕作者の間で共有＝公平化されてしまい、事業費出資者、とくに地主に直接向かわなかったことが指摘できる。第2に、公水主義（③）に規定された水利権の在り方も又、水利事業改善の"成果"（反収増）の事業者（地主）への帰属を阻んでしまった点が指摘できる。すなわち、公水主義の権利状況の下では、水利権は私的財産権（水利権の譲渡、水利費の設定・徴収権）として存在せず、また、水利は土地の属性の1つにすぎなかったことになる。水利事業費は土地所有者である地主が専ら負担するが、水の利用者（＝小作農）に対する水利費を設定する権利を地主は持たなかったことになる[18]。これら2点は、地主が水利を含む土地改良事業費およびその事業成果を回収するためには、小作料増徴以外に他に手立てはなかったことを意味する。地主の小作料収入への依存＝"寄生"化は、土地改良事業の組合化、公水主義に立つ水利の権利形態の両面から、一段と強まったことになる。

3　小作料の理論的吟味

　以下は、近代日本における小作料率に関する理論的考察である。通説的見解が言う小作料率の"高率性"について、これまでに計測された農業生産関数の結果を踏まえ、はじめに、要素＝土地の分配率の観点から検討を加えることとする。次いで、投下労働量と賃金（＝限界生産力）水準に関する労働供給モデルを提示し、理論的に導出される競争地代との比較を通じて、小作料水準の"高率性"を吟味する。また、その際、「高率小作料」に基因したとする戦前期日本資本主義の「低賃金構造」論に対する問題点も併せて指摘したい。

　表7-2①、②は、『農事調査』およびその他資料を用いて新谷正彦が行

表7-2　農業（水稲）生産関数の計測結果一覧

		労働 a_L	肥料 a_F	土地 a_A	決定係数 R^2	資料
①	1888 年	0.20	0.20 [2.61]	0.60 [2.66]	0.36	『農事調査』
②	1888、1900 年	0.215	0.154 [3.208]	0.631 [6.186]	0.702	『農事調査』(1888 年)『稲田経済調査』(1900 年)
③	1918 年	0.221	0.227 [3.110]	0.552 [4.488]	0.466	『米の生産費に関する調査』
④	1926、1935 年	0.281	0.145 [3.085]	0.574 [6.833]	0.706	『米の生産費に関する調査』
⑤	1937 ～ 39 年	0.2 ～ 0.3	0.30	0.4 ～ 0.5		東日本『米の生産費に関する調査』

出典①～④：新谷正彦『日本農業の生産関数分析』（大明堂、1983 年）pp. 82、131。
　　　⑤：大日一司・速水佑次郎編『日本経済の長期分析』（日本経済新聞社、1973 年）p. 39。
（注）［ ］内は t 値。

った明治中期（1888 ～ 1900 年）におけるわが国稲作農業の生産関数の計測結果である[19]。土地の生産弾性値 a_A は 0.60 ～ 0.63、また、経常財（肥料、その他）の a_F は 0.15 ～ 0.20 と推定されている。計測はいずれも単位労働当りの生産量に単位労働当りの投下肥料、土地を回帰させた場合の推定値である。このことは計測が１次同次を仮定して行われていることを意味し、したがって、労働の生産弾性値は $a_L = 1 - (a_A + a_F)$ によって求められ、結果は、表示の如く、0.20 ～ 0.22 となる。既述の通り、日本型集約農業が規模に関して中立的であったことから、１次同次の仮定に問題はなく、また、各要素とも、計測結果は、概ね、安定していると言えよう[20]。

　推計値の内「寄生地主制」との関連で最も重要なことは、明治中期における土地の生産弾性値（ $a = 0.60 ～ 0.63$）が当時の小作料率水準＝65％前後（後出グラフ7-3参照）に近似しているという点である。同じことは、大正期においても指摘できる。新谷が資料『米の生産費に関する調査』に基づいて計測した土地の生産弾性値は、表7-3③に示したように、0.55 であった。土地の生産弾性値の相対的低下はもう１つの投入要素である肥料の生産弾性値（＝生産貢献度）が上昇した結果である。この間の魚肥や油

粕主体の金肥に代わる大陸からの輸入肥料（大豆）や化学肥料産業発達による肥効の高い肥料の使用の増加、耐肥性品種の導入、肥培技術の向上[21]などが影響し、肥料の弾性値が高くなったものと思われる。一方、次節で検討するように、『大正十年府県小作慣行調査』によると、この期の小作料率は、明治期よりも10％ポイント程低下して、全国平均で54.2％（「契約小作料」）であった。両者はここでも殆ど近似していたのである。小作料は、理論的には、土地に帰属する地代部分（地主取り分）であり、したがって、小作料率は土地の分配率に他ならない。それが土地の生産に対する貢献度＝生産弾性値に近似していたことは土地の限界生産力が反当小作料と均等していたことを意味する[22]。このことは、以下の点で当時の土地市場の在り方に、したがって又、「寄生地主制」の議論に極めて重要な示唆を与えるものである。すなわち、農民は土地を新たに借り受ける際、その収益（限界生産力）とそのための費用（限界費用＝反当小作料）を均衡させるという、言わば、利益極大化行動をとっていた。つまり、農民の行動は極めて合理的であり、言われるような地主の"横暴"による小作料の吊り上げはなかったことになる。土地市場は競争的で、小作料水準は、その意味で、市場の需給関係を反映していたのである。近代日本の小作料水準が絶対的に高率であったとすればそれは市場がタイトであったためで、地主の半封建的人格支配の圧力によるものではなかったと考えられるのである。

　次に、第2の問題である小作料の"高率性"および「高率小作料」に基因する日本資本主義「低賃金構造」説を議論するには、図7-1のような農業労働供給モデルが有効であろう。図7-1①、②は、農村経済における労働供給（$0 \rightarrow L_0$）と賃金w（＝限界生産力、$0 \rightarrow w_2$）との関係を示したものである。いま、農村労働力をL_1とすると、賃金水準はw_1、また、競争地代（地主の取り分）はw_1BAに囲まれた三角形（斜線部）となる。一方、農民の取り分は四角形w_1BL_10である。さらに、ルイス流に、近代日本の工業化時代の農村が過剰就業状態にあったと仮定すると、この時のw_1は、図示してあるように、生存水準S以下ということになる。この場合、

図7-1　農村労働供給モデル

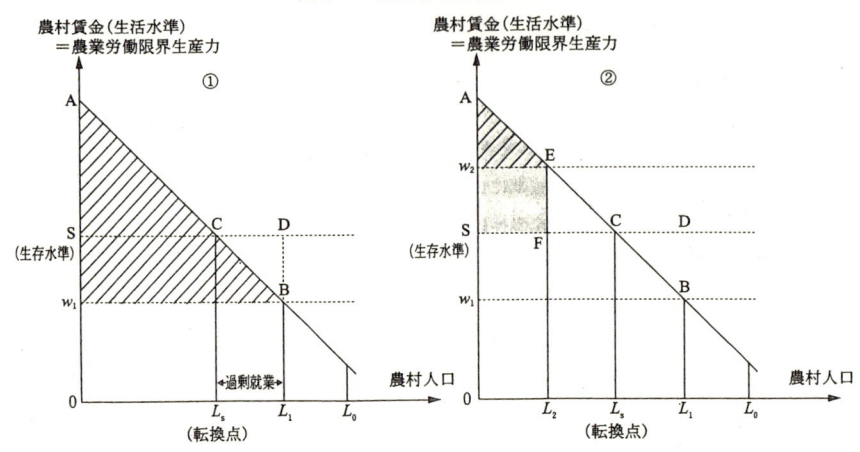

限界生産力が生存水準を下回る部分の労働力 L_1Ls が農村過剰就業労働力、また、この時の労働力 L_1L_0 は農外就業＝工業部門への労働供給量となる。

　図から明らかなように、w_1 の賃金では農民の生活維持に必要な L_1OSD を充たすことはできまい。不足分 Sw_1BD をどのようにして確保したのであろうか。近代日本の農村に大量の餓死者が恒常的に発生していた証拠がない以上、また、近代工業部門の労働需要が限定的であった初期に遡れば遡るほど、その不足分の調達が何らかの形で農村内で図られていたに違いない。それが農民家族の「包括的エートス」によるものだったのか[23]、それとも、地主の「温情」によるものだったのか。また、後述するような「契約」と「実納」の差＝減免が一役かったのか。いずれにせよモデルでは、競争的な土地市場を前提に農村人口の多寡によって農民の賃金（＝限界生産力）水準が決まるように描かれており、「寄生地主制」による「経済外強制」を通じた「高率」小作料こそが農民の生活を且且まで追いやり、そのことが都市＝工業部門への低賃金労働供給の最大の原因だとする通説的見解の理論設定と真っ向から対立している。

　従来の地主「横暴」説を図解すると（**図7-1②**）、競争地代＝三角形

w₂EA（斜線部）が「高率小作料」の徴収によって台形SFEAにまで膨らみ、地主取り分の膨らんだ分＝w2SFEだけ農民の生計が圧迫され、生存水準＝L20SFにまで落ち込んだ格好になる。通説的見解（図7-1②）と本稿の見解（図7-1①）の決定的相違は、出発点の競争地代の大きさ、もしくは、労働供給曲線上のE、Bの位置が、生存賃金Sに対応するC点を挟んで対照的になっていることである[24]。皮肉なことに、通説的見解では、競争地代（当初の地主の取り分）は低く、一方、農村の競争賃金（生活水準）は生存水準以上に設定されている。かかる水準は、ルイス流に言えば、「転換点」以降に初めて達成されるもので、歴史的にはそれは1960年代以後のことである[25]。通説的見解の最大の問題点は、したがって、戦前期の農村の過剰人口の存在を認めながら生存水準を超える農民の生活水準を想定していることである。かりにそうであったとすれば、「高率」であったのは小作料ではなく、農民の生活水準であったことになる。しかし、過剰就業下でこうした事態を想定することは非現実的と言わざるを得ない。

4　小作料に関する実証的考察

　本節では、資料『大正十年府県別小作慣行調査』を用い、この時期の小作料水準、小作料率に関する数量的知見から、前節までで展開した本章の見解を実証的に補強することとしよう。

1　小作料（率）水準

　はじめに、表7-3（1）欄より大正10年における「一毛作田」の反当収量（5ヶ年平均）を見ると、東北地方の2.123石を最高に、北陸、近畿、東海地方で高く、古くからのわが国の稲作先進地域畿内、北陸に東北地方が新たに加わったことがこの時期の大きな特色であった。一方、九州、四国、中国および関東地方で1.8石台と低くなっている。

　次ぎに、表7-3（2）欄より大正10年における「契約小作料」（「普通」）を見ると、反当小作は全国平均で1.044石、府県別には（表示はしてい

ない）1.0石を中心に 0.9 〜 1.1 石が最も多く、45 府県中 27 県がこの範囲に集中していた。地方別には、表示の如く、近畿地方で高く、東海、中国がこれに次ぐ。反対に、九州、四国地方で低く、関東も低目である。この小作料水準と上記反当収量から小作料率を求めると（**表7-3（3）欄**）、全国平均で 54.2％ となる。地方別には、最低 49.1％（東北）、最高 58.2％（中国）の範位内で、ほとんどが 50％ 台であった。

　小作料率は、府県ベースでは、**地図7-1** に示した如くである。このうち高知および鹿児島の際立った高さは両県で行われていた米の二期作との関連が考えられるよう。また、中国地方にも 60％ を超えるような高率の諸県が見られていた[26]。総じて、近畿、東海など反当収量が高い諸県で小作料率も高く、関東、四国、九州といった低反当収量地域で低率となる傾向が指摘できる。この点は、各府県の反当収量と小作料の相関関係（正の相関）を見た**図7-2** からも明らかである。このことは、わが国の稲作栽培、経営形態の特質を考えるならば、小作料率の地方間、府県間開差は稲作栽培の集約化の程度、2 毛作、2 期作等地域の田地利用システムの差異を反映したものであり、また、そうした土地の効率利用による収量の増分が小作料の増徴を通じて地主により多く帰属したことを示すものでもある。もっとも、東北や北陸地方のように、明らかにこうした傾向から外れるところもあった。両地域が全国 1、2 の高い反当収量を記録したにもかかわらず小作料率はいたって低かった。おそらく、冬季の降雪のため 2 毛作が難しく、生計の大半を 1 毛作田に頼らざるを得なかったという、他の地方にはない特殊事情のためと思われる。反当収量より小作料（「契約小作料」）を差し引いた農民の「作徳」分を**表7-3（8）欄** に見ると、東北、北陸で、それぞれ、1.081 石、0.992 石と高いが、裏作もなく、他の就業機会も少ない北地にあってはそれ（反当り 1 石前後の「作徳」）が且且の生存水準であったに違いない。

　なお、繰り返しとなるが、観察された小作料率 54.2％（全国平均）は先に見た大正期の土地の生産弾性値 $a = 0.55$（**表7-2③**）に近似していた。この小作料率は、地方ベースで見ると、東北、北陸および北関東を中心に

表 7−3　大正 10 年 1 毛作田（「普通」）の小作料（率）

		(1) 反当収量（5ヶ年平均） 石	(2) 契約小作料 石	(3) 同小作料率 %	(4) 実納小作料 （5ヶ年平均） 石	(5) 同小作料 %	(6) 契約・実納小作料開差 石	(7) 同小作料率開差 %	(8) 作徳（契約） 石
東北	6	2.123	1.042	49.1	1.036	48.8	0.006	0.3	1.081
関東	6	1.863	1.026	54.9	0.937	50.4	0.089	4.5	0.837
東海	5(4)*	1.994	1.090*	55.1	0.998*	50.4	0.092	4.7	0.904
北陸	4	2.021	1.029	51.2	1.001	49.8	0.028	1.4	0.992
近畿	9	2.007	1.119	56.0	1.055	52.9	0.064	3.1	0.888
中国	5	1.822	1.060	58.2	0.995	54.6	0.065	3.6	0.762
四国	4	1.825	1.004	55.1	0.950	52.0	0.054	3.1	0.821
九州	7	1.790	0.958	53.7	0.926	51.8	0.032	1.9	0.832
全国平均	46(45)*	1.933	1.044	54.2	0.991	51.5	0.053	3.3	

資料：『大正十年府県別小作慣行調査集成』（栗田書店、昭和 18 年）。
＊山梨は籾収量のため除く。

図 7−2　大正 10 年反当収量（1 毛作田、「普通」）と契約小作料の相関関係

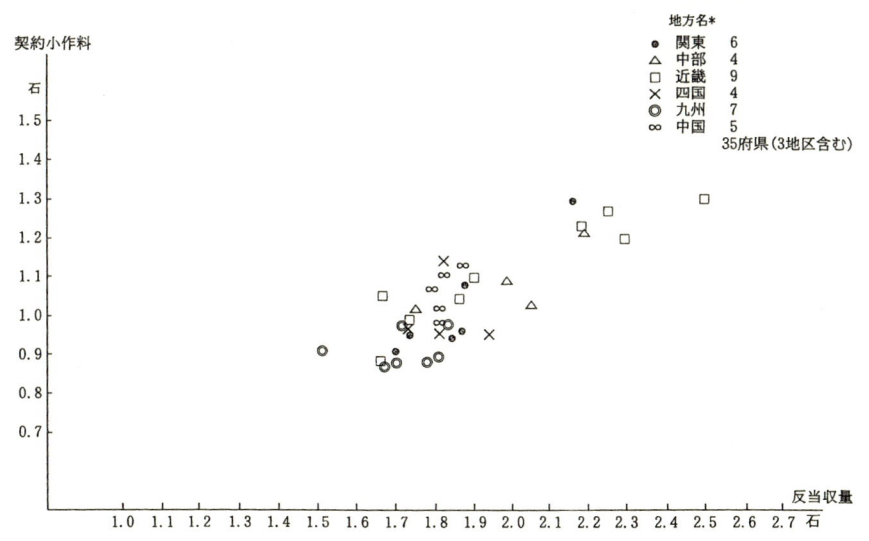

資料：『大正十年府県別小作慣行調査集成』（栗田書店、昭和 18 年）。
＊東北、北陸地方は除く。

地図 7-1　水稲 1 毛作田の契約小作料率（「普通」）

国
1　山城
2　大和
3　河内
4　和泉
5　摂津
6　伊勢
7　伊志
8　志摩
9　尾張
10　三河
11　遠江
12　伊豆
13　甲斐
14　相模
15　武蔵
16　安房
17　上総
18　下総
19　常陸
20　近江
21　美濃
22　飛騨
23　信濃
24　上野
25　下野

名城
和
大
河
和
摂
伊
伊
志
尾
三
遠
伊
甲
相
武
安
上
下
常
近
美
飛
信
上
下
26　下野
27　東北（磐城、岩代、陸前、陸中、陸奥）

28　羽前・羽後
29　若狭
30　越前
31　加賀
32　能登
33　越中
34　越後
35　佐渡
36　丹後
37　丹波
38　但馬
39　因幡
40　伯耆
41　出雲
42　石見
43　隠岐
44　播磨
45　美作
46　備前
47　備中
48　備後
49　安芸
50　周防
51　長門

52　紀伊
53　淡路
54　阿波
55　讃岐
56　伊予
57　土佐
58　筑前
59　筑後
60　豊前
61　豊後
62　肥前
63　肥後
64　日向
65　大隅
66　薩摩
67　壱岐
68　対馬

地　方
近畿—1-5, 21, 36-38, 44, 52, 53
東海—6-15
関東—15-20, 25, 26
東北—27, 28
東山—14, 22-24
北陸—29-35
山陰—39-43
山陽—45-51
四国—54-57
九州—58-68

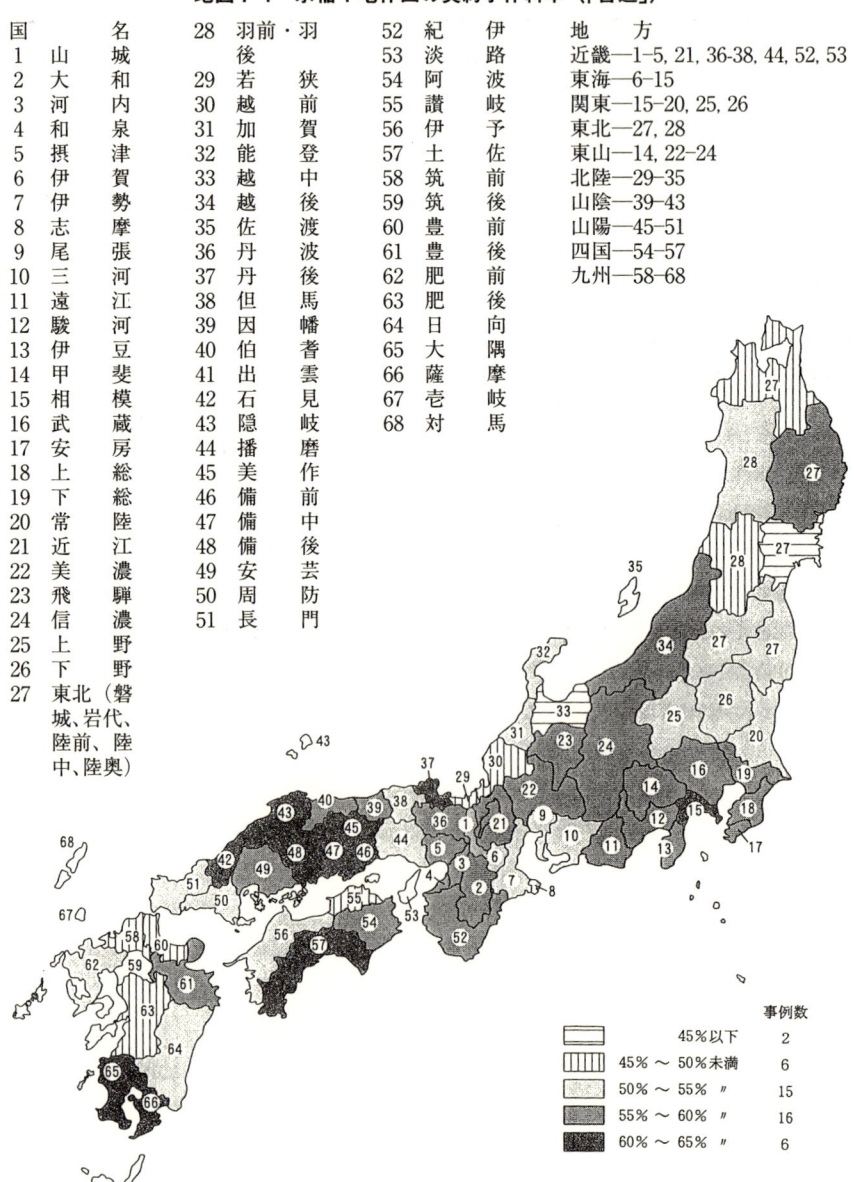

	事例数
45%以下	2
45%〜50%未満	6
50%〜55% 〃	15
55%〜60% 〃	16
60%〜65% 〃	6

資料：『大正十年府県別小作慣行調査集成』（栗田書店、昭和 18 年）。

0.50前後と低くなっているが、今後、地方別にそれぞれ生産関数を計測し、土地の生産弾性値との突合せが必要になる。その点で、大川一司が計測した東日本の水稲生産関数の推定結果：土地の生産弾性値 α A = 0.4 〜 0.5（表7-3⑤）は大いに参考となろう。

2　「高率」小作料と「差額地代」

　土地生産力が高いほど小作料率が高いという関係は、『大正十年府県別小作慣行調査』記載の1毛作田の等級：「低」、「普通」、「高」それぞれの反当小作料水準にもはっきりと示されている。いま表7-4より、小作は全国平均で0.705石（下田）―1.044石（中田）―1.331石（上田）となり、上・下田間に0.626石の開差があったことがわかる。一方、反当収量は1.400石（下田）、1.933石（中田）、2.378石（上田）であり、上・下田間の階差は0.97石であったから、収量増分の実に64％が「差額地代」として地主に徴収されていた勘定になる。この時の小作料率は既述の如く平均で54.2％であったから、小作料は収量増加に対して明らかに“累進”的であったことになる。実際、表から、小作料率は全国平均で50.7％（「低」）、54.2％（「普通」）、56.1％（「高」）と優良地ほど増えている。技術的に見て、経営規模拡大による利益を期待できなかった当時において、地主が稲作経営（＝「手作り」経営）拡張を止め、土地生産力の高い優良地の確保、「差額地代」の徴収を目指して貸付地の増加を図ったことは、至極、当然のことであった。そもそも、維新期以降の地主による積極的な土地改良投資や後の耕地整理事業もそうした「差額地代」分の増徴を目指した開発投資に他ならなかった。各府県の「小作慣行調査」に従えば、次のような記載を目にする：「耕地整理ヲ実施シタル理由ヲ以テ直ニ小作料ヲ値上ケセルモノアリ」（秋田）、「整理ノ結果（中略）小作料高クナリ不平ヲ抱クモノアリ」（山形）、「水路道路等整然トセル為灌排水運搬等ハ便利トナリシ為小作料幾分増加セルモノアリ」（群馬）、「一毛作地ヲ二毛作地ニ変更又ハ灌漑排水ノ為相当ノ施設ヲ為シ土地ノ生産力ヲ増加セシ結果小作料ノ増額ヲ為シタル例アリ」（高知）。いずれも土地の改良が小作料収入の拡大に

表7-4　大正10年1毛作田等級別契約小作料・小作料率

		(1) 低		(2) 普通		(3) 高		(4) 高～低開差	
		%	小作料(石)	%	小作料(石)	%	小作料(石)	%	石
東　北	6	44.8	0.678	49.1	1.042	52.5	1.342	7.7	0.664
			(1.527)		(2.123)		(2.548)		
関　東	6	53.4	0.754	54.9	1.026	58.1	1.332	4.7	0.578
			(1.438)		(1.863)		(2.281)		
東　海	5	54.0	0.817	55.1	1.090	54.3	1.269	0.3	0.452
			(1.525)		(1.994)		(2.378)		
北　陸	4	47.0	0.751	51.2	1.029	52.0	1.241	5.0	0.490
			(1.607)		(2.021)		(2.390)		
近　畿	7(9地方)	49.9	0.710	56.0	1.119	56.0	1.426	6.1	0.716
			(1.401)		(2.007)		(2.464)		
中　国	5	54.2	0.663	58.2	1.060	59.0	1.360	4.8	0.697
			(1.225)		(1.822)		(2.301)		
四　国	4	53.5	0.730	55.1	1.004	57.9	1.299	4.4	0.569
			(1.367)		(1.825)		(2.272)		
九　州	7	50.1	0.607	53.7	0.958	55.6	1.286	5.5	0.679
			(1.215)		(1.790)		(2.314)		
全国平均＊	46 (45)	50.7	0.705	54.2	1.044	56.1	1.331	5.4	0.626
			(1.400)		(1.933)		(2.378)		0.978

資料:『大正十年府県別小作慣行調査集成』(栗田書店、昭和18年)。
＊全国平均の小作料率は46県地方平均。また、小作料・収穫量は45県地方平均。
(注)(　)内は平均反当収量。

結びついていたことを示すものである。

3　過剰就業下の小作料水準

　次に、表7-3に立ち戻り、(2) および (3) 欄「契約小作料 (率)」と表7-4 (4) および (5) 欄の農民が実際に納入した小作料＝「実納小作料 (率)」とを比較して見よう。先ず、いずれの地方も「実納小作料」が「契約小作料」を下回っていたことがわかる。両者の開差＝「減免」は全国平均で0.053石 (率にして3.3%)、最大は東海地方の0.092石 (4.7%)、次い

で関東の 0.089 石（4.5％）、中国の 0.06 石（3.6％）、近畿の 0.064 石（3.1％）であった。一方、最小は東北地方で 0.006 石（0.3％）、北陸の 0.028 石（0.4％）、九州の 0.032 石（1.9％）が続く。概して、小作料率の低いところ（東北、北陸、九州）ほど「減免」の幅、割合は小さい。このうち東北、北陸は、既述したように、収量水準は全国最大であったものの、冬季の裏作が不可能であったために他の地方のように高率の小作料を徴収できなかったこと、その意味では、すでに「契約」の段階で「減免」措置が織り込み済みであったことが考えられ、開差が小幅にとどまったのはそのためであったと推察する。収量水準が反当 1.79 石と全国で一番低く、「契約小作料」も 0.958 石と全国で唯一 1 石を下回った九州で「実納」と「契約」の開差が小幅に止まったのも同様の理由からと想像する。四国もそれに近い。これらの地方を除くと、「実納小作料」は「契約小作料」を 0.06 〜 0.09 石、率にして 3 〜 5％の幅で下回っていた。

　そもそも、「減免」はなぜ発生したのか。それを知るには、「契約小作料」が過剰就業という農民にとっては極めて過酷な条件下で結ばれた「競争地代」であったことを理解しておく必要がある。すなわち、都市工業部門の発展に伴い労働需要が拡大したとしても、第 1 次世界大戦ブームを除いて当時農村経済は全般的に過剰就業の状態にあった。そうした状況下に置かれた農民の限界生産力は、すでに前節で考察したように、生存水準には届かず、小作料はそれを反映して高率のままであったはずである。「契約小作料」とは、農村土地市場（賃貸市場）で決まる「競争地代」に他ならず、農民にとっては厳しい内容が続いたに違いない。いま、『大正十年小作慣行調査』より「小作料算出ノ根拠」を東北 6 県について書き出して見ると、表 7-5 のようである。小作料算出の方法には地域によって多少異なるが、大方のところで、明治初年来の旧法（時には「旧藩時代の祖法」、「古来ノ習慣」）に従いつつ、「明治八年地租改正ノ際政府ヨリ定メラレタリ収穫米」より一定部分を控除＝「引片」（5 分〜 2 割）したものを小作料の基礎として、その後の収穫高の変遷、土質の善悪、灌漑排水の便否、道路・交通の利便、地価等の現況を参酌して地主・小作人協議の上定

486

表7－5　大正10年小作料算出の根拠（東北地方）

福島	平均収穫高ト認メラレル量ノ半分ヲ小作料トシ
宮城	旧藩時代ノ祖法五公五民ヲ以テ税率ト定メラレタル慣例ニ基キ地主小作人協定ノ上定メタルモノ
岩手	現在ノ小作料徴収ノ標準ハ区々ニシテ一定セス之ヲ大別シテ四トスルコトヲ得 ・明治八年地租改正ノ際政府ヨリ定メラレタル収穫米ヲ基準トシ之ニ対シ一割五分乃至四割引方ヲ標準トシタルモノ四郡 ・収穫高ノ折半ヲ標準トシタルモノ三郡 ・収穫高ノ六割ヲ標準トシタルモノ二郡 ・其他四郡ハ刈分小作ニシテ現物ヲ現場ニ於テ分配スルモノニシテ是又種々ノ差アリ
青森	明治八年地租改正ノ際、政府ヨリ定メラレタル収穫米ヲ基準トシテ小作料ヲ算出決定セルハ今日ノ小作料額ノ根本ナリシカ如キモ其後種々ノ変遷アリ一定ノ標準ナキモ従来ノ小作料ヲ標準トシ収穫ノ多少、土質ノ善悪灌漑排水ノ便否通路ノ便否耕作ノ便否等ニヨリ斟酌シテ今日ニ至リシモ大略収穫米ノ四分ヲ地主ニ其ノ六分ヲ小作人ノ収得スル割合ナルモノヲ以テ適当ト認メラレ居ルヲ普通トス
秋田	明治九年地租改正当時政府ノ調査ニヨル土地等及米ノ収穫高ヲ標準トシ尚地主小作人間ニ於テ協定セルモノ多シ ・普通四割五分引方ヲ標準トシテ地主小作人ニ於テ協定取極メタルモノ （備考）小作料決定起源右ノ如クナルモ現行ノ小作料ハ殆ド当時ノ小作料ヲ維持スルモノナク近年ノ収量ヲ基礎トシテ決定セラルルニ至レリ
山形	古来ノ習慣ニシテ計算ノ基礎不明ナルモ大体収量ノ六割ヲ小作料トセルモノノ如シ又明治八年地租改正ノ際政府ノ査定セル収量ノ五割五分ヲ小作料トセル地方アリ 耕地整理実行地方ニ於テハ地味、水利、交通ノ便否等ニ依リ田ヲ一等ヨリ五等マテニ分チ明治四十年頃ノ収量ヲ基準トシ其ノ半額ヲ小作料トセルモノアリ 明治二十一年頃土地売買ノ時価ニ対スル五分八厘ノ利子ニ相当スル米ヲ小作料トシタルモノ稀ニアリ

資料：『大正十年府県別小作慣行調査集成』（栗田書店、昭和18年）。

めるのが最も標準的であった。小作料は、その意味で、農村の稲作経済の実態を反映して決められていたこと、また、そこには、地主・小作人間で実態経済の変化をそれぞれどの程度有利に小作料に反映させるか、両者の交渉力の攻めぎ合いの中で決定されたことが十分窺われる。

　農業の限界生産力（農民の賃金水準）が生存水準以下である過剰就業状態下で結ばれた「契約小作料」だけに──このことは、過剰就業状態が解消されさえすれば「契約」は農民に有利に転ずることを意味するが──「契約小作料」がそのまま履行されることは稀でしかなかった。これが、この時期に「減免」がどこでも行なわれた理由である。『大正十年府縣別小作慣行調査』により、ほとんど全県で「実納小作料」が「契約小作料」

を下回っていたことを知る。「契約」された小作料は、農民にとってははじめから履行が難しい、「小作料ハ現在ノ小作料ヲ以テシテハ収益少ク其ノ生活ヲ維持スルコト困難ナル」（福島）水準であった。また、だからこそ、農民は災害時には減免を要求することもできたのである。地主も、地主・小作制度の存続を望む限り、小作人の最小限の要求には応じざるを得なかったのである。「減免」は、通常「小作證書」に明記されることは少なかったものの、どの地方でも、「天災、水害、病虫害ニヨル場合」に慣行的に実行された。グラフ7-2は、不作の程度と小作料軽減歩合との関連を示したものである。これによると、平年作の90％までの作況ではその負担はほとんど農民が負ったが、それを超える作況については減免となり、とくに作況が70％以下となると（凶作）、地主負担部分が急速に増え、50％以下では（大凶作）、災害リスクの大半を地主が負担していたことがわかる。

　さらに、災害によるものとは別に、「小作料ヲ普通ヨリ幾分低目ニ定メ」る、1～2割程度の「定免」が収穫不確実な河川流域地域や山間地の劣悪田に適用されていた。すでに述べた1毛作地帯（東北、北陸地方）の低い小作料率は、この「定免」措置に近い慣行であったことも考えられよう。そのほか、稀に、「小作人ニ於テ特殊ノ災害、疾病等」（福島）、「小作人ニ病気其ノ他甚大ナル不幸」（秋田）のような特例もあった。図7-1①に立ち戻れば、農民が自身で賄うことのできない過剰就業者の生存水準不足分（三角形BCD）の一定部分が「減免」に相当する[27]。「減免」が地主の温情によるものなのか、小作人の抵抗の結果なのか。いずれにせよ、「減免」の常態化を前提にしてはじめて存立し得た小作料徴収の実態がそこに窺える。なお、「減免」を都市工業部門の労働需要拡大に伴う農民の対地主交渉力上昇の結果とする見解があるが[28]、その場合は慣行的な「減免」ではなく、「契約小作料」そのものの改訂となって現れたというのがここでの見方である。次項に掲げる小作料率の低下（グラフ7-3）は、経済の重化学工業化の進展下、小作「契約」それ自体をめぐる農民交渉力の全般的上昇の反映に他ならなかった。

グラフ 7-2　大正 10 年作況指数と減免率との関係

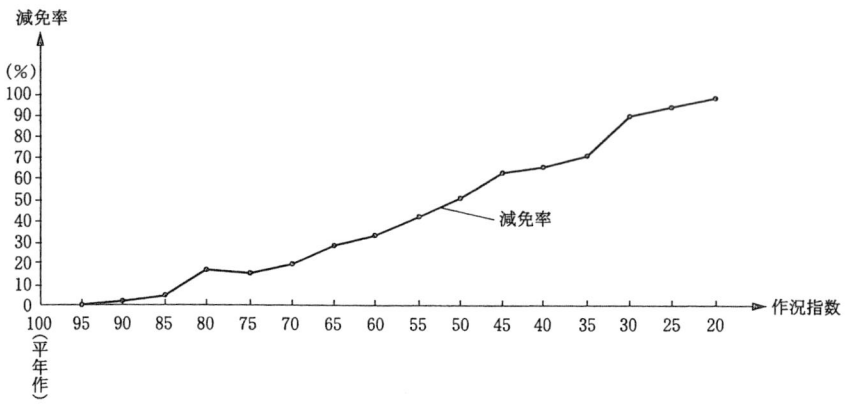

資料：『大正十年府県別小作慣行調査集成』（栗田書店、昭和 18 年）。

グラフ 7-3　小作料率の推移（全国平均）

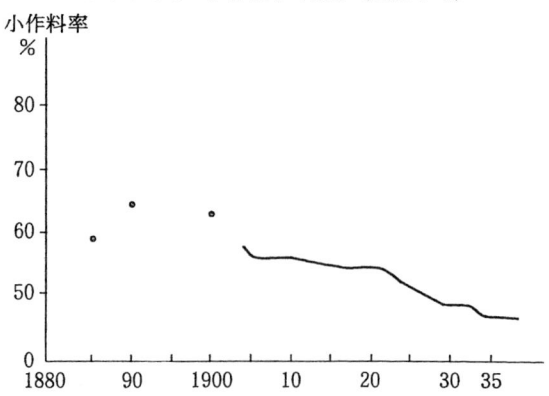

出典：友部謙一「土地制度」尾高煌之介他編著『日本経済の 200 年』（日本評論社、1996 年）図 7-2（p.140）。

4　小作料率の変化

　年々の作況に応じた小作料の「減免」とは別に、中・長期的に、小作契約そのものを変更（＝「騰落」）させる要因として農業・農村を取り巻く経済全般の動向が考えられる。表 7-6 は「小作料騰落ノ趨勢及其ノ原因」

を府県別に示したものである。これによると、東北、北陸、北関東で小作料騰貴の傾向が目立ち、逆に、東京周辺、近畿、瀬戸内地方などの西日本で低落の傾向がはっきりと確認できる。「騰落趨勢ノ原因」が示す通り、工業化・都市化の農村経済への影響の程度が小作契約をめぐる地主・小作間の立場（交渉力）に変化をもたらした。すなわち、小作料低落の最大の原因として挙げられた「他業ノ有利」、「小作人ノ転業」、「労力ノ都市集中」、「小作人減少」は、工業化過程における都市への労働力流出の結果、大都市周辺地域の小作人の交渉力が上昇し、農民が小作契約を有利に締結し得たことを示している。小作人組合の結成、小作争議の激化もこの時期の小作料「減額要求」に影響を与えたに違いない。一方、東北や北陸の農業地帯では、反対に、農村人口増加に伴う「耕地不足」が地主に有利に作用し、「農事改良」、「耕地整理」、「品種改良」の成果もあって小作料騰貴の原因となっていた。この時期、日本経済は全体として重化学工業化に向かっていた。その結果、グラフ7-3に見るように、全国平均の小作料は低落傾向にあったが、上記の如く、地域別には、それぞれの経済条件が反映し、騰落の情勢は区々であった。小作料"騰"・"落"いずれにせよ、これらの事実は、小作料決定のメカニズムが市場競争的であったことを強く示唆するものである。

5　結　語

　わが国近代土地制度に関する通説的見解と本章の立場との相違は、前者が歴史の規範を西欧に求め、土地所有形態をめぐる彼我の乖離を発展段階論的に日本の特殊・後進性として論じているのに対して、後者がそれを、地域・類型論的観点から、地勢・風土、人口・土地比率等わが国固有の資源・要素賦存条件の結果として取り上げていることにある。西欧には見られないわが国特有の地主・小作制度は、前者の立場からは封建制最後（＝絶対王政）段階の土地所有形態、すなわち、半封建的「寄生地主制」として位置づけられるが、後者の立場からは、それは当時わが国農業が置かれ

表7-6 大正10年小作料騰落の趨勢及び原因

	騰貴の原因	府県数
①	人口増加ニ伴ウ耕地ノ不足　耕地不足	14
②	地主　小作人ノ変更	11
③	地主ニ於ケル企業的打算観念	1
④	公務諸掛ノ増大	5
⑤	農事改良ノ結果収穫量ノ増加	2
⑥	近年耕地整理其ニ依リ増収	3
⑦	品種改良耕作方法等ニ依ル増収	3
⑧	地価ノ騰貴	4
⑨	耕種法改善ニ依ル増収　耕種肥培法ノ改良	4
⑩	土地改良ニ依ル増収	3
⑪	小作人ノ増加ニ伴ウ小作地ノ競争	2
⑫	農業以外ノ事業界不況ニ伴ヒ帰農者ノ増加	1
⑬	物価騰貴	2

	低落の原因	府県数
①	労力ノ欠乏　小作者減少　労銀昂騰	13
②	他業ノ有利　小作人ノ転業　労力ノ都市集中　労働昂騰	15
③	肥料価格ノ騰貴	2
④	小作人ノ生活向上	1
⑤	穀価不振　農作物ノ下落　農業不利　農業収益寡少	15
⑥	地主小作利益均等タラシメントスル運動　小作争議　小作組合（減額要求） 小作人勢力ノ増加　思想ノ変化	12
⑦	経済界ノ不況	1
⑧	土地ノ返還　経営面接ノ減少	1
⑨	生産費高騰	4
⑩	耕地過剰　需給均衡失シ	7
⑪	土地生産力ニ比シ小作料ノ高キコト	2
⑫	副業ノ収入増加　商工業ノ勃興　労働賃金昂騰	2
⑬	工業界ノ勃興ハ農業労力ヲ吸収	2
⑭	財界ノ変動	1
⑮	耕地ノ荒廃	1

	騰落ノ趨勢			原因	
	騰貴	低落		騰貴	低落
福　島	○			①②③④⑤	①②
宮　城	○			①②	
岩　手	○			⑥⑨	
青　森	○			⑦①②⑧	
秋　田	○			⑨⑥⑩②⑪⑫	
山　形	○	一部○		①	
神奈川		○			②③④⑤
埼　玉		○			①⑤⑥
群　馬		○			⑥⑦
栃　木	○			④⑪⑤①②	
茨　城	○			④⑧②①⑨⑬	
千　葉	○			④①②	
静　岡	○			⑦①②	
愛　知					
岐　阜		○			②⑥⑧
山　梨	○			⑦⑩①④②	
長　野		○			⑤②⑥

	騰落ノ趨勢		傾向ナキ	原因	
	騰貴	低落		騰貴	低落
新　潟	○			⑩⑥①	
富　山	○		○	①②⑧⑬	
石　川	一部○		○	⑨①⑧	②
福　井			○		⑤⑨
滋　賀		○			②⑩
京　都		○			②⑩⑪
奈　良		○			⑤②⑩
三　重		○			⑫⑥
和歌山		○			⑤①⑩
大　阪		○			①⑥
兵　庫		○			⑤⑨⑥
岡　山		○			⑤⑨⑥
広　島		○			⑤①
山　口		○			①
島　根		○			⑬②①⑫
鳥　取	○			①②	

	騰落ノ趨勢			原因	
	騰貴	低落		騰貴	低落
徳　島	稀	○		①	⑤
香　川			該当無キ		
愛　媛		○			⑨⑬②①⑩⑥
高　知		○			①⑥②⑩
福　岡		○			①⑤②
佐　賀		○			⑭①⑤
長　崎		○			⑤②⑮
熊　本		○			⑤①⑩⑥
大　分		○			②①⑥
宮　崎	○	○		⑦①	②
鹿児島		○			①⑤②

資料：『大正十年府県別小作慣行調査集成』（栗田書店、昭和18年）。

た自然および経済社会環境が生み出した土地所有制度であった。本書第3章で詳しく論じたように、農業技術論的に見て、当時の日本の水田稲作に大規模農業が成立する条件は乏しく、近世・近代期の高い人口・土地比率の下では、家族労働に基づく小規模・集約農業経営こそが最適合的であった。その意味では、当時の家族労働力に基づく農業経営には決して「零細」ではなく、また、土地節約的＝他要素（労働、肥料）使用的な経営は極めて経済合理的であったのである。かかる状況下では、地主の下に集積された土地が小作地として貸し付けられたのはごく自然のことであったであろう。以上が、本章の主張の骨子であり、また、本章の後半で検討、検証を加えた命題であった。

　理論的検討、実証的検証の結果を踏まえ、近代日本地主制研究に関し、次の4点の示唆を得る。すなわち、

① 　地主による小作（＝小農家族経営）への土地貸付けの一般化は中立的なわが国固有の集約的農業・農法がもたらした土地所有形態上の帰結であった。その傾向は、改良農法の開発・普及を基軸とした勧農事業および土地改良事業の主体が地主から国・地方に移るにつれ、一段と強化された。

② 　農業生産関数の計測の結果、土地の生産弾性値が小作料率と近似し、理論的には土地市場が競争的であったことが示唆された。資料からも、当時、小作料が農耕地の多寡、農村人口の増減、他産業の動向等農業・農村内外の経済諸条件を十分反映した形で決められていたことが裏付けられた。これらの点は、かりに「高率小作料」であってもそれは地主の"恣意・横暴"によるものではなく、市場動向を反映して決まる「競争地代」であったことを意味している。すでに土地市場が確立し、また、それと連動して都市労働市場も機能していたからこそ産業部門の労働需給変化に応じて小作料率が変動し得たのである。小作料は「封建地代」としてではなく、市場に根ざした"近代"地代として捉える必要がある。

③ 　地主の「経済外的強制」が小作料率を引き上げ、農民の生活を脅かす"元凶"であったとする「寄生地主制」論は、皮肉にも、農民の生活水

準は本来高かったことを想定した議論となっている。だが、農村に過剰人口が存在する限り小作料は「高率」が定常であり、上記の想定には無理がある。実際、「契約」された小作料は当初60％を超える例も記録されており（グラフ7-3）、「減免」を常態＝慣行化せざるを得ないほどの水準であった。過剰人口＝過剰就業下のこの時期に地主の"横暴"の余地はなく、議論されるべきは、むしろ、農村の社会構造の観点から、地主の"温情"の方であろう。

④　小作地比率の増加に見る地主"寄生化"の進展にもかかわらず小作料率は、その後、明治後期から昭和戦前期にかけて低下に転じている。これに関し、①に記した通り、国の勧農行政の強化が小農経営のいっそうの安定化に作用し、土地制度として地主・小作制を定着させる一方、重化学工業化の進展に伴う都市労働市場の逼迫が農村の土地（賃貸）市場の緩和をもたらし、小作料率を低下せしめた、というのが本章の解釈である。その妥当性の検証を含め、今後、封建制"寄生"説に代わる、明治初年以降の小作料率長期変化全体を見通す、包摂的な近代地主制度史論の構築が求められる。

注
(1)　石井寛治『日本経済史』（東京大学出版会、1999年）p. 23 および同書第3、4章参照。
(2)　角山栄『経済史学』（東洋経済新報社、1970年）pp. 65-69。
(3)　飯沼二郎『風土と歴史』（岩波書店、1974年）第Ⅱ章を参照。
(4)　石井、上掲書 pp. 238、240。
(5)　田中耕司「近世における集約稲作の形成」『稲のアジア史　3』（小学館、1987年）所収。
(6)　速水佑次郎・神門善久『農業経済論』（岩波書店、2002年）4-8図によれば、他の東アジアの諸国が1960〜70年代に達成した稲の反収水準をわが国ではすでに幕末・維新期に実現していた。
(7)　金沢夏樹『水田農業を考える』（東京大学出版会、1989年）p. 173。
(8)　速水融「経済社会の成立とその特色」『新しい江戸時代史像を求めて』（東洋経済新報社、1977年）pp. 9-17。
(9)　和田照男「農法と経営」秋野正勝他『現代農業経済学』（東京大学出版会、1987年）p. 28。
(10)　長州藩の事例については本書序章および穐本洋哉『前工業化時代の経済』（ミネルヴ

ァ書房、1987年）2〜5章、8章を参照。

(11) 鯖川を挟む三田尻宰判（現山口県防府市）の乾田化率87.9%（31ヶ町村平均）であった。

(12) 小川誠「耕地面積の増大と耕地整理事業の胎動」日本農業発達史調査会編『日本農業発達史　1』（中央公論社、1978年）第3章を参照。

(13) 小川、上掲論文 p. 163。

(14) 小川、上掲論文 p. 171。

(15) 小川、上掲論文および今村奈良臣他『土地改良の百年史』（1977年、平凡社）第1および2章を参照。

(16) 稲本洋哉「新潟県における農業水利秩序の考察」東洋大学東洋学研究所『東洋学研究』第2号（2005年3月）pp. 132-133。

(17) 『西蒲原郡土地改良史　上巻』（西蒲原郡土地改良区、1981年）第8章（西蒲原平野の耕地整理）第3項（西蒲原の耕地整理の諸相）によれば、樋管新設に伴う悪水被害をめぐって生じた整理地区内上・下流部間の対立＝損害賠償の事例（中野小屋村大友耕地整理区）、小作料の一方的増徴をはじめとする地主の横暴を背景とした整理地区内地主間の抗争の事例（松屋村松端耕地整理区）、不良田を押し付けられる小作農の反発（味方郷耕地整理）など問題点は報告されていたが、いずれも事業自体は支障なく続行された。

(18) 土屋喬雄編『大正十年府県縣別小作慣行調査集成　上』（栗田書店、昭和17年）p. 690は、新潟県の場合、「用悪水路、堤防、井堰管等比較的大ナル修繕改良費ハ地主ノ負担トシ」、また、「公租、公課、水利費」を地主が負担するのが「普通」であったと記載している。

(19) 新谷正彦『日本農業の生産関数分析』（大明堂、1983年）第5〜8章参照。

(20) 比較のために藩政時代の稲作についての計測結果も併せて掲げておこう。表は、萩藩領300余ヶ村の村別経済調査『防長風土注進案』（天保期）に基づく19世紀中葉の農業生産関数の推定値一覧である。労働の生産弾性値は0.30〜0.60、動物資本（馬）のそれは0.08〜0.26、また、肥料のそれは0.12強であった。本文表7-2の計測と同じく1次同次を仮定しているが、ここでは、土地当たりの生産額（反収）に反当たりの投下労働、資本、肥料を回帰させているので、土地の生産弾性値は、1から他要素弾性値合計を除いた残差として推計されている。土地の弾性値は、0.4を中央に、0.34〜0.65であった。各要素とも計測にバラツキが目立つ。また、表3の計測値と比べ、労働の弾性値＝労働の生産貢献度が高く、土地のそれが低いことが特徴である。近世期の労働の生産弾性値が高いのは、畜力耕がほとんど普及せず、耕耘が専ら人力に依存していたことの現われであろう。防長地方でも平野部では乾田化が進み、それとともに馬耕が行われた可能性は否定できない――こうした場合には、計測例⑤、⑦のように、馬の生産貢献度は0.22〜0.26となり、それに対応して労働の貢献度が0.29〜0.32と下がり、明治中期の推計値と近似する――が、当時この地方では、畜力の7割以上は牛であった。牛は湿田向きで、乾田化の進行とともに農耕面での貢献度は減少していた――計測例②、④および⑥では、牛の生産貢献は皆無と推定されている――と思われる。馬耕の導入が奨励された明治期

表　農業生産関数の計測結果一覧（19 世紀中葉防長地方）

	労働 α_L	肥料 α_F	動物資本(牛) α_{S1}	同(馬) α_{S2}	γ	β	土地 α_A	決定係数 R_2	備考
①	0.473 [10.20]	0.120 [5.95]					0.407	0.516	
②	0.544 [3.93]		0.107 [0.94]		0.173 [5.43]		0.390	0.315	
③	0.494 [5.21]			0.083 [1.85]	0.085 [4.28]		0.338	0.514	
④	0.428 [4.61]		-0.081 [2.26]			0.417 [5.27]	0.653	0.366	
⑤	0.301 [3.98]			0.230 [6.51]		0.298 [4.53]	0.469	0.508	
⑥	0.604 [4.55]		-0.100 [2.64]				0.496	0.265	平野部
⑦	0.322 [2.40]			0.264 [2.63]			0.413	0.268	〃
⑧	0.293 [3.19]			0.223 [6.48]			0.484	0.395	山間部

資料：『防長風土注進案』（天保期）。
出典：穐本洋哉『前工業化時代の経済』（ミネルヴァ書房、1987 年）補論 1。
① ：$(Y/A) = e^{\alpha_0}(L/A)^{\alpha_L}(F/A)^{\alpha_F}$
②〜③：$(Y/A) = e^{\alpha_0}(L/A)^{\alpha_L}(S/A)^{\alpha_{si}+\gamma E}$　E は全肥ダミー（E＝0：全肥あり、E＝1：全肥なし）
④〜⑤：$(Y/A) = e^{\alpha_0}(L/A)^{\alpha_L}(S/A)^{\alpha_{si}}e^{\beta D}$　D は地域ダミー（D＝0：山間部、D＝1：平野部）
⑥〜⑧：$(Y/A) = e^{\alpha_0}(L/A)^{\alpha_L}(S_i/A)^{\alpha_{si}}$
（注）［ ］内は t 値。

　と比べ農耕面での畜力の貢献度は全体として低く、稲作は人力中心であった。また、この時代に土地の生産弾性値が相対的に低かったのは土地の基盤整備がなお不十分だったことの反映、という説明も可能である。このことは、逆に、その後の積極的な土地改良事業の展開が明治期の土地への生産貢献度を高めた重要な要因であったことをも意味する。
(21) 表 3 により、肥料の生産弾性値は時代とともに上昇の傾向にあったことがわかる。
(22) 土地の生産弾性値 α A（＝土地の限界生産力／土地の平均生産力）＝土地の分配率（＝反当小作料／反収）であれば、土地の限界生産力＝反当小作料となる。
(23) 安場保吉『経済成長論』（筑摩書房、1980 年）pp. 132-133。
(24) 安場、上掲論文 p. 131。
(25) 安場、上掲論文 p. 157。
(26) この地方で小作料が高率であった理由は不明である。
(27) 生存不足分は、「減免」のほか、農間余業や出稼ぎ等の家計補助的稼得、その他によ

って賄われていたものと思われる。

(28) 友部謙一「土地制度」尾高煌之助他編著『日本経済の100年』（日本評論社、1996年）p. 143。

第8章　近代日本の農業成長率再考

1　はじめに

　1920年代の農業成長率鈍化の傾向を近代当初よりわが国農業を農法面で支えてきた「老農技術」の成長潜在力の低下と結びつけて捉える見解がある。古くは速水佑次郎・山田三郎仮説[1] として、またその後、秋野・速水ら[2] によって唱えられ、近年では速水・神門ら[3] によって受け継がれている「老農技術」ポテンシャル消尽仮説がそれである。これらの見解は、計量分析に基づいて農業成長は近代の早い時期ほど慣行的投入要素（労働、資本、土地）の増投よりも農業技術進歩によるところが大きかったことを明らかにした上で、次の点を主張する。すなわち、この時期には技術革新や外からの技術導入は格別なかったことから、年率1.5（1880〜1900年期）〜1.6％（1900〜1920年期）にも及ぶ初期局面の高い農業成長率は藩政時代より先進各地に蓄積されていた在来農法の収集と試作を通じた改良（所謂「老農技術」）・普及の結果であった。一方、成長率が0.9％に鈍化した1920年代以降（1920〜35年期）については、かかる在来農業・農法の成長ポテンシャルが消尽し、それに代る新たな技術の開花にはなお時間を要したためである、というものである。

　こうした見解に対しては、古くは、J・ナカムラ[4] の批判がある。ナカムラは、明治期の政府統計はその初期ほど農民の租税回避行動のため過小申告されていたとし、政府統計に依拠した上記初期局面＝高成長説に異を

唱えたのである。ナカムラに従えば、統計が信頼できるようになる大正後年（奇しくもそれは、ここで検討の対象とする1920年前後）までの農業成長率はことさら大きく評価され、その結果、次の時期区分（1920年代以降）の成長率落差が過大に評価されてしまうと言う。このナカムラ説には、1920年代＝「老農技術」ポテンシャル消尽を問題とする根拠＝成長率鈍化はもともと存在しなかったことになる[5]。

このナカムラ説は、稲の反当収量を政府統計1.2石に対して1.6石と推計して近代化始発時点での高い農業生産水準を示唆した点で、一見、当時活発化しつつあった近世史家達の江戸時代再評価論の研究動向[6]に沿うかのように思えたが、そもそも1.6石説主張の史料的根拠が薄弱である[7]。また、初期の高い生産水準およびその後の緩やかな成長を強調するあまり、明治政府の勧農政策や地方での勧農事業、民間の田区改良事業等の成果をどう評価するか。さらには、後年の国立農事試験場制度の創設とその後の機能強化、農会組織の系統化、耕地整理事業の本格化など明治以降1920年代に至る日本農業・農政の動向を十分反映した議論となっていないなど多くの問題が残る。この点、長期の農業成長過程の分析を通して1920年代成長率鈍化の理由を「老農技術」のポテンシャル消尽に求めた速水らの見解は、技術論の立場から近代日本農業成長の限界を論じたものとして高く評価されるべきである。だが、「老農技術」の時代規定、成長率鈍化の要因分析について農業発展の地域性が重視されるべきなど、問題点がいくつか浮かび上がってくる。そこで本章では、「老農技術」ポテンシャル消尽説を取り上げ、同説が掲げる1920年代農業成長率鈍化の理由の妥当性を吟味するとともに、序章以下各章の分析結果を踏まえ、わが国稲作農業が辿った発展の道すじ＝“論理”に言及して本書の結びとしたい。

2 「1920年代成長ポテンシャル消尽説」の問題点

検討すべき第1の問題、ポテンシャル消尽の時期として1920年代とすることが果たして妥当であったのだろうか。結論を先取りし、この点につ

いてここでは、政府の勧農政策（農事改良・普及と耕地基盤整備）の実施
規模と組織化の程度が明治期後年以降に大きく変わり始めていたことに注
目し、伝来農法を継承しその改良を基軸とする「明治農法」は1920年代
にはむしろ強化されていたと捉えたい。理由は、すでに早い段階から顕在
化しつつあった地方もしくは個別＝民間レベルでの伝来農法、すなわち狭
義の「老農技術」の伸び悩みに気付いた政府がその克服のために自らが在
来農業・農法の新たな再編に乗り出し、その成果が1920年代には出揃っ
た、と考えられるからである。これまでの諸章で見てきたように、明治期
末年までに農法（育種や栽培技術の改良と普及）の実行はすでに老農の手
から離れ、また、耕地整備についても地主による田区改正事業を越え、法
令に基づく整理組合事業に切り換わるなど、勧農事業は、多くの局面にお
いて、大規模且つ組織的に推し進められるようになっていたのである。国
立・府県立農事試験場の設立（明治26年）および同各支場の設立（同29
年）による農業技術研究・開発の公的制度の確立、「農会法」制定（同32
年）および帝国農会（「改正農会法」、同43年）制定による帝国農会を頂
点とする系統農会（県―郡―市町村農会体制の確立）を通した農法普及組
織の展開、さらには、「耕地整理法」（同32年制定）に基づく国庫補助に
よる耕地整理事業の開始などがその具体的な事例として挙げられよう。在
来農業を継承してスタートした「明治農法」は、ここに来て、国の強い主
導下、民間団体を国と地方行政機構の中に組み込む形で、半ば中央集権的
に再編されることとなったのである。それは、露呈し始めた地方、民間ベ
ースの不効率化する勧農（品種改良・育種、普及、田区改正）事業を前に、
政府の食糧戦略上の危機感の現われであったに違いない。「農会令」が前
田正名による全国農事会を認めず、地主の主張を退けて政府・官僚が農会
結成の主導権を握ったのは、中々軌道に乗らない町村農会を道府県―郡・
市―町村に系統組織化することによりその活動の活性化・効率化を目指し
てのことであった[8]。各地における町村レベルでの作物試作場や採種田は
やがてより効率的な県・郡農事試験場に統合され、地方有力地主による田
区改正事業も又、より大規模で国庫補助が可能な耕地整理事業に吸収され

たのである。こうした国の農業再編への取り組みが明治期後半以降に集中したことは、当時すでに成長を加速化させていた工業を食糧供給面から支える必要もさることながら、成長に翳りが顕在化し始めた既存農業・農法（＝「老農技術」）それ自体の建て直しが急務であったことを反映したものである。「老農技術」ポテンシャル消尽を言うのであれば、それは、1920年よりもずっと早い時期、すなわち、国立農事試験場制度が創設され、「農会法」が制定される明治20年代後半〜30年代前半＝1900年前後の時期であり、1920年代とは、逆に、そうした取組みが強化され、事業が軌道に乗った時期であったというのがここでの見通しである。

　検討すべき第2の点は、1920年代に現実に見られた成長率鈍化の事実をどう理解するか＝その理由、についてである。上述の明治後半から始まる国家的枠組での日本農業“再編”事業の限界が早くも1920代に露呈した結果とする考え方は、理屈としては、成り立つ。早い段階から開発が進み、生産性（反収）においてもすでに高い水準にあった西南暖地の先進地域に関して言えば、その可能性がある。だが、その他の地域については、育種事業にしろ耕地整理事業にせよ、国を挙げての事業の成果がすぐさまその効力を消失させたとは考え難い。反対に、事業の大きさを考えれば、1920年代は近代農業・農法の完成期と考えてもおかしくない。実際、試験場体制がさらにその機能を強化させたのは、国立農事試験場を中枢とした生態区毎の品種交配・育種組織である指定試験地制度が導入された昭和初（2）年であった。帝国農会（明治43年「農会法」改正）を頂点に、農会組織がその最末端の部落にいたるまで系統組織化され、実質的にその活動を強化できたのは、部落毎に農事改良実行組合が結成された大正後年から昭和初年前後であった[9]。また、「耕地整理法」の改正（明治43年）により、わが国稲作固有の条件に適合した小規模個別灌漑方式の下で耕地整理が推し進められたのも大正期に入ってからのことである。これら研究・開発、普及、水利および土地改良面での国家的事業が、生産へ及ぼした影響には計り知れないものがあったはずである。

　当時、わが国稲作農業は、大きく、発展の速度において異なる2つの地

域：西南暖地と北地の稲作地域から成っていたが、上記の国を挙げての勧農事業の取組みは、稲作の開発（拡張）と深化（集約化）が西日本に較べて遅れてスタートした北地、就中、東北地方における稲作の生産性向上に著しい影響を与えたことが十分考えられる。1920 年代成長率が鈍化したのは、北地日本の高い成長（率）を稲作先進である西南暖地の伸び悩みに引きずられて押し下げられた結果であった、との解釈を生む。わが国稲作は、古来、大陸より伝来したイネが西南地方から中国地方を経て畿内、北陸、さらには関東、東北へと北上の途を辿って発展を遂げて来た。それは、元来南方の作物であるイネの寒地への適応の過程でもあった。こうした日本の稲作が辿った発展径路＝"北進"に関して注目すべきは、藩政時代までに東北地方でも展開した稲作が、その後の育種事業の発展と普及活動、田地整備の結果さらに目覚しい進化を遂げ、先進＝西南日本と肩を並べるまで成長したことである。これが、まさしくも、この 1920 年代＝大正年間〜昭和戦前期に起こったのである。1920 年代前後の農業成長率鈍化に関し、"鈍化"の裏では、日本の稲作の地域構造の大逆転、わが国穀倉地帯の西から東への転換の動きが着々と進行していたことに目を向けるべきであろう。

3　検　証

　1920 年代「老農技術」消尽説に対する上記コメントの妥当性を土地生産性の長期変化および土地改良、品種改良に関するデータを用いて検証しよう。土地生産性は、人口に比して農耕地が相対的に狭小であったわが国においては、農業生産の変動を最もよく反映する指標であり、また、土地改良と品種改良はともに日本型「集約農業」を支える技術進歩そのものであった。

検証 1：成長率の各局面変化と土地生産性（反当収量）の長期推移
　1900 年頃までに個別もしくは地方レベルでの発展を牽引してきた「老

農」段階は終焉し、その後わが国農業は、農法面でも土地改良面においても、政府の強力な主導と行政の枠組に基づく新たな展開の局面を迎えた。1920年代は、その意味では、在来農法・農業の国家的再編を特色とする「明治農法」が最大限強化された時代であったことが考えられる。この点を含め、日本農業成長に関する本書の立場を裏付けるため、この間の土地生産性（＝反当収量水準）の長期推移を掲げよう。

はじめに、明治16（1883）年から昭和55（1980）年に至る90年間余の全国水稲反当収量の推移を見たグラフ8-1に従えば、反当収量水準は、明治10年代後半の1石台強から始まり、同20年代半ばに1.5石台に到達、その後30年代にかけて停滞した後再び上昇に転じ、明治末年・大正初年には2.0石水準に接近したことがわかる。その後、大正後年から昭和初年（1920年代）、さらに昭和戦前期にかけての停滞もしくはごく緩やかな上昇期を経て、戦後昭和30年代には2.5石、40年代はじめには3石へと急上昇期を迎えている。こうした反収水準の推移は、農業成長率の長期変化に関する本書の立場と極めて対応的である。すなわち、明治期初めの反収上昇局面については伝来農法を継承した「老農技術」普及の成果が反映され、また、これとは対照的に、明治20年代半ばから30年代にかけての反収水準の停滞に関しては「老農技術」の潜在的成長力の限界が露呈した結果であったと理解できる。一方、明治後年から大正初年にかけての上昇傾向は「老農」段階克服のための在来農法の国家的再編の取組みの成果が徐々に反収水準に反映された結果と捉えることが出来よう。

次に、肝心の大正後年から始まる停滞局面——それは、まさしく、速水らの所論：1920年代＝ポテンシャル消尽説の根拠となった反収の“伸び悩み”であった——については、全国推移を構成する地域的変動を見ておく必要がある。なぜなら、すでに述べたように、育種事業面、土地改良面双方で稲の地域構造（東西間もしくは暖地・北地間）に大きな異変が起こったのがこの時期であったと考えるからである。そこで、九州および東北地方の稲の反当収量の推移を、それぞれ、グラフ8-2、グラフ8-3に掲げよう。

グラフ 8-1　全国水稲反当収量の推移

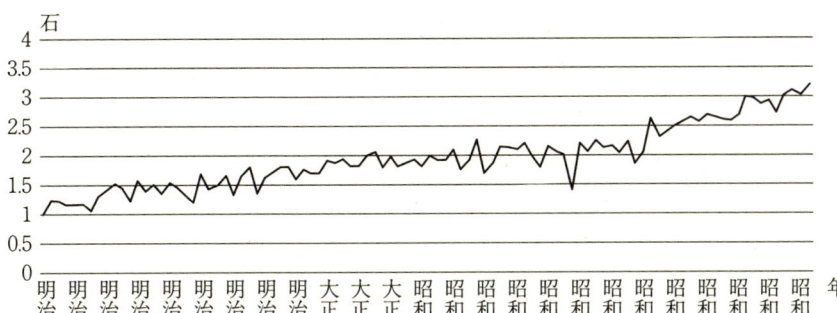

資料：加用信文『日本農業基礎統計表』（農林統計協会、1977 年）。

グラフ 8-2　九州地方の水稲反当収量の推移

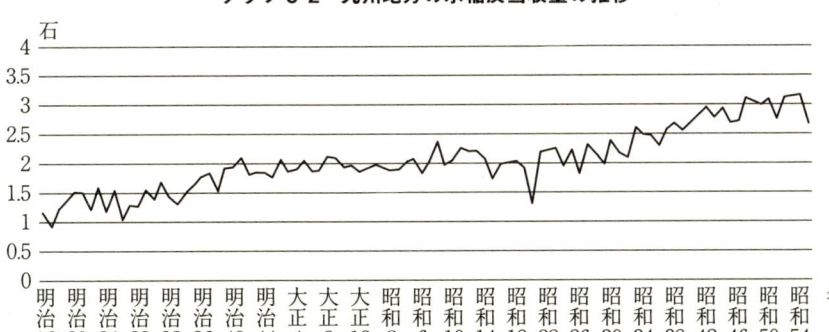

資料：加用信文『日本農業基礎統計表』（農林統計協会、1977 年）。

グラフ 8-3　東北地方の水稲反当収量の推移

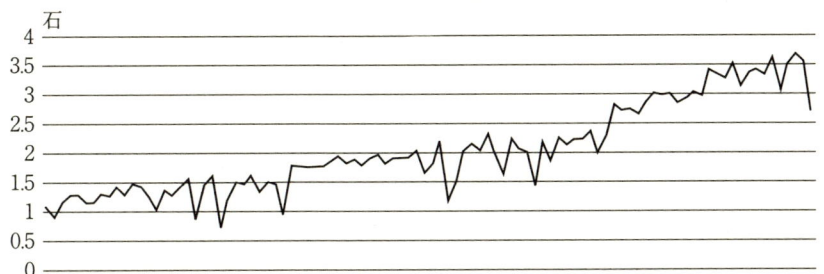

資料：加用信文『日本農業基礎統計表』（農林統計協会、1977 年）。

　両グラフの比較から、大正後年〜昭和初年（1920年代）および昭和戦前期における反当収量の推移の仕方に大きな違いがあったことが明瞭である。東北では、明治後年に反収が伸び悩んだ後、大正期には上昇に転じ2.0石水準に到達、昭和9年の東北大冷害による中断を挟んで、その後は素早い回復を見せ、そのまま戦後の急成長局面に突入している。これに対して九州では、明治後年からの停滞局面は基本的に昭和戦前期を通じても続き反当収量は2.0石水準で低迷、回復が本格化するのはようやく戦後になってからであった。また、戦後の上昇の程度は、東北のそれをはるかに下回るものであった。反当収量の推移で見る限り、明らかに、稲作の地域構造は大正後年〜昭和初年＝1920年代を境に変節を遂げたのである。長年日本の稲作を特徴付けてきた"西高東低"の地域格差は解消に向かい、さらにそれを超えて"北高西低"の様相さえ見え始めていたことが確認できる。

検証2：農業成長率の地域格差と土地改良、品種改良の地域性

①土地改良の地域性

　農業成長の地域格差をもたらした背景として、明治以来一貫してわが国稲作の発展を技術面で支えてきた2つ勧農事業：田地基盤整備および品種改良が、この時期（1920年代前後）になると、東北地方でとくに有効にその成果を挙げていた点を指摘しておきたい。はじめに、これを田地基盤整備と治水・水利を含む土地改良面について見ると、地勢上、西南地方に比べ東ないし北日本には比較的大きな河川が多く、そのため、近代に至っても東北地方ではその河口平野部になお多くの湿地が残り、湿田、強湿田のまま放置されることが多かった。北地稲作の劣勢は、寒冷地という稲の植生上とともに、田地基盤＝水利の点においても強く存在していたのである。それだけに、灌漑・排水施設の改善と明治末年から本格化する大規模な耕地整理事業の効果は甚大であったと考えられる。実際、本書第2章で考察したように、わが国最大の河川信濃川河口流域に広がる新潟県蒲原平野では、明治期を通じて湛水田や湿田が多く残り、灌漑・排水施設が整い

グラフ 8-4　新潟県の水稲反当収量の推移

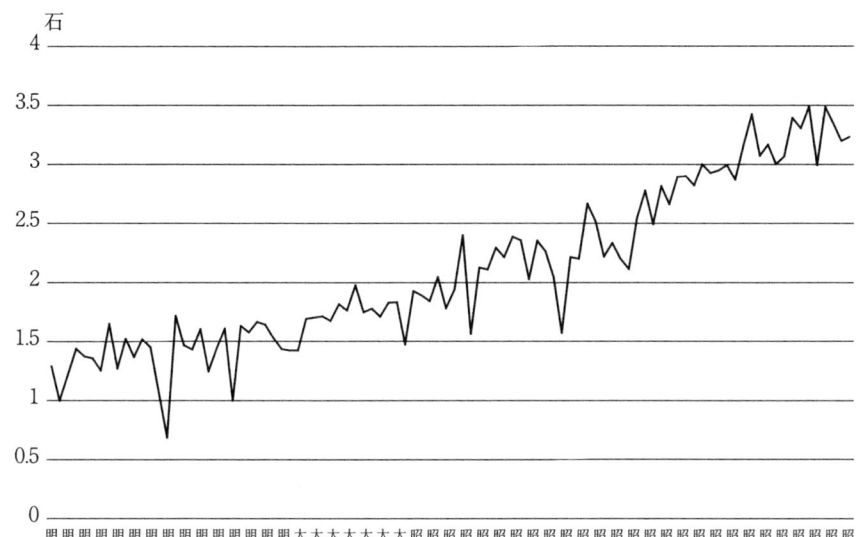

資料：加用信文『日本農業基礎統計表』（農林統計協会、1977 年）。

（乾田化）、耕地整理（区画整理）が広く展開を見るのは信濃川分水工事
（明治末）からさらに時を隔てた昭和初頭のことであった。このため、蒲
原平野を主要稲作地帯とした新潟県の田地反当収量の推移を見たグラフ8
-4 が示すように、その水準が好転するのは他の北陸2県と較べてかなり
遅れた。しかし、それだけに、その上昇は急速であった。

　東北の"米どころ"とされた山形県庄内平野最上川流域や秋田県秋田平
野雄物川流域についても地勢上、大きな河川を抱える河口平野部という点
で、事情は似通っていた。明治期に入り山形県で最も新田開発が進んだの
は最上地方であった（明治18年〜昭和10年の期間、県下平均20%の水田
面積増加に対して同地域の37%）。そのうち庄内地方（同期間に23%）で
は、1万4千町歩の水田面積の拡張を見ている[10]。同地方の場合、近代に
入っての新田開発は山麓地区が中心とされたが、低湿地帯には未田地整備
の田地はなお多く、飽海郡耕地整理組合の揚水機利用による最上川沿い原

野開田をはじめ、明治40年には、「開墾耕地整理法」に基づき東田川郡最上川筋吉田堰用水路開鑿により1,190ヘクタールの開田を見ている。「山形県飽海郡耕地整理組合竣工記念碑」には、最上川平野部流域に残る湿田地が耕地整理事業によって整備されていく様子がはっきりと刻まれている。やや長文となるが、再度、鎌形『山形縣稲作史』より碑文を引用しよう。

　　明治四十三年四月起工式を挙ぐ。爾来歳を閲する二十有余、此の間揚水機を設置し、主に最上川原野六百五十七町歩を開田し、大町溝掛り下流部古田四百余町歩を補水し、本溝多年の害を除き、揚水電力は酒田町営電気事業を拡張せしめ、三百馬力の供給を特約せり。其の他荒蕪を拓き、池沼を埋め、排水幹線新井川及豊川を改修し海岸砂防堤に暗渠を穿ちて日本海に利導し、新に加美放水路を設け、小牧放水路を拡張し、雨潦湛水の害を除く。又用水幹線分水等を改廃し更に貯水池を矢流川及堂見沢に設け、旱魃に備へ投資参百九拾七万八千八拾四円五拾銭に及べり。工事已に成る。今や道水路縦横に開通し、十里の田疇井然、灌排随意、旱損水害の患なく、地力大に進み、年産米五万余石の増収を見、稲の登熟乾燥亦宜しきを得、米質頓に向上し市場の声価大いに揚れり、殊に耕作の利便に至り手は、之を往時に比すれば隔世の感あり[11]。

　低湿地の埋立て、荒蕪地の開田、灌排水施設整備による旱魃・水損の除去を通じて耕地拡張と「地力拡大」＝米の増収に結びついただろうことは想像に難くない。「亀ノ尾」のような優良米は良好な田地においてはじめてその特性を発揮できる"上品"な稲であったことは再三述べた通りである。

　同様に、秋田平野雄物川流域においても、田地は明治期を通じて長い期間湿田状態のままに置かれていた。地図8-1は、『明治45年乾田適地調査書』による秋田県下の村別乾田化率を見たものである。これより、米代川沿いの大館盆地から能代平野にかけての一帯、横手盆地の雄物川上流域、

地図 8-1　秋田乾田化率

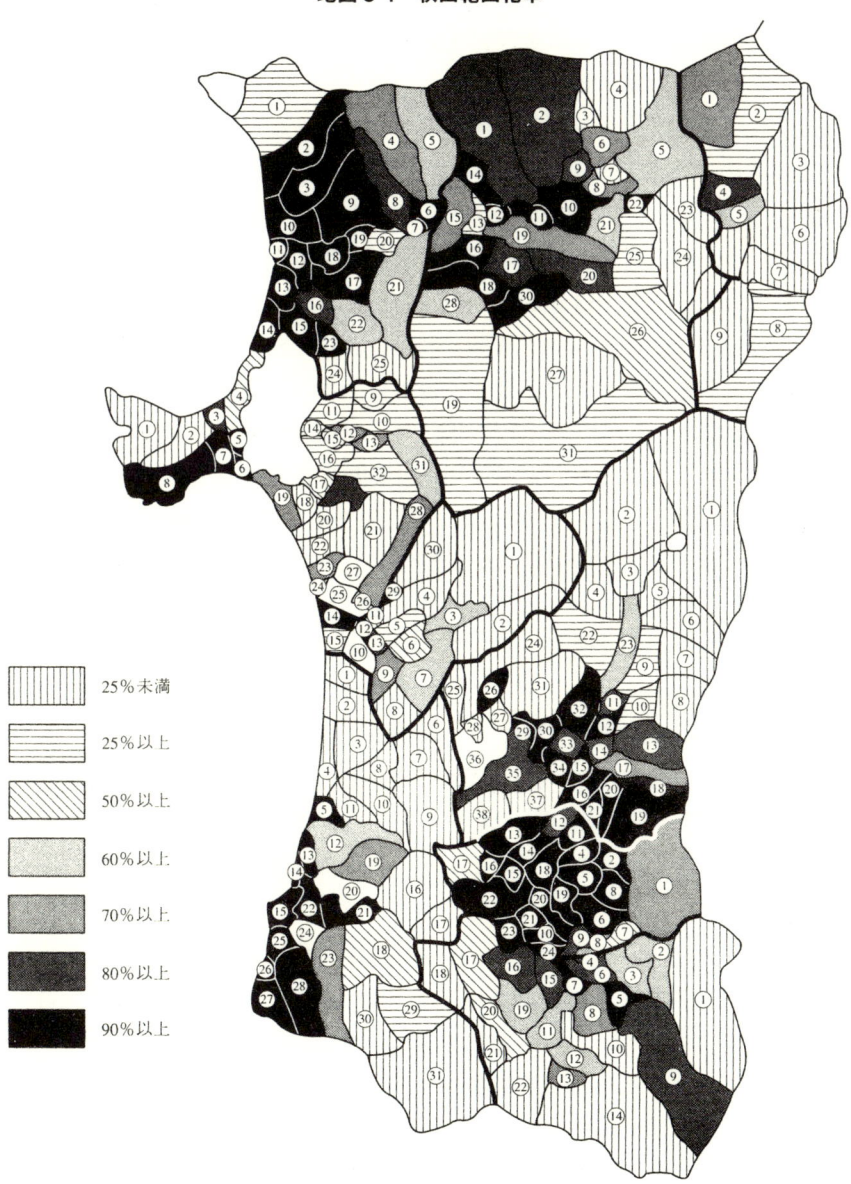

25%未満

25%以上

50%以上

60%以上

70%以上

80%以上

90%以上

資料：『乾田適地調査書』（秋田県、明治45年）。

子吉川下流の本荘平野部で乾田化率は高かったが、これらを除くと、全体的に乾田化は遅れ、とくに本県最大の河川雄物川下流デルタ地帯では、ほとんど手着かずの湿田状態に置かれていたことがわかる。早くから灌漑・排水整備が進んでいたとされる西日本とは様相を異にしていたと言えよう。

　近代期の畜力耕、就中、馬耕は乾田化を前提に普及したが、明治37（1904）年〜昭和21（1946）年の府県別牛馬耕の普及率の推移を見た表8-1に従えば、東北6県の普及率は明治37年時点で3.2%（岩手）〜30.4%（青森）と全国平均（53.9%）を大きく下回った。これを日本海沿岸3県について見ても、それぞれ、5.5%（新潟）、29.7%（山形）、12.7（秋田）と低い。対照的に西南日本各地方では近畿地方（50.4%〜95.4%）、山陽地方（89.5%〜90.8%）、九州地方（81.5%〜98.6%）と高い。西南日本では古くより牛耕（湿田向き）が盛んであり牛馬耕の普及をもって乾田化が進んだとは一概には言えないが、畜力の大半を馬で占め、「乾田馬耕」を先進農法としてその導入を勧農政策の柱としていた東北での同比率の低さは、やはり、この地方元来の水利条件の悪さを反映したものと考えて差し支えないであろう。だが、同表でいっそう興味を引く点は、牛馬耕が東北地方でその後急速に普及したことである。普及率は、昭和9（1934）年時点で55.4%（福島）〜99.3%（青森）と一気に高まった。深耕を必要とする集約栽培（＝多肥栽培）の一般化に伴い東北地方でも馬耕の普及が待望されたが、ここでは、馬耕導入を可能とする治水および灌漑・排水の整備＝乾田化がこの時までに進み、そのことが西日本の水準に迫る東北地稲作躍進の原動力となった点に注目したい。

　乾田化を含む稲の集約栽培化に田地基盤整備面で貢献のあったのが法令に基づく国家的規模での耕地整理事業であった。とりわけ、「改正　耕地整理法」（明治43年）は、不整形な田形を改良し、整形各田圃の一辺に用水、排水路がそれぞれ接するよう区画を整備して、高度灌漑に基づくわが国固有の小規模集約農法を実現しようとする画期的な事業であった。同事業が元々劣位にあった東北地方稲作の生産性向上に測り知れない影響を与えたと見て間違いない。表8-2は、明治33（1900）〜昭和11（1935）年

表 8 - 1　府県別牛馬耕比率（水田）

	1904 年	1914 年	1924 年	1934 年	1946 年
	%	%	%	%	%
北海道	60.4	70.2	92.3	99.3	88.9
青　森	30.4	45.7	52.6	70.8	76.1
岩　手	3.2	10.3	44.4	63.0	69.7
宮　城	13.2	45.8	57.1	70.6	76.3
秋　田	12.7	43.3	61.6	79.5	92.5
山　形	29.7	41.1	57.7	66.4	69.6
福　島	6.2	19.5	39.7	55.4	62.8
茨　城	5.1	16.4	28.4	39.6	49.9
栃　木	78.2	80.7	86.5	90.0	63.9
群　馬	88.2	88.3	94.3	92.0	82.4
埼　玉	69.0	70.0	71.7	74.5	71.1
千　葉	21.4	26.1	31.2	47.1	49.0
東　京	33.5	28.4	47.6	36.3	49.3
神奈川	31.2	28.7	29.0	31.0	30.7
新　潟	5.5	9.9	25.6	47.6	51.8
富　山	75.6	76.7	81.2	87.2	93.4
石　川	15.6	40.3	48.3	53.0	72.0
福　井	28.1	29.1	37.5	47.5	59.9
山　梨	85.1	83.2	90.0	91.3	70.6
長　野	29.8	40.8	68.0	60.4	87.9
岐　阜	33.9	38.2	43.1	54.7	61.4
静　岡	40.5	39.5	45.6	44.8	51.8
愛　知	8.1	11.4	18.2	27.2	42.6
三　重	62.9	64.6	66.0	69.2	59.3
滋　賀	50.4	50.6	50.0	51.3	54.5
京　都	75.4	71.0	71.9	74.4	76.9
大　阪	81.1	95.1	95.6	94.5	95.0
兵　庫	95.0	96.5	95.6	95.7	98.2
奈　良	52.8	54.9	60.2	65.8	79.1
和歌山	95.4	56.3	95.2	91.7	89.7
鳥　取	95.2	96.5	95.5	93.3	85.8
島　根	51.4	53.9	53.1	58.3	70.0
岡　山	89.5	87.3	85.9	88.2	81.6
広　島	90.8	92.5	93.5	94.2	86.6
山　口	89.3	94.2	100.0	97.0	69.1
徳　島	89.3	94.8	89.6	92.9	94.4
香　川	99.3	99.2	98.0	100.0	100.0
愛　媛	75.8	85.5	86.8	90.7	87.4
高　知	94.9	93.5	93.7	93.5	77.5
福　岡	96.9	97.6	98.2	98.8	92.8
佐　賀	79.0	84.3	86.4	90.2	87.8
長　崎	90.5	90.9	92.5	93.8	84.8
熊　本	98.6	94.9	95.6	93.2	99.8
大　分	91.6	93.3	95.6	94.7	94.9
宮　崎	90.2	91.8	95.7	94.7	93.3
鹿児島	81.5	90.7	93.1	94.0	91.5
全国平均	53.9	59.9	67.4	74.2	74.8

出典：清水浩「牛馬耕の普及と耕耘技術の変遷」『日本農業発達史　1』（農業発達史調査会編、1978 年）第 1 編第 4 章第 6 表。

表 8 − 2　明治 33（1900）〜昭和 11（1935）年の府県別耕地整理事業規模の推移

	県別に 1935 年を 100 とした年代別耕地整理工事完了面積割合				1935 年の全国工事完了面積を 100 とした県別割合	1935 年の県別水田面積対工事完了面積（但し、水田面積は 1936 年）
	1900〜05年	1906〜15年	1916〜25年	1926〜35年		
	%	%	%	%	%	%
青森		13.9	32.8	53.7	1.0	9.0
岩手		65.4	13.4	21.8	0.4	4.2
宮城	4.9	63.0	13.4	19.3	7.3	43.7
秋田		14.8	55.5	30.4	4.3	22.5
山形		19.3	36.1	44.6	4.7	28.0
福島		52.6	22.3	24.9	4.9	28.3
茨城	0.2	1.5	49.7	34.6	2.3	14.9
栃木	0.2	1.9	49.2	31.8	3.6	29.1
群馬	3.4	39.4	23.6	35.2	2.2	41.1
埼玉	0.9	22.3	48.3	28.7	4.1	36.4
千葉	0.8	14.3	32.5	52.4	3.5	19.5
東京	0.6	4.4	17.0	73.0	1.0	62.5
神奈川	3.5	11.3	25.0	59.6	1.7	49.6
新潟	0.4	16.9	31.0	51.5	6.9	23.0
富山	0.5	13.1	32.5	53.7	1.1	8.6
石川	0.1	12.6	56.0	30.6	3.3	39.4
福井	0.2	8.0	44.9	45.4	0.5	6.7
山梨		37.8	36.0	26.6	0.3	10.0
長野		14.8	29.7	56.5	1.4	12.0
岐阜		11.2	49.8	38.9	1.3	12.9
静岡	2.3	8.1	27.1	62.5	3.1	28.8
愛知	1.1	17.4	34.7	47.2	2.6	16.3
三重	0.2	11.9	25.0	51.8	1.4	12.0
滋賀	0.7	8.2	27.1	63.8	1.1	9.7
京都	1.0	16.1	12.7	70.0	0.9	13.3
大阪		1.1	27.6	61.5	0.9	12.5
兵庫		16.9	27.3	56.6	1.7	10.0
奈良		6.7	52.8	40.3	0.4	7.9
和歌山		14.9	50.8	31.0	0.4	8.3
鳥取	1.7	23.3	46.5	27.9	1.3	25.0
島根	0.9	25.0	37.2	37.3	1.0	11.6
岡山		12.3	42.6	46.4	1.3	9.3
広島	0.2	8.9	25.9	66.3	1.8	14.8
山口	3.2	27.3	29.8	45.2	2.9	22.0
徳島		31.7	28.2	40.9	0.5	11.5
香川		15.3	38.9	46.0	0.5	7.7
愛媛		24.3	32.9	43.3	1.6	22.2
高知		6.8	15.6	77.2	1.4	25.1
福岡		27.5	44.2	28.1	4.9	26.3
佐賀	0.2	16.1	25.3	59.3	1.2	14.1
長崎		37.1	11.2	51.8	0.6	10.8
熊本	0.0	35.5	26.2	38.1	2.2	16.5
大分	0.5	12.6	50.9	36.2	1.0	10.9
宮崎	0.1	50.0	42.0	9.8	2.1	25.8
鹿児島	0.3	28.3	34.0	36.8	3.8	36.7
平均	0.9	24.0	33.3	39.7	（計）100.0	19.1

出典：小川誠「治水・水利・土地改良の体系的整備」『日本農業発達史　4』（農業発達史調査会編、1978 年）第 2 編第 2 章第 6 表。

の府県別耕地整理事業規模の推移を見たものである。いま、これを東北地方について見ると、事業の多くは1916（大正5）年以降に集中し（とりわけ日本海側山形、秋田。新潟）、また、1935（昭和10）年時点において、東北地方（6県）だけで全国事業面積の22.6％に達していたことを知る。全国的に、同地方は、区画整理を含む田地の基盤整備面で突出していたことになる。

　すでに本書第2章を中心に本書各所で逐一述べてきたように、明治後年から大正・昭和初年にかけての時期は、水利制度面においても一大画期であった。大河川が多い新潟や北日本の日本海沿岸河口地帯の低湿部では、古くから、用水確保と同時に悪水排除をめぐって、下流村落間、同一村落内でも、絶えず対立が生じ、しばしば、円滑な水利用の妨げにさえなっていた。こうしたところでは、対立と紛擾、その調停・和解の結果として村落間で取決めが交わされることが多かった。藩政時代からあるこれら取決めの多くは水利慣行[12]として明治期に引き継がれたのである。水利土功会結成（明治17年）から「河川法」（同23年）、「水利組合条例」（同）、「普通水利組合法」（同43年）の制定に至る近代水利行政は、かかる伝統的水利慣行を法令をもって承認し、また、それまで慣行を維持してきた末端での無数の水利小組合（「江組」、「筒組」、「水門組」等）を、市町村制に組み入れることにより、その組織化を図ろうとするものであった[13]。わが国の近代水利行政は、かかる慣行的水利の上に立ち、それを再編（系統化）することで水利のいっそうの安定化、効率化を図ったところにその特色があったと言えよう。上述の耕地整理事業も又、こうした水利行政の延長線上に、法令（「耕地整理法」（明治32年、同42年改正））に基づいて当初は「整理地区」毎に設けられた整理委員会が、法令改正後は耕地整理組合の手によって実行された田畑の区画整理事業（区画整理、開墾・開田、用・排水改良、災害復旧）に他ならなかった。改めて、稲作水利の安定化実現の観点から、この時期までに採られた一連の水利および耕地整理行政の展開に留意が必要であろう。

②地域格差の背景：品種改良

　次に、稲作地域構造の変化（わが国稲作の「西高東低」から「北高」型への変化）をもたらした背景として農学上の技術進歩＝品種改良について触れよう。ここでは、それまで暖地を中心に進められていた優良米の開発・普及が明治後年になると北地でも活発化し、1920年代（大正後年～昭和初年）には、改良の中心はもはや北地に移ったと思われるほど、耐冷性を十分備えた多肥・多収の稲が広く普及した点に注目したい。

　北地の稲は、一般に、早い秋冷回避のために熟期の早いものが望まれていたが、春先の低温が作期の早化の障害となっていた。また、早生の稲は、生育期間が短いことから、収量が少ないものが多かった。いきおい、高収量を期待して生育期間の長い晩生の稲の作付けが主流となったが、晩生の稲は平常年はともかくも、一度冷害に遭遇するとその被害は甚大にのぼった。ここに北地の稲の品種面での限界があった。寒さに強い日本型赤米もあったが、多くは低質、少収であった。かかる事態の改善の最初の大きな契機となったのが耐寒性に富み、良質で多収性の「亀ノ尾」の登場であった。それまで低収量が当たり前であった北地の稲作にとり、同品種の増収効果は抜群であった。

　東北地方稲作の最初の救世主となった「亀ノ尾」は、本書第2章で述べたように、山形県東田川郡大和村で栽培されていた「冷立稲」の変種であり、早熟、耐冷、耐肥、多収の早生もしくは中早生の在来稲であった。各地試験場での品種試験を経て東北各地で同品種が栽培されるようになったのは、山形県で幾分早かったものの、東北全体としては同種発見（明治26年）から10数年を経た明治末年以降のことであった。グラフ8-5に示したように、普及のピークは、まさしく、1920（大正9）年前後のことであった。

　いま、品種の移り変わりの様子を「亀ノ尾」発生の地＝山形県東田川郡について見ると、グラフ8-6の如くである。同郡では、「亀ノ尾」選出後10余年の明治41年には早くもその作付面積は5千町歩を超えるに至り、2位以下の品種のそれを大きく引き離していたことがわかる。また、「亀ノ

グラフ 8-5　東北地方における稲品種の変遷

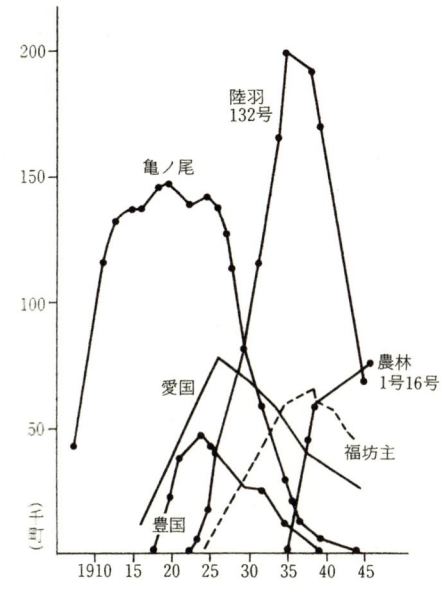

出典：加藤治郎『東北稲作史』（宝文堂、1983 年）p.121、図表 6。

グラフ 8-6　山形県東田川郡における水稲主要品種の変遷

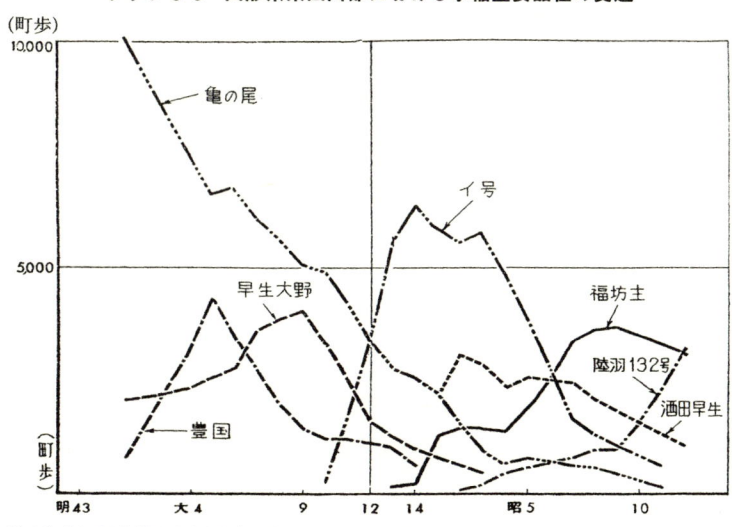

出典：鎌形勲『山形縣稲作史』（農林省農業総合研究所　研究叢書第 29 号、1953 年）p.209。

尾」全盛（明治末年）以後は、「豊国」、「早生大野」、「イ号」、「福坊主」、「陸羽132号」等そのピークを交互にして、作付面積を飛躍的に伸ばす優良品種が相次いで登場していた[14]。それまで西南暖地のように主力品種を持たなかった北地の稲は、ここに来て、早熟で耐冷性に優れた稲を中心に、品種面で大きな躍進を遂げたと言えよう。「亀ノ尾」以前には、山形県下で1万町歩以上の作付面積を記録する品種は皆無であった。中小の雑多な弱小稲から成る品種構成は在来時代の特徴であったが[15]、北地の場合、とくにその状態が長く続いていた。なお、昭和11年現在の山形県主要稲品種（作付割合5%以上）7種の特性を見た**表8-3**から、同県下では、この時までに9月中旬という早い成熟性と倒伏にも一定の耐性（＝耐肥性）を有し、収量面では3.5石を超えるような多収性の稲が数多く栽培されていた様子がはっきりと窺える。

「亀ノ尾」の全盛は、東北地方全体としては大正後年であったが、それと入れ替わるように登場したのが「陸羽132号」であった。「愛国」から選抜された「愛国20号」と「亀ノ尾」との人工交配品種である「陸羽132号」は、「亀ノ尾」から受け継いだ良質で優れた耐冷性と「愛国」の多収性、耐病性を兼ね備えた早熟の稲であり、**グラフ8-5**に示したように、大正後年から昭和10年前後にかけて東北地方で飛躍的にその作付面積を伸ばした。同種は、その優れた耐冷性が冷害を回避し、また、「亀ノ尾」をもってしても困難な、より北寒の地への安定した稲作の進出を可能にした点において、まさしく、東北地方稲作の "救世主" であったと言えよう。

表8-4は、昭和11年時点での東北6県における主要稲品種（作付割合上位3種）一覧である。「陸羽132号」は青森、岩手、秋田の3県で1位、宮城で2位と東北地方でもとくにその北部に栽培が集中していた様子を伝えている。こうして、良質で多肥多収の耐冷型の稲の普及は東北地方での稲の外延的拡大（＝北進）と内包的深化（集約栽培化）両面での稲作の発展を可能とし、それまでの低い収量水準を一気に高める効果をもたらしたのである。

表 8-3　昭和 11 年山形県下主要稲 7 品種の作付割合と特性

	作付割合	成熟期	品質	耐病性	倒伏性	反当収量
福坊主	21.1	9・22	三等下	中	難	3.86
酒田早稲	10.1	9・15	二等中	弱	中	3.72
亀ノ尾	10.0	9・18	四等上	弱	易	3.36
豊国	7.4	9・18	三等下	弱	易	3.44
玉ノ井	7.4	9・18	二等下	強	中	3.55
イ号	6.3	9・18	三等中	強	中	3.57
陸羽 132 号	5.9	9・17	三等下	強	中	3.46

資料：『水稲及陸稲耕種要綱』（農林省農務局、昭和 11 年）pp.87、90。

表 8-4　昭和 11 年における東北 6 県の主要品種一覧

県名	1 位	2 位	3 位
青森	陸羽 132 号	亀ノ尾 5 号	亀ノ尾 3 号
岩手	陸羽 132 号		
宮城	福島坊主	陸羽 132 号	愛国 1 号
秋田	陸羽 132 号	亀ノ尾 1 号	豊国 71 号
山形	福坊主	酒田早生	亀ノ尾
福島	愛国 20 号	在来愛国	福坊主

資料：『水稲及陸稲耕種要綱』（農林省農務局、昭和 11 年）pp.27 - 99。

表 8-5　昭和 11 年における東北地方主要稲品種の反当収量

	明治 21 年 反当収量	昭和 11 年 品種	作付割合	反当収量
青森	1.215	陸羽 132 号	30.0	3.157
		亀ノ尾 5 号	15.7	2.963
		亀ノ尾 3 号	11.5	2.845
岩手	0.881	陸羽 132 号	47.0	－
宮城	1.225	福坊主	27.0	－
		陸羽 132 号	18.0	－
		愛国 1 号	13.0	－
秋田	0.967	陸羽 132 号	28.0	2.903
		間ノ尾 1 号	13.6	2.491
		豊国 1 号	11.6	2.698
山形	1.270	福坊主	21.1	3.86
		酒田早生	10.1	3.72
		亀ノ尾	10.0	3.36
福島	1.356	愛国 20 号	50.0%	2.727
		在来愛国	10.0	2.450
		福坊主	5.0	2.490

資料：明治 21 年については『明治前期産業発達史資料』（明治資料刊行会、1965 年）別冊（12）Ⅲ「農事調査
表」第 1、第 2 巻。表中の反当収量は、早稲、中稲、晩稲の反当収量の平均。また、昭和 11 年については、『水
稲及陸稲耕種要綱』（農林省農務局、昭和 11 年）pp.27 - 99。

316

4 結 語

　以上の検討を通じ、1920年代＝「老農技術」ポテンシャル消尽説について、以下の点が明らかになった。すなわち、①ポテンシャル消尽の時期について、「老農技術」を字義通り「老農」達による伝来農業の継承とその普及と捉えるならば、その消尽は1920年代をはるかに遡る1900（明治30）年前後であったこと、また、②成長率の推移に見られる1920年鈍化の理由は、実際にはこの時期が、技術上からも制度面においても、日本の稲作を揺るがす変革の時期であったにもかかわらず、西南暖地の稲作の伸び悩みにそれが打ち消されてしまい、成長率の全国推移として十分反映されなかったこと、の2点である。

　投入要素として土地が制約される中、わが国の農業成長を支えたのは、繰り返し、2つの面での技術進歩：育種事業の進展に代表される農学上の革新と耕地整理事業に示された土木工学上の進展であった。ともに明治政府が勧農政策の要として掲げ、自らもその実現に乗り出した国家的事業でもあった。育種の研究・開発および普及機関として農事試験場の整備と系統農会の組織化、一方、田地基盤整備に関する水利行政の確立と法令に基づく耕地整理事業などこれらの政府の取り組みが出揃い、軌道に乗るのは、奇しくも、明治の末年から昭和初年＝1920年代にかけてであった。在来農法の継承とその国家的再編を「明治農法」とするならば、「明治農法」のポテンシャルはこの時期に消尽したのではなく、強化されたと捉えることが妥当であろう。

　伝来農業・農法の再編の過程で最もその恩恵を受けたのは北地＝東北地方の稲作であった。1920年代は、その意味では、それまで劣位に置かれてきた北地の稲作を一変させるとともに、日本の稲作を北地がリードする転換期でもあったのである。この間の稲作発展の地域別変化を示すために『明治十年全国農産表』および『昭和十一年　水稲及陸稲耕種要綱』記載の国別もしくは府県別水稲反当収量を掲げよう（**地図8-2**および**表8-6**）。

地図 8-2　明治 10 年における国別水稲反当収量

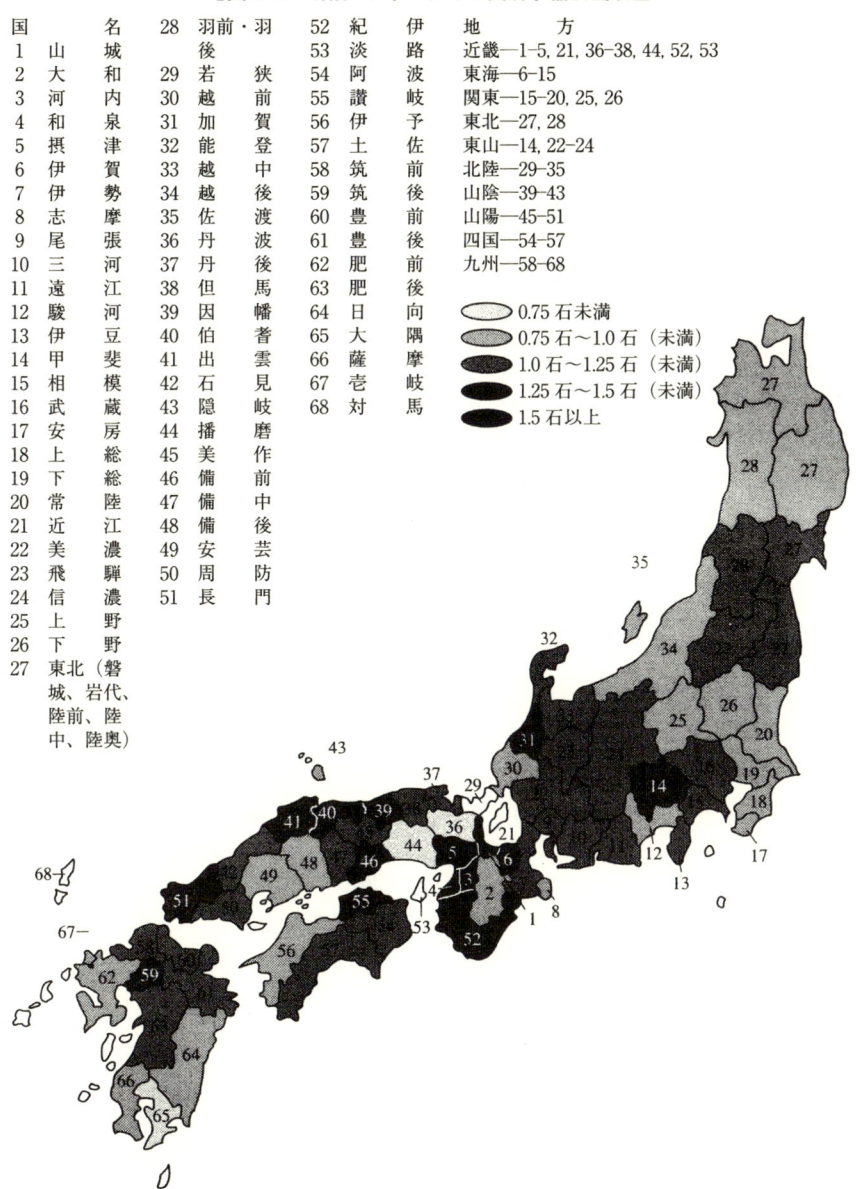

国	名城
1	山城和
2	大和
3	河内
4	和泉
5	摂津
6	伊賀
7	伊勢
8	志摩
9	尾張
10	三河
11	遠江
12	駿河
13	伊豆
14	甲斐
15	相模
16	武蔵
17	安房
18	上総
19	下総
20	常陸
21	近江
22	美濃
23	飛騨
24	信濃
25	上野
26	下野
27	東北（磐城、岩代、陸前、陸中、陸奥）
28	羽前・羽後
29	若狭
30	越前
31	加賀
32	能登
33	越中
34	越後
35	佐渡
36	丹波
37	丹後
38	但馬
39	因幡
40	伯耆
41	出雲
42	石見
43	隠岐
44	播磨
45	美作
46	備前
47	備中
48	備後
49	安芸
50	周防
51	長門
52	紀伊
53	淡路
54	阿波
55	讃岐
56	伊予
57	土佐
58	筑前
59	筑後
60	豊前
61	豊後
62	肥前
63	肥後
64	日向
65	大隅
66	薩摩
67	壱岐
68	対馬

地　方
近畿—1-5, 21, 36-38, 44, 52, 53
東海—6-15
関東—15-20, 25, 26
東北—27, 28
東山—14, 22-24
北陸—29-35
山陰—39-43
山陽—45-51
四国—54-57
九州—58-68

0.75 石未満
0.75 石〜1.0 石（未満）
1.0 石〜1.25 石（未満）
1.25 石〜1.5 石（未満）
1.5 石以上

資料：『明治十年全国農産表』（農業発達史調査会編『日本農業発達史　10』（中央公論社、1988 年）。

表 8-6　昭和 11 年における道府県別水稲反当収量

道府県名	水稲反収（石）	道府県名	水稲反収（石）
北　海　道	1,650	三　　　重	2,100
		滋　　　賀	2,500
青　　　森	2,200	京　　　都	2,500
岩　　　手	2,200	大　　　阪	2,800
宮　　　城	2,400	兵　　　庫	2,500
秋　　　田	2,650	奈　　　良	2,450
山　　　形	2,100	和　歌　山	2,250
福　　　島	2,350		
		鳥　　　取	2,400
茨　　　城	2,100	島　　　根	2,050
栃　　　木	2,000	岡　　　山	2,200
群　　　馬	2,400	広　　　島	1,800
埼　　　玉	2,200	山　　　口	2,600
千　　　葉	2,250		
東　　　京	2,000	徳　　　島	2,350
神　奈　川	2,000	香　　　川	2,550
		愛　　　媛	2,500
新　　　潟	2,400	高　　　知	1,415
富　　　山	2,430		
石　　　川	2,600	福　　　岡	2,500
福　　　井	2,510	佐　　　賀	2,600
		長　　　崎	2,000
山　　　梨	2,335	熊　　　本	2,500
長　　　野	2,200	大　　　分	2,500
岐　　　阜	2,425	宮　　　崎	2,000
静　　　岡	2,500	鹿　児　島	2,200
愛　　　知	2,700		

資料：『水稲及陸稲耕種要綱』（農林省農務局、昭和 11 年）「道府県別耕種一覧」。

両年次の比較により、反当収量が全体として著しく改善されたこと、東西間もしくは西南暖地・北地間の収量格差が縮小した様子がはっきりと確認できよう。こうした動きはさらに戦後の東西"逆転"へと加速化され、やがてはわが国穀倉マップをも塗り替えることにもなる。1920年代は、北地だけでなく、わが国稲作史上の一大画期でもあった。

　本書を結ぶに当たり、改めて、稲作農業を貫く「発展の論理」とは何であったか。近代期におけるわが国稲作農業の特色を示しすことで、この問いに対する答えとしよう。

　近代期における高い農業成長を支えたのは、狭小な国土の下で、高度な灌漑整備を前提に、高い土地生産性の実現を可能にした多肥・多労型の集約水田農業であった。それは、生産形態として小規模家族経営を定着させる一方（「規模の中立性」）、土地制約下での他要素（肥料、労働）の多投に伴い発生する「収穫逓減」を克服するため、絶え間ない技術革新（耐肥性品種の改良と水利を含む土地改良）を必然化した。実際に、生産形態の小農家族経営への平準化と技術進歩が成長を牽引するパターンは近代日本農業の特色であった。

　小農家族による多肥多労を基軸とした近代「集約農業」は、藩政時代以来の伝来農業の継承と、その改良の徹底を通じて達成された。多肥・多労化と灌漑施設の高度化に伴い、精緻な肥培・栽培技術と周到な水管理が求められた。伝来農業では、これらはいずれも農事慣行、水利慣行として受け継がれてきたものである。慣行的農業の近代的（＝科学的、組織的）再編は近代日本農業のもう1つの特色であった。維新政府の勧業政策と各地の興農運動の高揚の中でわが国近代農業は、慣行を農法と利水の要とし、旧慣団体を農事組織の母体としてスタートしたのである。近代農業はその後、「老農段階」、「試験場時代」を経て昭和戦前期に1つの頂点へ辿り着くが、その道程は、各段階で行き詰まりを見せる慣行的技術・組織の刷新の過程でもあった。

　農業発展の過程において政府の果たした役割の大きさも又、近代日本農

業の大きな特色であった。とりわけ、品種改良をはじめとする農法の改善
と水利・土地改良事業の面で政府の影響は絶大であった。政府が事業を強
力且つ組織的に推進する立場にあったこと、また、「規模の経済性」の観
点からも事業を効率的に進め得た政府の立場が指摘できる。この点に関し
ここではさらに、次の点に注意を払いたい。すなわち、改良の事業主体が
民間（地主）の手を離れ、政府（農事試験場制度）もしくは半ば法に基づ
く公益化された組織（農会や耕地整理組合）に移ったことが農村の社会経
済構造に与えた側面である。事業主体の公営化は事業の恩恵を小作人を含
む直接耕作者に広く、公平に行きわたらせ、一方、地主にそれが直接帰属
することを難しくしたのである。地主は、かつて独占的に手にしていたで
あろう事業の「規模の利益」を失い、小農経営の安定性が高まる中で、農
村におけるその地位を後退させざるを得なかったのである。頻発する小作
争議と小農自立への動き、そして何よりも、小作料率の全般的な低下の事
実がこうした農村における社会構造の変転を物語る。

　極めて長期の観点からは、第4の特色として、わが国稲作が、大陸より
西南日本に稲が伝来して以来、常に稲の東進、北進の過程と深く関連して
発展した点を挙げることができる。人口の増加に伴い既耕地の効率＝集約
利用が進み、やがてそれも限界に達すると、稲作は新天地を求めて拡延す
ることになる。そうした土地の集約利用と外延的拡大の繰り返しが、古く
は、中世期〜近世期の稲の東進、北進であった。本書で考察の対象とした
近代期も又、その一コマに他ならない。高まる人口圧力が東北地方への稲
作の進出と土地の集約利用を促したのである。もっとも、近代の農業発展
が他の時代と大きく異なった点があった。それは、この時期の発展が近代
科学技術（品種改良および土地改良技術）の駆使と政府の組織的な後押し
で進められたことである。短期間における急速な農業成長、就中、それま
で発展から取り残されてきた東北地方でも集約栽培が可能となったことは
その際立った成果であった。稲の北進はこの東北への進出をもって愈々そ
の最終局面を迎えることになるが、近代に入って開花し、やがてわが国稲
作をリードすることにもなる東北の躍進は日本型集約稲作の展開を伝える

最後の、そして最も象徴的な局面であったと言えよう。

注

(1) Hayami and Yamada [1968] Hayami and Yamada "The Technical Progress in Agriculture", *in Economic Growth: The Japanese Experience since the Meiji Era*, eds. L. R. Klein and Kazushi Ohkawa（Homewood, Richard Irwin 1968）.

(2) 秋野正勝・速水佑次郎「農業成長の源泉　1880 ～ 1965」大川一司・速水佑次郎『日本経済の成長分析』（日本経済新聞社、1973 年）p. 45。

(3) 速水佑次郎・神門善久『農業経済論　新版』（岩波書店、2002 年）pp. 106-111。

(4) J・ナカムラ『日本の経済発展と農業』（東洋経済新報社、1968 年）。

(5) ナカムラの主張を図示すれば下図の如くである。1920 年代に成長率鈍化は見られない。政府統計による水稲反当収量の推移と J・ナカムラ修正値。

　J・ナカムラ『日本の経済発展と農業』（東洋経済新報社、1968 年）p. 86 図 4-1。

(6) これら近世史家たちの研究成果は、後に、『数量経済史論集 1 ～ 4』（日本経済新聞社、1976 ～ 88 年）として順次刊行されている。

(7) 嵐は、まったく別の観点から、すなわち、課税とは直接関わりのない篤農家の米収量

図　政府統計による水稲反当収量の推移と J・ナカムラ修正値

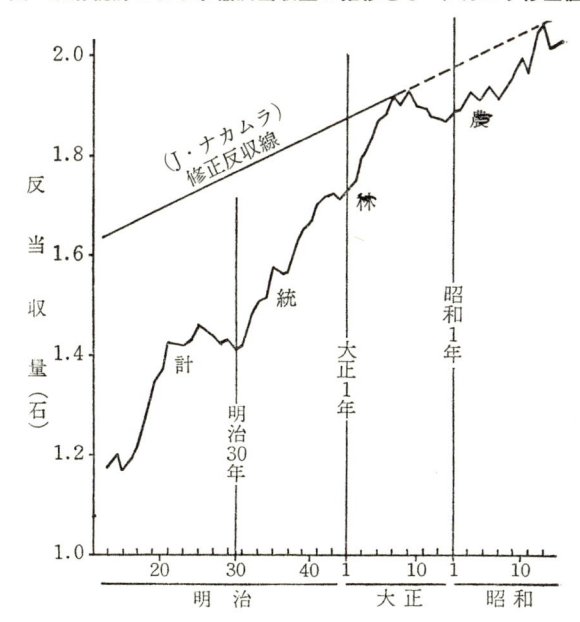

出典：J・ナカムラ『日本の経済発展と農業』（東洋経済新報社、1968 年）p.86　図 4-1。

記録である「坪刈帳」の研究成果を紹介し、明治期の政府統計が信頼に欠けるとするナ
カムラ説に批判を加えている（嵐嘉一『近世稲作技術史』（農山漁村文化協会、1975年）
p. 93）。

(8) 穐本洋哉「在来農法と農会制度」『経済論集』第35巻2号（東洋大学経済研究会
2010年3月）p. 147。

(9) 穐本、上掲論文 pp. 150-153。

(10) 加藤治朗『東北稲作史』（宝文堂、1983年）p. 32。

(11) 鎌形勲『山形縣稲作史』（農林省農業総合研究所　研究叢書第29号、1953年）p. 371。

(12) 蒲原平野では、用水確保のための（堰上慣行）および水損リスクを集落・村落内で相
互に分散しようとする取り決め（割地軒前慣行）があった：穐本洋哉「新潟県蒲原平野
における農業水利秩序の考察」『東洋学研究』第42号（東洋大学東洋学研究所、2006年
3月）p. 139。

(13) 穐本、上掲論文。

(14) 鎌形勲『山形縣稲作史』（農林省農業総合研究所　研究叢書第29号、1953年）p. 209。

(15) 一般に、暖地・北地を問わず、在来時代の稲の種類数は多数にのぼった。いくつかの
主力品種の登場も見られたが、中小の稲は淘汰されずに、各地村・部落単位毎にそのま
ま残ることは珍しくなかった。（穐本洋哉「近代移行期における北地稲品種の変遷——秋
田県地方の場合」『経済論集』第20巻1・2合併号（東洋大学経済研究会、1995年1月））。
暖地における稲品種の多様さについては、穐本洋哉「近代山口県地方における稲品種の
変遷」『経済研究年報』第14号（東洋大学経済研究所、1989年5月）を参照。

あとがき

　日本の稲作の歴史は、稲の東進、北進の歴史であった。近代期において
それが一気に加速化し、東北地方北端にまで到達したのは、この時期の治
水・水利の急速な整備と品種改良の成果によるところが大きかったが、そ
れも、2000年にも及ぶ長い稲作発展史の一コマにすぎなかったと言えよう。
さて、近代期を含め、稲作発展の背景には、基本的に、それを促す人口増
加の圧力があったというのが本書の主張であった。すなわち、所与の土地
賦存量の下での人口増加は、絶え間ない土地の効率＝集約利用が必然化す
るというものである。このメカニズムこそが、本書が言う「稲作農業の発
展論理」である。
　かかる論理に沿うならば、明治維新政府が泰西の「大農法論」を断念し、
小農を担い手とする伝来の「集約農法」の徹底を勧農政策の要としたこと
は、時宜を得た決断であったことになる。そもそも、当時の土地と人口の
賦存状況の下では、わが国において大農経営が成立する技術的状況はなく、
まして、西欧との対比において、小規模家族経営による集約稲作農業をも
って当時の日本農業を「零細」、「特殊後進的」とする歴史家の議論には無
理があると言わざるを得ない。
「集約稲作」の生成と発展のメカニズムに照らし合わせ、近代朝鮮稲作に
ついて一言しておこう。第6章で示したように、朝鮮半島の稲品種に関す
る調査：『朝鮮稲品種一覧』から浮かび上がる朝鮮在来稲は、収量はもと
より、形状、品質から見ても、この時期の日本稲とはおよそかけ離れた、
粗野で、一昔前の、古いタイプのものがほとんどであった。同じ東アジア

324

の稲作地帯に位置しながら両地間に見られたこの品種開差について本書は、稲作の発展論理に従い、彼我の「人口圧力」の差として捉えるが、留意すべきは、人口圧仮説は日本の稲作の発展に貫いたと考えられる論理であって、それが朝鮮の論理として妥当かどうかは不明である。今後、朝鮮側の史実に従って究明される必要がある。

　この問題を検討する際も含め、最後に、上記の近代朝鮮の稲品種の調査：『朝鮮稲品種一覧』の有用性について述べよう。同調査は、「産米増殖計画」に基づく日本稲移植以前の朝鮮在来稲の詳細を伝える貴重なものである。調査は全13道をカバーし、郡単位に、登場する稲すべてについての作付歩合、特性（早晩、耐旱性、粒の大小、粒付、芒の有無等）を記録している。登場する稲は延べ3,792種を数えている。これらの情報を、品種に関する同時代の品種試験・試作結果報告書（「勧業模範場報告」、「種苗場報告」等）と併せ用いるならば、朝鮮稲作史に関し新たな知見を数多く得ることが可能である。残念ながら、本書（第6章）では、13道中わずか1道（京畿道）の利用に止まったが、その分析は、朝鮮稲作史研究のみならず、日本稲作史研究にとっても有益と考える。今後の研究に期待したい。

　本書の完成までには長い年月を要している。この間、多くの方々から頂いた貴重な研究上の助言、研究会での批評、資（史）料採訪・閲覧の際に与えられた研究諸機関からの便宜に対し謝意を表したい。本研究は、著者の勤務校である東洋大学の研究助成（平成23年度国内研究）に依るところも大であった。改めてここに、謝意を記したい。本書の上梓に当たり、出版社との仲介の労を賜った阿部照男先生（東洋大学名誉教授）には深く感謝の意を申し上げる次第である。また、藤原書店藤原良雄氏および編集部小枝冬実氏の示された理解と寛容にも御礼を申し上げたい。

2015年3月

　　　　　　　　　　　　　　　　　　　　　穐本洋哉

グラフ・図・表一覧

著者紹介

穐本洋哉（あきもと・ひろや）

1944 年 8 月	東京都に生まれる
1967 年 3 月	慶應義塾大学経済学部卒業
1969 年 3 月	同大学経済学研究科修士課程修了
1972 年 3 月	同大学経済学研究科博士課程修了
1976 年 4 月	東洋大学経済学部専任講師就任
1978 年 4 月	同大学経済学部助教授就任
1979 年 3 月	経済学博士学位授与（慶應義塾大学経済学研究科）
1985 年 4 月	東洋大学経済学部教授就任、現在に至る

社会経済史学会会員
東洋大学東洋学研究所所員

業績

〈単著〉
『前工業化時代の経済——「防長風土注進案」による数量的接近』（ミネルヴァ書房、1987 年）

〈共著（共同論集）〉
『数量経済史論集1 日本経済の発展』（日本経済新聞社、1976 年）
『新しい江戸時代史像を求めて』（東洋経済新報社、1977 年）
『数量経済史論集2 近代移行期の日本経済』（日本経済新聞社、1979 年）
『徳川社会からの展望』（同文舘出版、1989 年）
『日本経済の 200 年 西川俊作教授還暦記念論集』（日本評論社、1996 年）

〈翻訳書〉
S．ハンレイ・K．ヤマムラ『前工業化期日本の経済と人口』共訳（ミネルヴァ書房、1982 年）
D．ノース・R．トマス『西欧世界の勃興』共訳（ミネルヴァ書房、新装版 2014 年）

日本農業近代化の研究——近代稲作農業の発展論理

2015 年 3 月 30 日　初版第 1 刷発行 ©

著 者	穐 本 洋 哉
発 行 者	藤 原 良 雄
発 行 所	株式会社 藤 原 書 店

〒 162-0041　東京都新宿区早稲田鶴巻町 523
電　話　03（5272）0301
ＦＡＸ　03（5272）0450
振　替　00160 - 4 - 17013
info@fujiwara-shoten.co.jp

印刷・製本　中央精版印刷

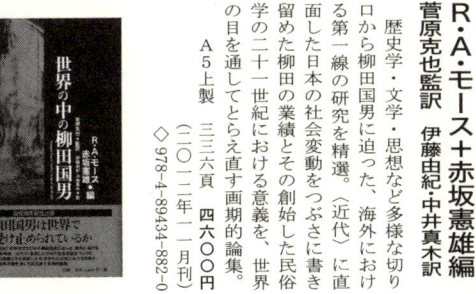

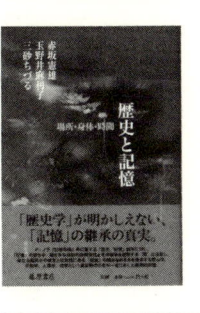

日本人の食生活崩壊の原点

「アメリカ小麦戦略」と日本人の食生活

鈴木猛夫

なぜ日本人は小麦を輸入してパンを食べるのか。戦後日本の劇的な洋食化の原点にあるタブー"アメリカ小麦戦略"の真相に迫り、本来の日本の気候風土にあった食生活の見直しを訴える問題作。

[推薦]幕内秀夫

四六並製　二六四頁　二二〇〇円
（二〇〇三年一二月刊）
◇978-4-89434-323-8

戦後「日米関係」を問い直す

「日米関係」からの自立

（9・11からイラク・北朝鮮危機まで）

C・グラック/和田春樹/姜尚中編
姜尚中編

対テロ戦争から対イラク戦争へと国際社会で独善的に振る舞い続けるアメリカ。外交・内政のすべてを「日米関係」に依存してきた戦後日本。アジア認識、世界認識を阻む目隠しでしかない「日米関係」をいま問い直す。

四六並製　二二四頁　二二〇〇円
（二〇〇三年二月刊）
◇978-4-89434-319-1

忍び寄るドル暴落という破局

「アメリカ覇権」という信仰

（ドル暴落と日本の選択）

トッド/加藤出/倉都康行/佐伯啓思/榊原英資/須藤功/辻井喬/バディウ/浜矩子/ボワイエ/井上泰夫/松原隆一郎/的場昭弘/水野和夫

"ドル暴落"の恐れという危機の核心と中長期的展望を示す、気鋭の論者による「世界経済危機」論。さしあたりドル暴落を食い止めている、世界の中心を求める我々の「信仰」そのものを問う！

四六製　二四八頁　二二〇〇円
（二〇〇九年七月刊）
◇978-4-89434-694-9

総勢四〇名が従来とは異なる地平から問い直す

「日米安保」とは何か

塩川正十郎/中馬清福/松尾文夫/渡辺靖＋松島泰勝＋伊勢崎賢治＋押村高/新保祐司/豊田祐基子/黒崎輝/岩下明裕/原貴美恵/丸川哲史/丹治三夢/屋良朝博/中西寛/櫻田淳/大中一彌/平川克美/李鍾元/モロジャコフ/陳破空/武者小路公秀/鄭敬謨/姜在彦/篠田正浩/吉川勇一/川満信一/岩見隆夫/藤原作弥/三木健/倉和夫/西部邁/水木楊/小中谷巌ほか

四六上製　四五六頁　三六〇〇円
（二〇一〇年八月刊）
◇978-4-89434-754-0

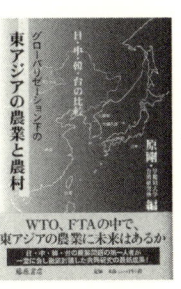

経済学道案内
〔基礎篇〕
阿部照男

マルクス経済学や近代経済学にも精通した著者が、人類学、社会学などの最新成果を取り込み、科学としての柔軟性と全体性を取り戻す新しい〈人間の学〉としての経済学を提唱。初学者に向けて、その原点と初心を示し、経済のしくみ、価値体系の謎に迫る。

A5並製　三六八頁　三二〇〇円
（一九九四年四月刊）
◇978-4-938661-92-2

日本経済にいま何が起きているのか
阿部照男

いま、日本経済が直面している未曾有の長期不況の原因と意味を、江戸時代以来の日本の歴史に分かりやすく位置づける語りおろし。資本主義の暴走をくいとめるために、環境を損なわない経済活動、資源を浪費しない経済活動を提唱する「希望の書」。

四六上製　二五六頁　二四〇〇円
（二〇〇〇年三月刊）
◇978-4-89434-171-5

信用の理論的研究
飯田 繁

「商業信用を対象とする貨幣論」と「銀行信用を対象とする資本論」という二つの分野を抱える信用論において、両者の差異の正確な把握をモットーとした著者が、ヒルファディングを批判的に乗り越えて提出した決定版。

A5上製　五〇四頁　八八〇〇円
（二〇一一年二月刊）
在庫僅少◇978-4-89434-221-7

マルクスの遺産
〔アルチュセールから複雑系まで〕
塩沢由典

複雑系経済学の旗手の軌跡と展望を集大成。数学から転向し、アルチュセールを介したマルクスの読み、スラッファを通した古典経済学の読み直しから経済学を始めた著者が、積年の思索を経て今、新しい経済学を模索する。

A5上製　四四八頁　五八〇〇円
（二〇〇二年三月刊）
◇978-4-89434-275-0

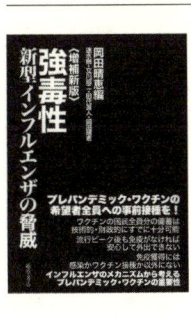